RAPPORT

SUR

L'EXPOSITION PUBLIQUE

EN 1844.

TYPOGRAPHIE SCHNEIDER ET LANGRAND,
1, RUE D'ERFURTH.

RAPPORT

SUR L'EXPOSITION PUBLIQUE

DES PRODUITS

DE

L'INDUSTRIE FRANÇAISE

DE 1844,

PAR M. GUSTAVE HALPHEN,
Consul général de la sublime porte, à Paris.

PARIS. — 1845.

A

Sa Hautesse

Abdul-Medjid-Khan

EMPEREUR

DES OTTOMANS.

INTRODUCTION.

Dans le monde industriel, comme dans le domaine de la politique, de la philosophie et de tout ce qui tient à la civilisation, les faits qui constituent le progrès commencent par se manifester *isolément*, sans liens entre eux, par la seule force de cette tendance providentielle que l'homme porte en lui et qui le dirige vers une perfectibilité dont les siècles reculent toujours la limite. Durant cette première période de toutes choses, qui tient encore de la barbarie, chaque travailleur, réduit à ses propres forces, ignorant ce qui se passe au delà de son étroit horizon, n'avance que lentement et à tâtons. Souvent il se consume en vains efforts, pour arriver au but qu'un autre, dont les travaux ne sont pas venus jusqu'à lui, a déjà atteint et dépassé. Il apporte au hasard sa pièce sur un chantier qu'il connaît mal, pour concourir à la construction d'un vaste édifice, dont il ignore le plan et l'importance, sans qu'il sache même si cette pièce sera de quelque utilité.

Mais vient un jour où une pensée d'ordre jette enfin une vive lumière au milieu du chaos; autour de cette idée se groupent avec harmonie tous les faits qui se produisaient naguère dans l'isolement et l'obscurité ; l'un l'autre ils se prêtent un mutuel appui, et c'est alors qu'ils s'avancent, sans se heurter, vers un but commun. Chacun de ces faits, comme autant de chiffres réunis, prend, outre sa propre valeur, une valeur mathématique, résultant de la place qu'il occupe dans le groupe industriel.

Esquissons rapidement l'état de l'industrie, avant et depuis les expositions publiques.

Dans son enfance, l'industrie se resserre autour du foyer domestique; l'homme a peu de besoins dans l'état de barbarie, et chaque famille fabrique elle-même tout ce qui lui est nécessaire. Mais, au sein de ce travail grossier, quelques intelligences se développent, quelques aptitudes se déclarent; les industries se séparent; chaque individu adopte celle qui lui convient le mieux. Dans cette seconde phase, l'échange voit le jour; celui qui récolte le blé, troque l'excédant de son grenier contre la laine ouvrée de son voisin, et dont il a besoin pour se vêtir; celui-ci opère un troc pareil avec le fabricant d'instruments de pêche ou de chasse, etc., et la répartition égale de tous les produits a lieu ainsi, par la voie de l'échange. Bientôt le signe monétaire remplace cet échange en nature, et facilite la vente : le commerce est trouvé. Alors, par un besoin instinctif d'association, tous les artisans d'une même industrie se groupent pour défendre leurs droits, pour se secourir, pour s'aider l'un l'autre, pour empêcher que des industries étrangères ne réagissent d'une manière fâcheuse et n'empiètent sur la leur, n'entravent leurs travaux et ne s'attaquent à leurs priviléges. La fabrique a sa *féodalité* comme la noblesse; les *jurandes* et les *maîtrises* sont instituées. Les *foires* ne tardent pas à apparaître : expositions à l'état rudimentaire, où chaque marchand étale ses denrées, chaque manufacturier ses produits, dans le seul but de les vendre, et sans d'autre concours que le concours matériel. Mais dans ces réunions périodiques naissent de nouvelles relations, jaillissent quelques clartés, s'allument de nobles émulations; et lorsque la fabrique s'émancipe enfin, lorsque le règne de la liberté et de l'ordre se lève sur le monde politique, comme sur le monde industriel, lorsque la libre concurrence ouvre la carrière à toutes les ambitions : l'*exposition individuelle*, la boutique, atteignant les proportions du bazar, remplace la foire, ou l'*exposition collective*. Mais le chaos menace alors de s'étendre sur ces mille branches isolées de l'industrie, que les maîtrises et les jurandes ne relient plus. Vient alors l'*exposition publique*, qui n'est plus un marché de vente, mais un concours, un congrès national, et le faisceau se resserre sous l'étreinte de cette puissance civilisatrice. Tel est le rapide coup d'œil sur l'historique de l'industrie des Gaules avant la conquête romaine, de la France du moyen âge et de l'Europe entière, depuis que les expositions publiques ont lieu sur presque tout le continent.

Une exposition publique et périodique ne doit pas être regardée seulement comme une sorte de concours proposé par le gouvernement, qui le termine, à la satisfaction de quelques-uns, par une distribution plus ou moins équitable de récompenses et d'encouragements. Selon nous, son résultat le plus important n'est pas dans ces médailles d'or, d'argent ou de bronze, dans ces mentions honorables qui font la plupart du temps plus de mécontents que d'heureux. Une exposition publique, au point de vue du progrès, est comme le bilan industriel d'une époque; elle résume et met sous les yeux de tout le monde un ensemble de notions générales qu'on ne pourrait acquérir individuellement, et encore d'une manière imparfaite, qu'en y consacrant une existence entière.

Une exposition rassemble tous les rayons de la science, pour les répandre ensuite au loin. Elle éclaire les fabricants et les manufacturiers eux-mêmes, sur les progrès et sur les améliorations obtenus par leurs rivaux. A une époque de liberté comme la nôtre, où chacun peut embrasser telle carrière qu'il lui plaît, travailler la matière avec son intelligence comme il l'entend, elle dévoile quelle spécialité industrielle se trouve négligée, quelle spécialité a atteint son apogée; ce qu'il reste à faire dans telle ou telle partie, ce qui a été fait dans telle ou telle autre; ce qu'il faut entreprendre, ce qu'il faut délaisser.

Supposons un instant un pays aussi vaste que la France, sans exposition publique... Sur cette immense surface, dix mille fabriques, manufactures et usines sont disséminées au hasard. Les forges allument leurs hauts fourneaux et soulèvent leurs marteaux de fer, les filatures mettent en mouvement leurs métiers; le drap, la toile, ces mille tissus brochés de soie, de laine, de coton, prennent un corps et s'allongent sur leurs trames; la chimie, leur venant en aide, manipule les oxydes, les sels, les alcalis, pour leur prêter mille couleurs brillantes et inaltérables. Mais, au milieu de cette activité apparente, tout languit et se traîne dans la routine. Chaque industriel, n'ayant sous les yeux que ses propres produits, a bientôt atteint la limite de ses connaissances isolées; il s'y complaît, s'y renferme et ne suppose rien au delà. Ici, nous trouvons un inventeur auquel le mécanisme de l'application fait défaut ; là, nous voyons un actif exécutant, qui se consume en vains efforts sur des procédés incomplets et vieillis. L'intelligence est sans bras, ou le bras sans intelligence. Bientôt les funestes effets de cet état de choses se feront sentir ; la décadence s'avancera rapidement pour le grand nombre, et ceux qui floriront, au milieu de cette ruine incessante, ne seront que de rares exceptions à la règle fatale. Une bienfaisante communion entre tous les membres de la famille industrielle pourra seule leur rouvrir la carrière du progrès et de la fortune.

Ces vérités, que le temps et l'expérience ont consacrées aujourd'hui, n'ont reçu leur application que depuis un demi-siècle. La France sortait à peine d'une de ces grandes révolutions, qui remettent tout en question chez un peuple : politique, religion, mœurs publiques et privées ; l'ordre commençait à succéder au chaos, lorsque le gouvernement directorial songea à associer l'industrie au mouvement régénérateur. Pendant les jours complémentaires de l'an VI (septembre 1798), sous l'inspiration de François de Neufchâteau, ministre de l'intérieur, une foire fut établie à grands frais au *Champ de Mars*. Les produits des manufactures françaises y furent seuls admis, après avoir été soumis à l'examen d'un jury spécial ; quelques brevets furent accordés aux inventeurs, à la suite de cette exposition. Mais ce n'était encore qu'un essai, qui ne devait recevoir que plus tard une application large et bienfaisante. Le nombre des exposants n'avait pas dépassé 110. Deux ans plus tard, le 1er vendémiaire an VIII (septembre 1800), une seconde tentative eut lieu dans la cour du Louvre, au milieu de laquelle on plaça, avec pompe, une statue de l'Industrie. Mais ce fut sous le consulat de Napoléon Bonaparte, en 1801, que fut ouverte une exposition qui devait servir de modèle et de précédent à toutes les autres. L'arrêté, qui ordonnait et réglait cette importante institution, était conçu en ces termes :

« Article 1er. Il y aura chaque année, à Paris, une exposition publique des produits de l'industrie française.

« Art. 2. Tous les manufacturiers et artistes français qui voudront concourir à cette exposition, seront tenus de se faire inscrire au secrétariat de la préfecture de leur département, et d'y remettre des échantillons ou modèles des objets qu'ils désireront exposer.

« Art. 3. Les produits des découvertes nouvelles, et les objets d'une exécution achevée, si la fabrication en est connue, pourront seuls faire partie de l'exposition. Ces produits et ces objets ne seront admis qu'après un examen préalable, et sur le certificat d'un jury particulier de cinq membres, nommés à cet effet par le préfet de chaque département.

« Art. 4. Les opérations de ce jury terminées, les préfets feront publier et afficher les noms des manufacturiers et artistes de leurs arrondissements respectifs, dont les productions auront été jugées dignes d'être présentées au concours général qui aura lieu à Paris : ils indiqueront l'espèce et la qualité de ces productions.

« Art. 5. Les objets dont les jurys de département auront prononcé l'admission seront examinés par un nouveau jury composé de quinze membres, nommé par le ministre de l'intérieur. Ce jury désignera les douze manufacturiers ou artistes dont les productions lui auront paru devoir être préférées à celles de leurs concurrents ; il indiquera, en outre, les vingt autres manufacturiers ou artistes qui auront mérité, par leurs travaux et leurs efforts, d'être mentionnés honorablement.

« Art. 6. Les citoyens désignés par le jury seront présentés au gouvernement par le ministre de l'intérieur.

« Art. 7. Un échantillon de chacune des productions désignées par le jury sera déposé au Conservatoire des arts et métiers, avec une inscription particulière, qui rappellera le nom de l'artiste qui en sera l'auteur.

« Art. 8. Le procès-verbal contenant le choix motivé du jury sera transmis à tous les préfets, qui en donneront connaissance à leurs administrés. »

Cette exposition fut brillante ; 220 fabricants, manufacturiers ou inventeurs y furent admis. Leurs produits furent placés, dans la cour du Louvre, sous une suite de cent quatre portiques d'architecture romaine ; mais on négligea de les ranger par catégories, si bien que sous le même portique se trouvaient des cuirs, des instruments d'agriculture et des fils de laine et de coton.

Plusieurs genres d'industries nouvelles en France fixèrent l'attention publique : des faux et faucilles fabriquées à Dilling, et que l'on avait jusqu'alors tirées de l'Allemagne ; des maroquins supérieurs à ceux du Levant; des châles imitant les tissus indiens; des instruments de mathématiques et d'astronomie, et quelques produits chimiques. Jacquart exposa son fameux métier ; Carcel et Carreau apportèrent leurs lampes, si connues aujourd'hui ; Conté y parut avec ses beaux crayons ; Lenoir avec ses tissus de coton, et Raoul avec des limes qui rivalisaient avec les aciers de l'Angleterre, et les surpassaient même. En fait de choses curieuses, on y vit un *habit sans coutures apparentes, que l'on pouvait transformer, à volonté, en veste, redingote, manteau ou pantalon.*

Des draps de Ternaux, des laines du fameux troupeau de Rambouillet, des tapis de Sallandrouze, des porcelaines de Sèvres, de la poterie de Sarreguemines, complétèrent cette brillante exposition. Le jury décerna 10 médailles d'or, 20 d'argent, 50 de bronze.

La seconde exposition eut lieu en 1802, composée de 540 exposants. La mécanique et les machines y occupaient une place distinguée. On y vit de nouvelles machines pour le tissage des laines, des imitations de cachemires avec des laines d'Espagne, des poteries magnifiques, des cristaux de Saint-Louis et de Mont-Cenis, des rouleaux pour laminer les métaux, des pièces d'orfèvrerie d'Odiot, et les belles horloges des Berthoud, des Bréguet et des Janvier. Lerebours, Jecker et Lenoir exposèrent des instruments de précision, supérieurs à tout ce qu'on avait vu jusqu'à ce jour. 117 médailles furent distribuées, dont 22 en or.

Quatre années s'écoulèrent alors sans exposition. La guerre avec le continent, les préparatifs de la descente en Angleterre avaient absorbé tous les esprits. Cependant, à l'appel que le ministre de l'intérieur Chaptal fit à l'industrie, en 1806, 1,422 fabricants, venus de 115 départements, se présentèrent. 119 médailles récompensèrent les plus intelligents d'entre eux. La fabrique et la manufacture française avaient fait d'immenses progrès. Saint-Quentin, Cambrai et Valenciennes apportèrent leurs linons et leurs batistes ; Mulhouse et Logelbach, leurs toiles peintes, pour la première fois ; la Flandre et Courtrai, leurs belles toiles ; Alençon, Chantilly et Bruxelles (alors française), leurs dentelles ; les fabricants de Lyon, leurs satins, leurs velours, leurs rubans. Aucune mousseline n'avait paru aux précédentes expositions : Saint-Quentin et Tarare envoyèrent des mousselines de coton d'une finesse remarquable. L'industrie du fer, enfin, se développait rapidement, et les aciers de 1806 obtinrent plusieurs médailles d'or.

De 1806 à 1819, pendant cette longue période de treize années, qui vit de si grands événements, l'industrie, abandonnée par le gouvernement et réduite à ses propres forces, n'eut plus de congrès. Mais les réclamations et les reproches arrivèrent bientôt de toutes parts ; on demanda le rétablissement de ces solennités qui réagissent avec tant de force sur la prospérité publique, et le ministre de l'intérieur Decaze ouvrit à 1,662 exposants les portes du Louvre. Ce ne fut plus dans la cour, mais dans les salles du palais même, que les manufacturiers français étalèrent leurs produits. Les médailles furent abondantes cette année-là ; un exposant sur quatre reçut la récompense nationale. Des conquêtes immenses avaient été faites dans les arts métallurgiques, céramiques et dans le domaine de la chimie ; la soie, les tissus de laine et de coton, l'horlogerie, avaient fait de grands pas dans la carrière des améliorations. Cette exposition, en rapprochant toutes ces industries, leur communiqua de nouvelles forces. Sans elle, 1819 eût été peut-être le terme fatal où se seraient arrêtés les progrès de la fabrique française, qui prit, au contraire, à partir de cette époque, un essor plus puissant que jamais.

Nous passerons rapidement sur les expositions suivantes, pour arriver à celle qui a fait, cette année, l'objet de nos travaux.

En 1823, 1,648 exposants furent encore admis dans les salles du Louvre ; ils reçurent 470 médailles. En 1827, nous comptions 1,795 industriels, et 425 récompenses. En 1834, quatre galeries furent construites sur la place de la Concorde ; elles reçurent les produits de 2,447 exposants, honorés de 697 médailles ; et il fut décidé que ces solennités se renouvelleraient tous les cinq ans. En 1839, un monument fut improvisé sur le grand carré des Champs-Élysées ; 3,381 exposants y furent admis ; 878 récompenses furent distribuées par le jury. L'exposition de 1844 s'ouvrit enfin, la neuvième, sans compter les deux essais qui eurent lieu sous le gouvernement directorial.

Comme en 1839, le palais provisoire de l'Industrie s'élevait au milieu du carré Marigny. C'était un vaste bâtiment, de forme rectangulaire. Au centre se trouvait une vaste salle; on y arrivait par quatre portes faisant face à celles de l'édifice. Quatre galeries, désignées sous le nom de galeries du Nord, du Sud, de l'Est et de l'Ouest, entouraient cette salle.

La salle centrale renfermait les machines, les appareils, les échantillons métallurgiques, les briques, les marbres, les produits chimiques. C'était là, si nous pouvons nous exprimer ainsi, la grosse artillerie de l'exposition. Dans la galerie du Sud et dans la moitié de celles de l'Est et de l'Ouest, étaient placés les tissus ; les objets de luxe, les armes, les instruments de précision, l'orfévrerie, les bronzes, les cristaux, la poterie, la porcelaine, les produits de l'art plastique, occupaient l'angle nord-est du palais ; les meubles, les instruments de musique, la gravure, la librairie, la reliure, les stores, les papiers peints et les objets divers, étaient rangés dans l'angle nord-ouest.

Les exposants avaient atteint le chiffre énorme de 3,963 ; leurs produits avaient été admis, après avoir subi l'examen d'un *jury d'admission*, pris dans le conseil général de la Seine, l'Académie des sciences, celle des beaux-arts, la chambre de commerce, le conseil de salubrité, la société d'encouragement, celle d'agriculture. Un *jury d'examen*, composé de cinquante membres, avait été chargé d'apprécier le mérite de chacun des produits exposés et les droits qu'ils pouvaient avoir plus tard à une récompense nationale. Ce jury, sous la présidence du baron Thénard, et la vice-présidence du baron Charles Dupin, s'était divisé en huit sections, ou commissions, savoir : 1° des tissus; 2° des métaux; 3° des arts mécaniques; 4° des arts chimiques; 5° des poteries; 6° des instruments de musique et de précision ; 7° des beaux-arts; 8° des arts divers.

Jetons ici un rapide coup d'œil en arrière. Il y a cinquante ans, que la population industrielle de notre pays envoyait à peine une centaine de ses membres à la foire du Champ de Mars; quatorze ans plus tard, quatre mille industriels environ se pressent et s'entassent dans les galeries des Champs-Élysées. La mécanique a fait des merveilles; ici, la métallurgie nous présente des cuivres, des aciers, des laitons, du plomb, du fer, qui rivalisent avec les produits les plus parfaits des pays étrangers, et qui se sont transformés, un peu plus loin, sous la main intelligente de l'ouvrier, en appareils d'éclairage, en phares, en horloges, machines à vapeur cyclopéennes, métiers aux mille broches ; là, l'outillage, pour satisfaire aux immenses besoins de la fabrique et de la navigation à vapeur, a inventé et créé des pièces colossales : des enclumes, des marteaux, des pilons, des découpoirs, qui percent, taillent, roulent et tordent le métal de mille façons. La double galerie des tissus n'offre pas moins de merveilles. La fabrique de châles lutte avec les Indes, et le magnifique cachemire sans envers est loin des essais de l'année 1801. Les impressions de Mulhouse et de Rouen, les draps d'Elbeuf et de Sédan, les mousselines de Tarare, ont presque atteint le dernier degré de la perfection. Lyon, grâce au métier à la Jacquart, qu'une simple médaille de bronze a signalé à l'attention publique lors de la première exposition, se place, par ses tissus façonnés, par ses étoffes de soie, par ses satins et ses velours, au premier rang des villes industrielles. Les arts plastiques offrent mille délicieuses compositions, appliquées à tous les objets de la vie usuelle ; les bronzes, les armes, les instruments de précision, l'orfévrerie, les cristaux, les porcelaines, l'humble poterie, ont encombré les vastes salles du palais de l'industrie ; l'ébénisterie a imaginé les meubles les plus élégants, où, sur un bois précieux, s'incrustent la nacre, l'ivoire, le cuivre ciselé et les pierres chatoyantes.

Au milieu de tous ces chefs-d'œuvre, de toutes ces ingénieuses inventions, de ces mille riens qui rendent l'existence agréable; devant ces tissus légers, riches de couleurs, de broderies, sur lesquels la navette, ou l'aiguille a fixé des fleurs éblouissantes, des arabesques et des palmes nuancées avec le goût le plus parfait ; à l'aspect de ces grandioses machines, dont chaque pièce est à elle seule un colosse d'industrie : l'esprit ébloui et satisfait reconnaît et admire les effets de ces solennités périodiques, qui réunissent dans une même enceinte, non-seulement pour les récompenser et pour payer à leur amour-propre un juste tribut, mais encore pour les animer tous d'une même pensée, d'une pensée éminemment nationale; qui réunissent, disons-nous, tous les fabricants, tous les manufacturiers, tous les inventeurs, tous les producteurs enfin d'un vaste empire.

Cependant, en sortant de ce palais féerique, où l'industrie a entassé, toujours un peu au hasard, ses produits nombreux, une pensée vient naturellement à l'esprit. Dans un pays qui fournit, tous les cinq ans le spectacle d'une telle activité, la production n'a pas besoin d'être sollicitée, d'être augmentée; elle ne demande plus qu'à être régularisée sagement. Alors pourquoi tous ces exposants, qu'une utile institution vient de rassembler momentanément sur un même terrain, ne se réuniraient-ils pas en un vaste congrès, afin d'y agiter et d'y éclairer les questions vitales de la direction à donner aux forces productives du pays, de la distribution équitable du travail, de la pondération de la fabrique et de la manufacture; pour y signaler les causes locales de ces crises si fréquentes, produites par la concurrence immodérée et inintelligente que l'abolition des maîtrises et des jurandes a fatalement amenée; ce serait là l'*association libérale*, remplaçant les *associations féodales* qui réglaient le travail en France, avant la révolution de 1789.

Aujourd'hui, un grand nombre de nations, suivant l'exemple de la France, ont fondé des expositions publiques de l'industrie sur le modèle des siennes. L'Autriche, l'Espagne, le Piémont, le Portugal, les Deux-Siciles, la Belgique, la Suède, la Russie, la Prusse, le Danemark et la Hollande, sont entrés dans cette voie de progrès. Une seule nation, la plus industrielle, a repoussé jusqu'à présent ces sortes de bilans : l'Angleterre. Mais cette exception ne détruit pas, n'altère aucunement dans notre esprit, ce que nous avons dit plus haut sur la nécessité des expositions périodiques. Chaque peuple, comme chaque individu, a reçu de la nature, de la Providence ou du hasard, une manière d'être, des dispositions, une aptitude et des goûts particuliers : or l'Angleterre est née éminemment commerçante, marchande et industrielle, comme l'Allemagne est née philosophe, l'Italie, poëte, la France, politique; et le commerce, l'échange, la production manuelle, la fabrique, l'usine, n'ont pas eu besoin pour s'y développer, s'y établir et produire les plus beaux résultats, de ces encouragements, de ces stimulants, de cette sorte d'éducation que sollicitent les autres peuples.

Toutes ces réflexions et bien d'autres encore qui ne sauraient trouver leur place dans une simple introduction, nous ont amené à l'idée de cet ouvrage. Lorsque le peintre découvre un beau point de vue, ses pinceaux sont bien près de le reproduire sur la toile; il ne se contente pas de l'admirer, ou d'en esquisser faiblement un croquis pour les pages de son album ; il en fait un tableau qui représentera le site qui l'a impressionné. Nous avons fait comme le peintre, nous avons voulu mettre en tableau, pour ceux qui ne l'ont pas vue ou pour ceux qui n'ont pu lui prêter qu'une attention peu suivie et stérile, l'Exposition industrielle dont nous venons de parler. Mais, pour suivre notre comparaison, nous avons dû aussi, toujours comme le peintre, sacrifier quelques parties de notre tableau à l'ensemble, mettre de côté quelques détails, et ne présenter que ce que nous avons cru vraiment intéressant, vraiment digne de l'attention publique : sans pour cela entendre rabaisser et mépriser les parties que nous avons omises volontairement, non pas à cause de leur infériorité, que nous sommes loin de proclamer, mais à cause du cadre que nous avons choisi.

Ceci explique pourquoi, lorsque le palais de l'Industrie comptait près de quatre mille exposants, notre travail n'en offre que quatre cents, environ un dixième. C'est qu'aussi nous n'avons pas entendu nous faire le prôneur de telle ou telle entreprise particulière, mais seulement, autant que possible, l'appréciateur de toutes les branches d'industrie qui composaient l'exposition, en attachant à chacune de ces branches quelques noms parmi ceux qui nous ont paru mériter le plus cette préférence.

Éclairer le commerce d'exportation, tel a été en outre notre but ; mais, dans notre pensée, ce rapport aura encore un autre résultat.

En voyant la paix profonde qui règne sur le continent depuis trente années ; à l'aspect de tous ces peuples qui, oubliant leurs vieilles querelles politiques, consacrent leur intelligence et leurs efforts aux paisibles conquêtes des lettres, des sciences et de l'industrie ; il nous a semblé qu'un jour viendra où les relations entre tous ces peuples seront tellement fréquentes, tellement amicales, où l'intérêt commun aura si bien éteint les fâcheux préjugés qui peuvent encore les diviser, que leurs frontières morales, à défaut de leurs frontières territoriales, disparaîtront complétement. Alors, sans doute, unissant tous ensemble leurs efforts, cherchant mutuellement à se surpasser et à s'éclairer, ils viendront apporter chacun leur labeur, le fruit de leurs travaux, les résultats de leurs recherches, à de vastes Expositions, où l'Europe entière se donnera rendez-vous.

En attendant que la marche lente et régulière du temps amène un pareil résultat, rapprochons par la pensée ce que les nécessités matérielles séparent encore; que quelques hommes sérieux et patients concentrent sous leur plume les faits les plus saillants, les plus importantes découvertes, les plus intéressants résultats qui se sont produits dans les expositions industrielles des divers États; qu'ils le fassent avec cette haute impartialité que les exigences du journalisme excluent presque toujours, et qu'ils réalisent et achèvent enfin ce que nous tentons ici avec un peu de bonne volonté, mêlée à beaucoup de défiance de nos propres forces.

Un dernier mot, avant de terminer cette rapide introduction. Il s'est trouvé par une heureuse combinaison, que ce travail que nous nous étions imposé longtemps d'avance, et qui souriait à nos goûts, nous a été indiqué par le gouvernement dont nous représentons à Paris les intérêts commerciaux. La Sublime Porte, qui s'avance à grands pas dans la voie de la civilisation européenne, a voulu avoir sous les yeux le tableau succinct d'une de ces vastes expositions, dont l'influence est si grande sur la fortune industrielle d'une nation. Puissent nos efforts mériter l'approbation des hommes éclairés et éminents qui ont bien voulu recourir à nos faibles lumières : ce sera notre plus douce récompense.

RAPPORT

SUR

L'EXPOSITION PUBLIQUE DE L'INDUSTRIE.

I

SOIE.

La Provence méridionale et le Languedoc du nord-ouest cultivent le mûrier depuis plusieurs siècles et produisent des soies de qualités estimées. Vers la fin du seizième siècle, le bon Henri IV, bien secondé par son ministre Sully et le savant agronome Olivier de Serres, donna une énergique impulsion à la production de la soie, qui s'étendit à d'autres provinces, particulièrement à la Touraine. Mais les méthodes pour élever et diriger les vers à soie étaient encore grossières et barbares. Les variations subites de température, surtout, faisaient périr une grande quantité de ces frêles animaux qui ont besoin, pour se développer et travailler fructueusement, d'une chaleur constante égale à 18 degrés centigrades. L'Italien Vincenti Dandolo proposa, vers la fin du siècle dernier, de construire des chambres exprès pour l'éducation des vers à soie, et d'y placer des poêles pour élever la chaleur quand la température extérieure s'abaisserait. Cette pensée était bonne; elle a produit d'heureux résultats qui, cependant, ne se sont pas généralisés.

Vers 1830, un grand mouvement se produisit, en France, dans l'industrie du magnanier. On eut une connaissance plus parfaite des méthodes chinoises; quelques hommes très-zélés, entre autres MM. Camille Beauvais et Darcet père, firent, à l'art d'élever les vers à soie, d'heureuses applications de la science physique; le gouvernement encouragea ces tentatives, et aujourd'hui la production a pris une importance qui ne peut que s'accroître encore. Sans doute, les magnaneries salubres, montées en grand et sur des principes rationnels, ne sont pas encore très-nombreuses, parce qu'elles nécessitent une mise de fonds et un matériel assez importants; mais ce sont les petites éducations des villageois qui, par leur multiplicité, donnent les masses de soie, et nos paysans commencent à adopter quelques-unes des améliorations qui leur ont été proposées, et qu'ils comprennent avec beaucoup d'intelligence. Ils perdent déjà moins de vers par les maladies; ils régularisent la consommation des feuilles; ils délitent mieux à l'aide de papiers forts, percés à jour, et apportent plus de propreté dans toutes ces opérations si délicates.

Deux faits principaux ont été produits à l'exposition concernant la magnanerie proprement dite : d'abord, les cocons obtenus par M. *Robinet*, en soumettant les vers, pendant toute l'éducation, au régime de la feuille mouillée. Cette méthode, dont le caractère, au premier aspect, est fort paradoxal, a besoin de la sanction de l'expérience; elle est tout empirique et ne repose sur aucune donnée de la science. Ses avantages seraient une économie assez importante dans la consommation des feuilles de mûrier. Le second fait est un encabanage pour la montée des vers. Dans une grande éducation, on est souvent très-embarrassé lorsque les vers veulent filer tous à la fois; il faut beaucoup de main-d'œuvre pour donner les derniers repas, et placer la bruyère sur les claies; il y a désordre, confusion; les vers se tourmentent, sortent de la claie, tombent, sont foulés aux pieds, ou bien, ne trouvant à se loger nulle part, ils souffrent, périssent, ou ne donnent, enfin, que des produits faibles et imparfaits. On cherche donc de tout côté à éviter ces désastreux inconvénients. Plusieurs appareils ont été proposés; quelques-uns fort ingénieux, mais d'un prix trop élevé; d'autres à l'état d'expérience, et sur lesquels on ne peut prononcer encore. L'appareil de M. *Davril,* exposé cette année, a réuni de nombreux et honorables suffrages. C'est comme une boîte à claire-voie qui n'aurait que trois côtés, et qui se pose le fond en l'air. La claire-voie est composée de planchettes en bois blanc, fort légères, laissant entre elles des vides suffisants pour que l'animal y loge son cocon; il y règne des cloisons transversales qui arrêtent le ver, et évitent ainsi les cocons doubles, désespoir des éducateurs. Tout cela est simple, facile à construire, facile à poser sur une claie, facile à décoconner. Chaque appareil peut se faire pour deux francs; mais, dans une éducation qui comporterait cinq cents claies, c'est encore une dépense de 1,000 francs, et pour ce qui est de la durée, on peut craindre que l'appareil, peu solide encore, n'exige des réparations annuelles. Il est évident que l'excellente coconnière de M. Davril s'améliorera encore, comme il arrive pour les bons ustensiles industriels.

Le dévidage des cocons, pour former ce qu'on nomme *la soie grége,* s'est singulièrement amélioré en France depuis quelques années. Si, à côté des petites magnaneries de ménage, se sont élevées des magnaneries méritant le nom de manufactures, près de la filature domestique toujours très-imparfaite et peu économique, on monte des filatures en grand, où les machines, où la vapeur jouent un rôle utile, où le travail est sûr et productif, parce qu'il est intelligent et bien réglé. Il est certain aujourd'hui que les gréges produites par une bonne filature se vendent à vingt-cinq pour cent de plus que ce qui est filé par une pauvre femme dans son isolement, vouée à une pratique routinière et inculte, qui fait comme elle a vu faire, sans connaître les progrès obtenus loin d'elle, et n'ayant aucun rapport avec le tisseur de soie; le travail de celui-ci se modifie souvent, et souffre d'une matière première préparée dans l'ignorance de ses besoins actuels. Sans aucun doute, l'habileté, la dextérité toutes spéciales d'une adroite fileuse forment le point capital de cette ingénieuse industrie; mais la meilleure fileuse a encore besoin d'être activement surveillée, elle l'avoue elle-même ; il faut qu'elle soit aidée ensuite par des appareils construits et établis judicieusement. Là, plus que dans toute autre industrie peut-être, il faut un chef habile et actif, une discipline sévère, une comptabilité rigoureusement tenue.

Rien d'absolument neuf n'a été présenté à l'exposition, en fait de machines pour filer la soie. Ce qui s'y est vu, on le connaissait; mais des perfectionnements de détail ont amené plus de facilité et de régularité dans l'opération. Les tours sont mieux construits, et les imperfections, si fréquentes dans les flottes, s'évitent plus aisément.

Les soies filées étaient nombreuses, et en général fort belles, mais il est probable que ce sont des échantillons choisis ou préparés avec de grands soins. Les produits de la filature récemment fondée à Paris ont été remarqués.

La douceur et l'égalité du climat des contrées méridionales de l'Europe leur donneront longtemps encore un grand avantage sur les pays du Nord. Cependant les progrès de la magnanerie, dans ces derniers États, sont tels, depuis quinze ans, qu'on peut pressentir le moment où elles produiront assez pour se passer d'acquisitions considérables au dehors : les soies gréges des pays méridionaux étant en général très-imparfaites par suite des mauvais procédés de filature.

EXPOSANTS.

DE TILLANCOURT ET COMPAGNIE.

Le dévidage du cocon est une opération assez difficile, qui ne se fait qu'imparfaitement dans la domesticité. Pour en obtenir des résultats satisfaisants, il faut l'opérer dans des établissements spéciaux, et cela se conçoit, quand on sait que les mêmes cocons, plus ou moins bien traités peuvent donner, dans les produits, des résultats de cent pour cent en plus ou en moins. Le dévidage de MM. de Tillancourt et Cie, établi à Paris, aux Champs-Élysées, tire tout le parti possible du cocon de ver à soie. Les flottes de ces exposants sont d'une belle qualité ; la matière première leur vient du centre, de l'est et de l'ouest de la France, dont les magnaneries se sont tant développées depuis quelques années, grâce aux efforts de M. Camille Beauvais, qui s'est fait une réputation européenne par l'établissement des bergeries de Senart, où de nombreux visiteurs se rendent chaque année pour assister à ses utiles travaux et à ses expériences si intéressantes sur l'élève du ver à soie.

II

SOIERIES.

On connaît la supériorité des fabriques françaises dans les tissus de soie unis ou brochés. Nulle contrée ne sait mieux organsiner la soie, la teindre avec plus de solidité et d'éclat, la couvrir de riches ornements, d'un dessin pur et d'un goût exquis. L'exposition de 1844 prouve que, si la Prusse Rhénane, la Suisse peuvent rivaliser avec la France pour les petits taffetas, les petits satins, les petits velours à bas prix, elle conserve du moins sa haute et ancienne renommée pour les beaux produits, pour ces étoffes ravissantes qui embellissent les femmes, et répandent tant de charmes sur nos ameublements.

Lyon est toujours à la tête de cette magnifique industrie; Lyon la perfectionne sans cesse, et ne se repose jamais. Voici d'abord ce que Lyon a présenté de plus nouveau.

Un simple et modeste ouvrier, M. *Buffart*, transforme complétement l'importante opération de l'ourdissage; l'adoption de ce système, plus simple, plus sûr, plus facile, plus économique que l'ancien, fera bais-

4

ser le prix des tissus de soie, sans que le manufacturier ni l'ouvrier puissent en souffrir.

Un fabricant est parvenu à faire, au moyen de l'admirable machine Jacquart, des tissus en pièce qui se composent d'un point de dentelle à large maille. C'est un réseau fort élégant qui se vend à très-bon marché, et qui peut faire de jolies robes de bal, des coiffures et des mantelets gracieux, des franges pour rideaux et couvertures de lit. C'est une industrie tout à fait nouvelle qui aura beaucoup de succès, on peut le prévoir.

Une autre maison a résolu le plus singulier problème; elle tisse deux pièces de velours à la fois, et sur le même métier! Une lame coupe ensuite et sépare les deux étoffes, à l'aide d'un mécanisme fort simple. Ce travail ne donne que des velours communs et à bas prix, mais il n'en est pas moins très-important; car de 7 francs le mètre, il porte le prix à 4 francs 50 centimes. Or, la Prusse Rhénane était en possession de fabriquer et de vendre énormément de velours à très-bon marché, et si le secret du procédé lyonnais ne transpire pas, Lyon reprendra la vente des petits velours qui lui avait été enlevée.

La quatrième chose nouvelle est un service de table, nappes et serviettes, en soie grége ou simplement décreusée. Ce linge est damassé, et produit un effet assez heureux. A la perfection près, il rappelle le linge en soie qui se fabrique à Brousse, et dont les Musulmans font un grand usage domestique : genre de tissu qu'on ne connaît point dans le nord et dans l'ouest de l'Europe.

Viennent les grandes et belles étoffes pour tentures de lit, de fenêtres, de portes, de meubles.

Saint-Étienne excelle toujours dans ces jolis tissus de soie fins, légers, pleins de caprice, de délicatesse et de fraîcheur, qu'on nomme rubans, et qui charment tant les dames dont ils rehaussent la toilette. Pour maintenir leur supériorité dans une fabrication aussi frivole, il faut que les industriels de Saint-Étienne soient doués d'une imagination, d'une fécondité de goût vraiment inépuisables. Ce sont des effets de satin, de gros, de moirés, de gaufrés, de jours, des largeurs capricieuses, des liserés, des fleurs, mille petits ornements d'une variété sans cesse renaissante, mais échappant à toute analyse sérieuse, pour passer entièrement dans le domaine de la fantaisie.

Lyon, Nîmes, Avignon, et quelques autres localités de moindre importance, produisent encore une multitude d'articles de toilette, comme petits châles et fichus, gazes, foulards, florence, gants, bas simples et ouvrés plus ou moins richement, en couleurs douces ou très-éclatantes, quelquefois même rehaussés d'or et d'argent, qui se vendent à l'intérieur ou qui s'exportent en quantités considérables. L'exposition n'offrait guère, en ce genre, que des articles qui s'exportent, et que les parties montagneuses du Lyonnais et du Languedoc fabriquent à bas prix : aucun pays ne pourrait soutenir de rivalité avec la France, pour ces humbles produits auxquels le génie de ses ouvriers donne encore un cachet d'élégance fort remarquable.

Paris imprime des ornements sur quelques tissus de soie, mais n'en tisse point, ou très-peu. Une seule maison, celle de M. *Hennecart*, fabrique une gaze de soie toute spéciale pour le blutage des farines. C'est un travail important, et qui a atteint une grande et utile perfection depuis quelques années. Dans la meunerie et la boulangerie, on se sert de longs tamis de forme cylindrique, couverts de cette gaze, par zones successives qui décroissent de finesse; en sorte que la farine excessivement fine se sépare d'abord, puis d'une finesse moindre, de degrés en degrés, jusqu'à ce qu'il ne reste plus que le son, qui se rejette au dehors. Ce qui caractérise cette étoffe, c'est sa grande solidité obtenue en liant le fil de trame au fil de chaîne, pour maintenir l'ouverture invariable des trous; puis, la finesse presque fabuleuse que peut atteindre ce beau tissu; elle offre jusqu'à quarante mille trous par pouce carré. On doit juger alors quelle farine délicate il est facile d'obtenir avec un tel tamis.

EXPOSANTS.

AYMARD ET COMPAGNIE. (Lyon.)

Cette maison produit des quantités prodigieuses d'articles, et leurs échantillons admis au palais de l'Industrie se montaient à plusieurs centaines; les étoffes de soie et la nouveauté forment les objets principaux de leur fabrication.

BONNET. (Lyon.)

Deux ou trois étoffes de satin moiré forment toute l'exposition de cette maison; mais sous cette apparente nullité, M. Bonnet cache une des positions les plus brillantes du commerce lyonnais. Ces rares échantillons représentent une qualité d'étoffe qu'il livre chaque année au commerce pour une importance de quatre à cinq millions de francs. M. Bonnet, en s'adonnant à la spécialité des satins noirs, est parvenu à concilier un bon marché inouï avec la meilleure fabrication.

CHAVANT ET COMPAGNIE. (Lyon.)

La variété des dessins est le principal mérite de ces fabricants, dont la production est assez limitée, mais qui n'ont exposé que des articles d'un goût exquis, surtout dans les étoffes pour robe.

CINIER. (Lyon.)

Le Levant et le Mexique importent la plupart des articles de M. Cinier, connu par ses beaux tissus pour meubles et tentures.

DONAT-ACHARD ET COMPAGNIE. (Riom.)

La fabrication des chapeaux de soie pour homme a pris, depuis une quinzaine d'années, un développement considérable. Ces produits, d'une durée moindre sans doute que ceux que l'on établissait autrefois en poil feutré, ont un brillant que l'on cherchait vainement dans le castor, et sont en même temps d'un prix incomparablement moindre. Les articles de peluche de M. Donat-Achard et compagnie luttent avantageusement avec les fabriques de Metz et de Putlange.

BALAY. (Saint-Étienne.)

M. Balay a trouvé le moyen de faire des rubans de satin uni, à bas prix, en les confectionnant avec des soies gréges et en les faisant teindre en pièce, ce qui lui a permis de soutenir la concurrence avec la Suisse, qui avait enlevé cet article aux manufactures de Saint-Étienne. Il a exposé, cette année, des rubans façonnés qui prouvent qu'il sait faire le beau comme le bon marché.

FAURE (Étienne). (Saint-Étienne.)

La maison Faure occupe un des premiers rangs dans la rubanerie ; elle ne fait que le grand beau, et occupe douze cents ouvriers. Elle emploie, pour la confection des rubans façonnés, des battant-brocheurs, de l'invention de M. Boivin, habile mécanicien du pays. Au moyen de ce battant-brocheur, on peut faire cinq ou six rubans sur le même métier, au lieu d'un seul qu'un métier fait ordinairement, ce qui diminue la façon des rubans, et en facilite la vente par la douceur des prix.

GODMARD ET MEYNIER. (Lyon.)

Créateurs d'un battant-brocheur, supprimant le travail de l'ouvrier connu dans la fabrique sous le nom de lanceur, MM. Godmard et Meynier se sont placés aux premiers rangs des artistes lyonnais. Ils n'ont guère de rivaux pour la fabrication des riches étoffes pour robe ; la soie et l'or se marient, dans leurs articles de luxe, avec beaucoup d'art. L'exposition de 1844 n'a rien offert de plus beau dans ce dernier genre.

GRAND FRÈRES. (Lyon.)

La maison Grand frères est toujours la première pour les belles étoffes ; ses velours brocart, ses lampas, ses damas blancs et de couleur, ses brocarts en relief rehaussés d'or, sont tout ce que l'on peut imaginer de plus pompeux et de plus royal. Jamais on n'avait fabriqué ces tissus de grand luxe avec autant de goût et de perfection. Le dessin y est noble et pur ; ce n'est pas seulement de la richesse, c'est aussi de l'art, et de l'art très-difficile dans l'exécution.

MATHÉRON ET BOUVART. (Lyon.)

Etoffes riches pour robes et pour meubles, d'un prix assez élevé, mais d'une qualité supérieure et d'un très-bon goût. Cette maison, très-anciennement connue dans la fabrique de Lyon, met tous ses soins à conserver à ses produits leur vieille réputation.

OLLAT ET DESVERNAY. (Lyon.)

Première fabrique pour les articles de gaze. Leurs fichus, leurs écharpes, leurs colifichets de tous genres, méritent la préférence sur beaucoup d'autres maisons. MM. Ollat et Desvernay, comme tous les fabricants qui ont adopté une spécialité, apportent un grand soin dans toutes ces délicates et gracieuses fantaisies, que la mode renouvelle et transforme chaque année.

POTON-CROZIER ET COMPAGNIE. (Lyon.)

Une étoffe double, imitant, sur un fond, la gaze brodée ; des damas-caméléon, tissés sur des trames de différentes couleurs, et des damas-pékins, occupent le premier rang parmi les articles de cette maison. Ses étoffes pour robes sont d'une grande richesse, et leurs dessins sont agréablement variés. Quatre à cinq cents métiers battent pour MM. Poton-Crozier ; l'Angleterre, la Russie et les États-Unis reçoivent avec faveur tous ces produits de la fabrique lyonnaise, que l'étranger cherche vainement à surpasser, et qu'il n'imite même pas toujours avec bonheur.

SAVOYE. (Lyon.)

Les nouveautés et les soieries façonnées que nous offre cet exposant témoignent d'une fabrication soigneuse et intelligente, qui cherche moins à étonner qu'à satisfaire les besoins usuels des consommateurs.

TREILLARD. (Lyon.)

Les articles de soieries, velours, étoffes unies que ce fabricant livre annuellement au commerce, s'élèvent à la somme de 5,000,000 de francs. Ses échantillons nombreux, que nous avons vus dans le palais de l'Industrie, nous ont paru d'une parfaite exécution et d'une grande solidité. Ses velours, surtout, fixent l'attention des connaisseurs.

VERZIER BONNARD ET COMPAGNIE. (Lyon.)

Les étoffes de laine, unies et lancées, de cette maison sont moins remarquables que ses portraits tissés exposés par elle plutôt comme une difficulté vaincue que comme une sérieuse conquête de l'industrie. Ce sont là de ces heureuses combinaisons qui font honneur à l'imagination du fabricant, mais qui n'ont guère d'importance commerciale ou artistique.

VIDALIN. (Lyon.)

L'industrie, dite teinturerie, a une immense importance dans une ville comme Lyon, tout adonnée à la fabrication des tissus teints en pièces ou en toile. M. Vidalin a su donner à cette industrie une grande impulsion, en perfectionnant les procédés anciens, et en créant quelques améliorations importantes qui ont valu aux étoffes sorties de ses ateliers l'honneur de l'exposition. C'est à lui que la fabrique de Lyon doit une partie de sa bonne réputation.

VUCHER-REYNIER ET PERRIER. (Lyon.)

Les étoffes façonnées, et les satins que nous avons sous les yeux, avec la marque de cette fabrique, portent un cachet de si bon goût, qu'on les reconnaît tout de suite sans qu'il soit besoin d'autres indications.

YEMENITZ. (LYON.)

Ce fabricant, d'origine grecque, s'occupe principalement d'établir des étoffes propres à être exportées dans le Levant. Ses tissus pour ameublement nous ont paru d'une belle qualité.

III

MEUBLES.

Le sens très-étendu du mot *meubles* doit se restreindre ici, et ne comprendre que ces objets construits ordinairement en bois, nos compagnons dans la vie, ornement principal de nos habitations, utiles serviteurs qui, dans tous les instants, nous rendent d'inappréciables services. A ce point de vue, l'exposition a offert trois classes de meubles distinctes : 1° ce qui est directement utile; 2° ce qui procure des jouissances accidentelles ou relatives; 3° ce qui est de décoration ou de pur agrément.

I. — Avant tout, l'homme pauvre ou riche a besoin d'un lit pour se livrer au sommeil, de siéges pour reposer ses membres fatigués, de tables pour travailler, et, dans quelques climats, pour prendre sa nourriture, de caisses, de coffres, d'armoires pour déposer son linge et ses vêtements. Quelques esprits ont été choqués de ne voir à l'exposition aucun meuble de cette nature, pour l'usage des classes pauvres, ou simplement aisées; mais ils comprennent mal le but réel d'une exposition industrielle, qui n'est point un bazar. Il y aurait folie à étaler à grands

5

frais, dans un bâtiment officiel, ce qui se voit chaque jour dans les magasins et même dans la rue. Puis, on ne saurait signaler aucun progrès déterminé dans les meubles de grande consommation, d'où il suit que leur présence au palais de l'Industrie eût été parfaitement déraisonnable. Il ne s'y est donc trouvé que des objets élégants, et d'une décoration plus ou moins luxueuse. On ne peut guère espérer d'amélioration, désormais, dans la commodité même des meubles ; les hommes la cherchent depuis si longtemps, et avec tant de soin, qu'on peut croire qu'ils ont trouvé le bien absolu, sous ce rapport. Peut-être s'en écartent-ils un peu maintenant, par l'abus des sculptures introduites dans les siéges : l'excès des saillies et des reliefs est gênant pour le point d'appui.

La sculpture sur bois a fait de grands progrès en France, depuis la dernière exposition ; les ouvriers sculpteurs sont en état de produire des choses d'une perfection aussi achevée que ce qui s'est fait de mieux en ce genre aux époques antérieures. Le bois sculpté revêt de certaines formes caractéristiques, qu'on nomme style, et qui se rapportent à des âges déterminés, où l'art architectural avait inventé des combinaisons harmoniques nouvelles et arrêtées. Ainsi, l'ancien peuple grec, les Arabes mahométans, l'époque appelée *renaissance*, puis, en ce qui touche plus particulièrement l'ornementation, les dix-septième et dix-huitième siècles, en France.

Un seul meuble, de style grec, a paru à l'exposition, et a réuni tous les suffrages : c'est un lit en ébène, simple, pur, gracieux, de la plus rare élégance, chef-d'œuvre de goût et d'habile exécution, mais sévère par sa couleur et sa forme, et ne pouvant charmer que les esprits cultivés par l'étude enchanteresse du beau, et de l'art sa plus noble expression. Les autres lits appartenaient presque tous aux genres adoptés dans les dix-septième et dix-huitième siècles : riches de bronze et de lourde ornementation sous Louis XIV, bizarres et contournés à l'excès sous Louis XV, maniérés et fades sous Louis XVI, époque à laquelle les bois de couleur rose et les molles peintures étaient en faveur. Tous ces genres sont un peu mêlés et confus ; il n'y a que l'exécution qui soit vraiment satisfaisante : on ne saurait lui accorder trop d'éloges.

Les anciens meubles appelés *commodes*, pour placer le linge et les vêtements, et *secrétaires*, pour écrire et mettre des papiers, ne sont plus en usage parmi les classes riches. On les a remplacés par les grandes armoires à glace, par les *bonheurs du jour*, et les meubles dits *d'appui*, qui prennent des formes plus variées et plus élégantes, et qui, sous le rapport du style et de l'ornementation, rentrent dans ce qui vient d'être dit sur le coucher.

L'exposition avait de belles tables de forme antique, grecque, et même égyptienne, mais en petit nombre. Tout le reste, banal et vulgaire au point de vue du style.

Les siéges, ottomanes, canapés, causeuses, bergères, fauteuils, chaises, appartiennent presque tous à l'époque de Louis XV, dont on exagère même le bizarre et le contourné. Des fauteuils Louis XIV, très-riches en dorures, quelques fauteuils très-commodes pour les malades et les blessés, font seuls exception.

II. — Les meubles procurant des jouissances accidentelles et relatives peuvent comporter d'une part les parquets, les boiseries d'appartements et les persiennes; d'une autre part, les bibliothèques, les boîtes et coffrets; puis enfin, les billards.

Le travail des parquets se perfectionne de jour en jour, sous les rapports de la solidité, du prix et de l'élégance; mais aucun fait notable ne s'est produit dans cette industrie, à l'exposition. Un fabricant, M. *Marcelin*, a présenté des parquets en bois de teintes variées, ou mosaïques, très-bien dessinés, d'un goût très-pur, et exécutés avec une remarquable perfection. La fermeture et l'ouverture des croisées et persiennes a donné lieu à d'heureux essais; on cherche beaucoup à résoudre ce petit problème d'économie intérieure, qui a bien son importance : on peut espérer que la manœuvre ne tardera pas à en devenir plus rapide, plus facile et plus commode, sans accroître beaucoup le prix d'acquisition du mécanisme, et les frais de réparation, jusqu'ici beaucoup trop considérables.

De superbes bibliothèques magnifiquement sculptées ont paru en grand nombre à l'exposition. C'est un genre de meuble qui paraît prendre faveur. Le style de la renaissance, compris avec plus ou moins de pureté, est celui qui domine dans ces beaux ouvrages; aucune exposition n'en avait vu de plus riches en sculptures, et qui fissent plus d'honneur à l'ébénisterie française.

Les boites, coffrets et nécessaires rentrent plus spécialement dans le travail dit de marqueterie. Ici, la forme ne correspond à aucun style déterminé; c'est une affaire de goût et de caprice. La France produit en ce genre des ouvrages de la plus rare élégance. Les bois de couleur ingénieusement associés, couverts d'incrustations en ivoire, en nacre, en écaille, en cuivre, en étain, en or ou en argent, gravés et ciselés avec une délicatesse infinie, donnent à ces jolis meubles une valeur quelquefois considérable. On en a exposé beaucoup, et tous, à peu près sans exception, prouvent dans ces travaux si délicats un progrès incontestable; ils égalent en perfection et dépassent peut-être en solidité, ce que les deux derniers siècles ont produit de plus charmant.

Les billards, en ce qui tient à l'ornementation, ont également beaucoup gagné. Plusieurs sont sculptés délicieusement. Un billard, entr'autres, style renaissance très-pur, sans aucune faute contre cette belle forme artistique, et offrant des tons variés dans les sculptures, est un véritable chef-d'œuvre. Plusieurs autres, sans atteindre la même perfection, présentent cependant les preuves d'une étude approfondie, dans l'art d'orner et d'embellir les meubles. Mais le progrès le plus important s'attache surtout à la table du billard, pièce capitale pour la sûreté et la justesse du jeu. Jusqu'ici, on avait fait de vains efforts pour ajuster et faire adhérer invariablement les morceaux de bois liés ensemble par tenons et mortaises. Les variations de température et d'hygrométricité, et l'usage même ne tardaient pas à relâcher les pièces, à altérer le niveau de chacune d'elles. Un fabricant a vaincu ces inconvénients, par une disposition nouvelle et extrêmement habile, qui supprime les causes du mouvement dans les pièces. Tout est simplifié, et pourtant tout s'engrène avec une solidité si complète, que la table se monte et se démonte facilement sans qu'on ait à craindre la moindre déviation. Ce qui ajoute beaucoup au mérite de cette combinaison très-ingénieuse, c'est qu'elle ne rend pas le billard plus cher.

III. — Parmi les meubles de pur agrément, et dont l'unique destination est d'embellir les demeures opulentes, on peut citer les *dressoirs* sur lesquels on pose les vaisselles plates, les porcelaines peintes et les grandes pièces d'orfévrerie. Quatre ou cinq dressoirs magnifiques et très-bien exécutés ont paru à l'exposition. Leurs sculptures rappellent, avec plus ou moins de perfection, les riches ornements de la renaissance.

Florence, autrefois, construisait des meubles magnifiques, en bois couvert de mosaïques. Ce sont des feuillages, des fleurs, des fruits, des oiseaux artistement composés avec le lapis-lazuli, la malachite, la cornaline, l'agate, et des minéraux plus précieux encore, que rehaussent des bronzes d'un beau et grand dessin. Ce genre de meuble est toujours un peu lourd, mais il est d'une extrême richesse, et il convient bien aux habitations opulentes. En France, on imite parfaitement ces meubles; on leur fait prendre même un cachet d'ancienneté qui leur sied bien. Tout ce qui a été exposé, cette année, en meubles florentins, est superbe, et d'une bonne exécution.

Il nous reste à mentionner les bois que l'on sculpte, ou dont on plaque des feuilles très-minces sur les meubles. Tous les bois indigènes, qui ont été longtemps en vogue, paraissent abandonnés, à l'exception du chêne, qui prend une si belle teinte avec le temps, et du noyer si excellent pour les sculptures, et qui, avec l'âge, devient aussi d'une grande et austère beauté. L'acajou est toujours le roi des bois d'ébénisterie. Le palissandre, bien qu'il soit sec et difficile à sculpter, est en faveur et restera, parce qu'il prend un beau poli, surtout parce que sa teinte sombre tranche d'une manière agréable, comme celle de l'acajou, sur la couleur claire que l'on aime à donner aux tentures des appartements. Les incrustations en blanc et même en teintes claires sur fond sombre ou noir, n'ont point reparu à cette exposition. Le goût et le bon sens ont fait justice de ce genre d'ornementation, qui avait quelque chose de lugubre et de sépulcral.

M. le docteur *Boucherie* a exposé des planches colorées diversement, par suite de l'ascension d'une matière colorante dans l'arbre nouvellement abattu, et qui aspire cette matière avec la séve circulant encore. C'est une méthode ingénieuse, et qui a produit de curieux effets. Les tons n'ont pas encore toute la franchise désirable, mais on peut espérer que l'avenir obtiendra plus de succès en ce genre. Ce qui est parfait, déjà, c'est l'incroyable dureté communiquée à des bois assez tendres, de leur nature, par certaines substances chimiques, introduites artificiellement aussi dans l'arbre. A l'aide d'une aussi prodigieuse découverte, les bois acquièrent une durée et une multiplicité d'emplois très-importantes, et surtout très-économiques, pour les meubles de toute espèce, les boiseries d'appartement, la charpente et la construction maritime. Les trois millions de visiteurs qui ont parcouru l'exposition, ont manifesté constamment le plus vif intérêt pour les utiles travaux de M. Boucherie. Il a d'ailleurs reçu tous les encouragements possibles des sociétés savantes, et surtout du gouvernement, qui a mis à sa disposition les forêts de l'État pour continuer ses belles expériences.

EXPOSANTS.

MEUBLES.

ALLARD-ADVENEL ET SIMON.

Les siéges fabriqués par ces industriels sont en bois de palissandre et en bois dorés; l'élégance de leurs formes, la hardiesse des sculptures en font des objets très-remarquables. Le canapé en palissandre, non garni, est à deux dossiers, réunis par un fronton à hotte. L'écran en bois doré peut être rangé parmi les pièces les plus gracieuses. Nous avons encore remarqué divers fauteuils, dont les fonds sont argentés et les sculptures en relief, dorées en or vert et jaune d'un goût et d'un effet charmant.

BALNY.

Un canapé en bois de palissandre, d'une coupe ample et gracieuse, dont le dossier est d'un seul morceau et dont les côtés sont plus élevés que le centre; un fauteuil dans le même goût, plus riche encore, plus ample de contours et de relief; une chauffeuse et une chaise-gondole : tels sont les beaux meubles que ce fabricant à exposés cette année et qui méritent des éloges.

BAUDRY.

Jusqu'à présent cet industriel n'avait fabriqué que des lits doubles et des divans à lits; nous avons admiré cette année son nouveau lit triple et son nouveau divan à deux lits, garnis de leur literie, à la même hauteur, longueur et largeur; c'était vraiment curieux, de voir manœuvrer un lit contenant deux autres lits, les trois se séparant l'un de l'autre, et de voir sortir d'un divan ou canapé, deux lits jumeaux.

A. BELLANGÉ FILS.

M. Bellangé fils semble s'être appliqué à nous offrir, cette année, ce que l'époque de Louis XIV a produit de plus beau et de plus riche en ouvrage d'ébénisterie.

Deux grands meubles à trois portes, à pilastres d'angles, en bois d'ébène incrusté de filets en cuivre, et orné de dessins sur des fonds blancs argent ; un guéridon en écaille, incrusté de cuivre et blanc argent, supporté par trois enfants en bronze ; deux chaises en écaille incrustées de cuivre ; une console en écaille et blanc argent : tel est l'ameublement qui, par la composition du dessin et la richesse de l'ornementation, mérite une des premières places dans le compte rendu de l'exposition de 1844.

BONNEMAIN.

Ses fauteuils de voyage pliants offrent à la fois un siége confortable et un lit de repos à volonté, car on peut donner au dossier et au tabouret tous les degrés de longueur que l'on désire. Un de ces fauteuils, plié et placé dans son étui, présente un volume de 70 centimètres de haut, sur 60 de large, et 20 centimètres d'épaisseur ; il ne pèse que 15 kilogrammes. Le prix s'élève depuis 500 jusqu'à 600 francs. Le bois en est noir ; les accotoirs sont formés par des courroies en fort cuir verni. Pour plier ce fauteuil, il suffit de passer la main sous le tabouret et l'enlever ; le développement du dossier s'opère au moyen de trous pratiqués dans les courroies. Ce meuble est d'un transport facile, et d'une grande utilité pour les voyageurs d'une santé délicate, qui ne trouvent souvent dans les hôtels que des siéges incommodes et fatigants.

BOUTUNG.

M. Boutung expose une armoire à glace, en bois de palissandre, style moderne, très-simple et très-belle, et d'un excellent travail, et deux armoires-bibliothèques, exubérantes de mosaïques, de découpures, en pierres, en étain, en cuivre : chefs-d'œuvre d'art et de patience.

CLAVEL.

Un beau buffet de salle à manger, en acajou ; la partie supérieure a l'aspect d'une bibliothèque, et sert à contenir la vaisselle et l'argenterie ; elle est fermée par des portes à glaces ; le corps inférieur est semblable aux buffets ordinaires, seulement les côtés se terminent circulairement, amélioration qui permet de trouver dans les angles deux petites armoires pour les menues pièces de la vaisselle. Quelques légères sculptures décorent les panneaux inférieurs de ce buffet. M. Clavel a encore exposé un bureau-ministre, remarquable par sa simplicité et ses belles formes, et une jolie table en bois de rose, à pieds de biche, avec moulures et ornements en cuivre doré ; enfin une armoire à glace en palissandre, genre rocaille, richement sculptée.

CONTAMIN ET COMPAGNIE.

S'il est une industrie qui ait fait et qui fasse encore tous les jours des progrès immenses, c'est celle des pianos. Pourtant il est un meuble auxiliaire dont on ne s'est que faiblement occupé jusqu'à ce jour, c'est le *tabouret du pianiste*. Seul, il est resté stationnaire. On en est encore réduit, dans la plupart des salons, à se servir, soit de tabourets à vis qui vacillent continuellement, inquiètent l'exécutant, et ôtent à son jeu de sa précision ; soit de simples chaises que l'on est souvent obligé d'exhausser avec des cahiers.

Frappés de ces inconvénients, MM. Contamin et compagnie, mécaniciens aussi adroits qu'éprouvés par une longue et sûre expérience, ont essayé d'y porter remède, et le succès le plus complet a couronné leurs efforts.

Ceux de leurs produits qui, à l'exposition de cette année, ont le plu spécialement fixé notre attention, sont des tabourets, des chaises, des fauteuils.

Les tabourets de différents systèmes peuvent aussi bien servir aux pianistes qu'aux harpistes, aux grandes personnes qu'aux enfants, et ne gênent en aucune façon le jeu des artistes.

Les chaises, désignées sous le nom de *chaises rectogrades*, à cause d'un mouvement rectiligne que les fabricants ont substitué à la vis, et d'une échelle métrique qui permet au professeur d'indiquer à l'élève la hauteur à laquelle il doit s'asseoir, empêchent les personnes qui s'en servent de contracter de mauvaises positions du corps, ce qui est non-seulement disgracieux, mais encore dangereux.

Les fauteuils appelés *fauteuils rotatifs* sont de la plus grande commodité. Une personne assise dessus, et placée devant son bureau ou son comptoir, peut se tourner dans tous les sens et causer en face avec les personnes qui forment cercle autour d'elle. A ces avantages, ils en joignent un autre qui n'est pas moins appréciable ; ils se démontent en trois pièces en desserrant deux vis, et peuvent se renfermer dans une caisse de 55 centimètres carrés.

Ces objets, tous trois en bronze et d'une modicité de prix étonnante, sont accompagnés d'un nouveau mode d'éclairage d'une grande simplicité, et d'un tourne-feuilles qui peut s'adapter aux pianos.

DESMALTER (JACOB.)

Deux meubles magnifiques, exposés cette année par M. Jacob Desmalter, méritent une mention honorable. L'un, destiné aux Tuileries, est un piédestal en ébène avec incrustations et panneaux d'écaille et cuivre, ornés de bronzes dorés. Il doit supporter la statue équestre de Louis XIV : 1,200 francs. L'autre est une armoire, dite à la reine, dont la devanture est formée par une glace, avec des colonnes aux angles, sur l'axe desquels pivote une glace de chaque côté ; repliée sur elle-même, cette glace forme le côté de l'armoire ; ramenée en avant, elle se répète dans la glace principale, et permet à une femme, à sa toilette, de se voir de tous côtés à la fois : 1,500 francs.

Commandés par le roi, ces deux meubles ont réuni tous les suffrages, et répondent à ce qu'on avait le droit d'attendre d'un fabricant aussi distingué que M. Jacob Desmalter.

DURAND FILS

Le meuble principal de cet habile ébéniste est une grande bibliothèque en bois d'acajou, style renaissance, ayant pour base l'architecture de l'église Saint-Eustache. Ce beau morceau, d'un aspect fort riche, est formé au centre par quatre arcades, séparées par des colonnes supportant la corniche ornée de quatre frontons sculptés en créneaux; les deux extrémités, faisant avant-corps, sont surmontées de frontons hémisphériques brisés au centre et réunis par un cul-de-lampe. Ce meuble est d'un excellent goût, admirablement travaillé et sculpté avec art.

FAURE.

Parmi les objets exposés par M. Faure, nous citerons un fort beau canapé en palissandre, style renaissance, forme gondole et à trois dossiers. Chaque dossier ne forme qu'un seul cuir, ou cartouche, propre à recevoir une garniture ovale. Le fronton principal est décoré d'une tête encastrée dans un joli cartouche; les deux autres frontons se terminent par des feuilles d'acanthe, qui laissent échapper des grappes de fruits d'un travail délicieux.

Un autre fauteuil médaillon, forme gondole, en bois doré, genre Louis XV, d'un goût très-délicat et d'une légèreté charmante; les sculptures sont parfaitement soignées.

Une jolie chaise en palissandre, genre Louis XV, ornée de sculptures très-fines.

FISCHER PÈRE ET FILS.

Le grand bureau de ces exposants est aussi remarquable par sa forme élégante que par le fini de l'ébénisterie et la solidité de la construction. MM. Fischer sont connus depuis fort longtemps, pour le soin qu'ils apportent dans l'établissement de leurs meubles. On est toujours sûr, chez eux, que les bois précieux et les riches incrustations ne servent pas à cacher des dessous mal établis et sujets à de prompts écartements.

FOURDINOIS ET FOSSEY.

MM. Fourdinois et Fossey ont exposé plusieurs meubles du plus grand mérite ; nous citerons seulement : 1° une grande console en bois sculpté, dorée, soutenue de chaque côté par deux gros enfants accouplés, sculptés en ronde bosse et enlacés par des guirlandes de fleurs et de fruits : ce meuble rappelle le goût dominant du siècle de Louis XIV ; 2° une torchère, genre Louis XV, pleine de richesse et d'élégance ; 3° une chaise en bois sculpté, genre Louis XVI ; ° une petite console, genre Louis XIV.

GAU.

Les exigences de plus en plus excessives de l'acheteur ont forcé la plupart des fabricants à se renfermer dans une spécialité, seule voie qui les amène à donner à leurs produits le degré de perfection le plus grand qu'il soit possible d'atteindre. M. Gau, qui a compris cette nécessité, a choisi, dans la fabrication des meubles, la spécialité des chaises ; les résultats qu'il a obtenus viennent à l'appui de ce que nous disons. Le public n'a pas manqué d'admirer le beau fauteuil massif, style Louis XIII, de cet exposant ; un autre fauteuil en palissandre, avec sculpture à fruits, genre Louis XV ; des chaises dans le même goût, et un fauteuil de voyage, orné de sculptures très-délicates et pouvant se renfermer dans une boîte de moyenne grandeur, nous ont paru mériter une mention spéciale.

GROHÉ FRÈRES.

MM. Grohé frères ont exposé une foule de meubles, tous plus beaux les uns que les autres, tels que prie-Dieu en noyer, sculpté dans le style du quinzième siècle ; buffet-bahut, en palissandre, avec appliques de cuivre doré ; bahut et consoles avec appliques de cuivre doré, genre Louis XIV et Louis XV ; un lit en ébène, une armoire à glace dans le même goût, un fauteuil en acajou d'un fort joli modèle, une jardinière carrée en ébène, avec ornements dorés, d'une délicatesse exquise ; enfin, un buffet, style renaissance, en bois de chêne, avec de précieuses incrustations de lapis-lazuli.

HENKEL.

Parmi tous les meubles d'une utilité réelle et qui satisfont autre chose qu'une futile fantaisie, une bibliothèque mérite plus que toute autre notre attention et nos soins. Destinée à renfermer les livres de notre choix, nos auteurs de prédilection, les chefs-d'œuvre de l'esprit humain, on ne saurait donner un sanctuaire trop beau à ces écrits qui excitent notre admiration, charment nos loisirs, ou augmentent la masse de nos connaissances. Voici, en effet, une bibliothèque, où les productions des plus grands génies trouveraient un asile digne de leur immortalité. Ce meuble splendide, seule exposition de M. Henkel, est d'un style très-pur (renaissance); sa base offre deux vantaux ornés de riches arabesques, de cartouches et de feuilles d'une délicatesse admirable; les angles sont remplacés par une corniche et quatre pilastres doubles; la corniche extérieure est supportée elle-même par quatre figures de femmes en ronde bosse; quatre cariatides d'enfants, dont les pieds se terminent par un feuillage, supportent la partie supérieure du meuble, surmonté enfin par un cartouche qui s'harmonise parfaitement avec le rinceau.

KLEIN.

Le bureau-ministre, exposé par M. Klein, est en palissandre, sobrement décoré de sculptures; la partie destinée à recevoir la tablette pour écrire, ainsi que la partie du milieu où existent des portes vitrées, peuvent s'avancer sur le plan des tiroirs de la façade, et former une décoration uniforme; une étagère sculptée le surmonte et donne de la légèreté à ce vaste meuble.

LEBLANC.

M. Leblanc fabrique spécialement les meubles imités des siècles passés. La pièce la plus remarquable de son exposition est un lit en bois d'ébène; ce lit est simple, d'une gravité splendide, les dossiers sont droits et revêtus de pilastres avec chapiteaux d'ordre corinthien; chaque dossier est couronné par un gros rouleau cannelé, de belles moulures complètent l'ornementation.

LEMARCHAND.

Imitation intelligente d'un beau style, ampleur de proportions, richesse d'ornementation, perfection de détails : voilà ce que M. Lemarchand nous a montré, en nous mettant sous les yeux un superbe lit, une armoire à glace, une commode avec étagère et une charmante table en bois de noyer, dans le style renaissance, supportée par des figures de fantaisie d'une exécution extrêmement remarquable.

LONGUET.

Rien n'est plus gracieux et plus élégant que les meubles de salon exposés par ce fabricant. Tous sont en bois de palissandre, dans un goût demi-rocaille, demi-italien; les formes sont amples, d'une coupe heureuse et d'un aspect très-agréable.

Un canapé, dont le dossier est orné de trois médaillons; une méridienne, ou chaise longue; un fauteuil et une chaise dans le même goût, complètent ce meuble de salon homogène. Ces siéges sont encore ornés de sculptures faites avec beaucoup de soin, de pureté et d'intelligence.

LUET.

M. Luet a exposé plusieurs fauteuils d'un goût et d'une exécution admirables; entre autres, un fauteuil entièrement en bois d'ébène, revêtu d'une magnifique étoffe de brocard d'or, d'une forme gracieuse et d'une élégance peu commune; les contours sont larges et se développent avec aisance; les consoles sont ingénieuses, les accotoirs ravissants de finesse; le fronton est richement décoré d'ornements, de coquillages, de rinceaux d'où s'échappent des oiseaux; les pieds s'appuient sur des carapaces de tortues d'un fort bon goût. Un autre fauteuil, également en ébène, ne le cède en rien au précédent ; la forme du dossier est à médaillon, le couronnement est composé de jolis amours enlacés par des fleurs et en contemplation devant un groupe d'oiseaux, qui se disputent une branche de feuillage ; les bras de ce fauteuil sont décorés de têtes de faunes sculptées avec art.

LUND.

M. Lund a exposé plusieurs meubles, tous aussi jolis qu'on peut se l'imaginer, et travaillés avec un soin sans égal ; tout cela est coquet, d'une physionomie charmante ; les intérieurs sont garnis en bois de couleur ; les marqueteries, les fleurs, les cuivres sont extrêmement variés. Nous regrettons de ne pouvoir les citer tous, nous nous bornons seulement : 1° à un grand bureau, dit bureau-ministre, en bois d'ébène, dans un style composé, à pieds de biche, avec compartiments en marqueterie ; ce meuble est plein de richesse et d'élégance ; 2° à un bureau de dame, en bois de rose et cuivre doré, genre Louis XV, d'un effet charmant.

MERCIER.

M. Mercier a composé un ameublement de chambre à coucher, lit, commode et armoire à glace. Ces trois meubles, en palissandre, rappellent le genre de Louis XV, et, quoique trop massifs, ils ne méritent pas moins des éloges, car l'ébénisterie et la sculpture en sont des plus recommandables.

MEYNARD ET FILS.

La bibliothèque de ces fabricants est ornée de glaces ; un marchepied, caché dans un tiroir, permet de s'élever, sans le secours d'un meuble étranger, jusqu'aux plus hauts rayons. Ses modèles de chaises et de fauteuils sont d'un bon goût.

MIROUFFE.

M. Mirouffe a exposé une grande quantité de petits meubles et d'étagères, découpés à la mécanique, tous pleins de grâce, de légèreté, de délicatesse.

NÈGRE.

M. Nègre a apporté des améliorations aux siéges élastiques et aux fauteuils mécaniques; sa nouvelle garniture égale, comme souplesse, le duvet le plus moelleux, elle est inaltérable et peut être adaptée aux meubles de toutes formes, convenable surtout pour les personnes délicates ou souffrantes; elle résiste assez, malgré sa faiblesse apparente, pour empêcher le poids du corps de faire sentir le fond du siége; elle n'échauffe pas et ne s'affaisse jamais, même après un long usage; en un mot, c'est le comble du confortable.

OSMONT.

Un lit de forme bizarre, orné d'arabesques et de sujets orientaux d'un bel effet, une porte d'appartement en style de Boule, quelques boîtes, guéridons, jardinières, chaises et tables bien exécutés, ont valu à M. Osmont les suffrages des connaisseurs. Ce fabricant a poussé plus loin qu'aucun de ses confrères l'imitation de la laque de Chine.

POCHARD.

Une jolie console, imitation genre Louis XV, en bois de palissandre; les sculptures en sont riches, légères et d'un travail fort soigné. Un fauteuil en bois de palissandre, genre Louis XV, et un autre, dit confortable, en bois, recouvert par l'étoffe, avec pieds en bois de rose et légères appliques de cuivre doré, goût Louis XVI. Ces deux siéges sont remarquables par leurs formes simples et élégantes, par leurs dossiers bien dessinés et ornés avec goût, et par leur belle exécution.

PROESCHEL.

C'est une belle et philanthropique idée, que celle d'appliquer la mécanique au soulagement des mille souffrances qui accablent l'humanité.

La goutte, les rhumatismes, les infirmités naturelles ou accidentelles, nous condamnent trop souvent à passer des journées, des semaines, des mois entiers au lit, ou sur un canapé, sans pouvoir y prendre toutes les positions désirables.

M. Proeschel a donc singulièrement contribué au soulagement et à la consolation de l'humanité souffrante, en inventant des meubles comme ceux qui figuraient à l'exposition, entre autres son fauteuil mécanique. En effet, à l'aide de ce fauteuil, on peut, sans aide et sans aucun secours, avancer, reculer, se promener dans son appartement ou dans son jardin ; on peut hausser ou baisser à volonté une jambe malade, un bras cassé, sans crainte de déranger les appareils; enfin, le malade, à son gré, augmente ou diminue la hauteur du siége, s'entoure de rideaux, tire des tablettes mobiles sur lesquelles il peut lire, écrire, travailler et satisfaire à tous les caprices de position, comme à tous les besoins de la vie.

De pareilles idées honorent l'industrie et concilient tous les suffrages à ceux qui, comme M. Proeschel, dévouent leur zèle et leur science à de si utiles perfectionnements.

RIMLIN.

Plus de marqueteries, de porcelaines, de cuivres dorés; le palissandre seul, sans alliage, se montre ici dans toute sa splendeur. Nous remarquons surtout, de ce fabricant, un lit, un buffet-étagère de salon, et une table à ouvrage; le tout solide, bien fait, soigné et bon marché.

RINGUET.

Buffet de salle à manger, en chêne naturel. Comme sculpture et comme ébénisterie, voici un des plus beaux morceaux de l'exposition ; les animaux placés sur les panneaux des portes, ceux que représente le fronton de la frise qui règne sur la devanture des tiroirs, sont d'une exécution irréprochable et heureusement appropriés au sujet; la largeur de ce meuble est de 1 mètre 95 centimètres ; sa hauteur est de 96 centimètres, non compris l'étagère; il vaut 1,800 francs. — *Fauteuil et table en écaille des Indes et bronze doré.* Ces meubles magnifiques reproduisent les formes du siècle de Louis XIV ; le dessus de la table est orné de médaillons en ivoire gravé, représentant Louis XIV et les principaux personnages de sa cour. Ces deux articles sont dignes d'un musée ; le fauteuil est du prix de 1,000 francs ; la table, de 3,500 francs. — *Cabinet-bibliothèque, en ébène et bronze doré, style de François Ier*. Ce dernier meuble peut encore servir à renfermer des objets précieux ; il est en ébène et en bois de poirier ; le corps du milieu fait saillie dans le bas, une glace forme la partie supérieure ; les portes du bas sont pleines ; la plupart des ornements, y compris ceux du fronton, sont en bronze doré. Sa dimension est de 2 mètres 20 centimètres de haut, sous fronton, sur 1 mètre 60 centimètres de large. Prix : 3,000 francs.

Ces quatre objets surpassent, selon nous, tout ce que l'on a fait jusqu'à présent en ébénisterie ; les fameux meubles de Boule leur sont même inférieurs ; ce sont de véritables objets d'art qui acquerront encore, avec le temps, une plus grande valeur.

ROLL.

Ce fabricant expose un lit, une commode et une armoire à glace dans le goût moderne, en bois de palissandre, simples de lignes et d'ornementation ; la décoration en est ingénieuse, d'un effet agréable ; des glaces bordées d'une légère frise de cuivre doré, remplacent toutes les parties planes.

ROYER FILS ET CHARMOIS.

Le bois de rose, d'ébène, de citronnier, la porcelaine, l'écaille et le cuivre se marient heureusement dans les meubles que nous avons sous les yeux ; c'est une armoire à glace en ébène sculpté ; c'est un fauteuil en bois doré, à médaillon, de l'époque de Louis XV ; c'est, enfin, un meuble complet de boudoir, qui semble créé exprès pour la fantaisie et le caprice ; l'œil se repose agréablement sur ces volutes en bois de rose, semées d'incrustations délicieuses ; il semble que la pensée doit naître plus doucement et avec moins d'efforts, au milieu de ce délicieux ameublement, fait pour la causerie et pour l'intimité.

SELLIER (Victor).

Nous avons remarqué : 1° un fauteuil de grande dimension, genre Louis XV, orné d'une guirlande de fleurs couronnant le cintre; le siége de forme gondole, les enroulements des consoles et les gracieux contours des accoudoirs, sont fort remarquables par la finesse de leur exécution; 2° un autre fauteuil dans le même style, siége à bidet, dossier droit décoré aussi de fleurs; 3° une jardinière à plateau, en bois doré, pleine d'élégance. Ce meuble de luxe peut servir à différents usages; en retirant le vase de fleurs, il devient à volonté un guéridon ou un porte-lumières.

SIMONNET ET RACHE. (Bordeaux.)

MM. Simonnet et Rache de Bordeaux avaient fabriqué une magnifique bibliothèque, en bois de noyer, qui n'a pu être exposée, n'étant pas arrivée pour l'époque indiquée; mais, ayant été assez heureux pour nous la faire montrer, nous venons rendre justice au talent de ces fabricants, en la mentionnant dans notre rapport.

Ce meuble, extrêmement remarquable, est composé dans le style ogival, et dessiné avec un goût parfait; on ne sait ce que l'on doit le plus admirer dans ce chef-d'œuvre, de la menuiserie, de ses trois mille morceaux assemblés et coupés, ou de l'ornementation et de la précision de tout le meuble; les statuettes représentant les quatre évangélistes, qui décorent le haut de cette bibliothèque, sont dues au ciseau de M. Faure, habile statuaire sculpteur; elles offrent le mérite de la difficulté vaincue aussi bien que de la science du jeu de la physionomie et du jet des draperies

SINTZ.

Chaise de piano, avec casier pour la musique, se divisant en deux parties et n'occupant que la place d'un seul meuble; chaise de chalet en bois de charme, siége et dossier nattés en bois de houx, se pliant par un mouvement brisé et pouvant se mettre sous le bras; tabouret de musique, à cul-de-lampe et guirlande mobile. Tous les produits de M. Sintz offrent quelques ingénieuses combinaisons et sont d'une grande commodité; ce sont des objets confortables, qui ne frappent pas le regard, mais dont on apprécie à chaque instant l'utilité.

THÉRET.

Rome et Florence semblaient avoir, jusqu'à ce jour, le monopole des mosaïques en relief, et de la taille de toutes les pierres précieuses, telles que jaspes, sardoines, lapis, agates, cornalines, et cristaux de roche.

Un artiste français, M. Théret, dont la vie entière a été consacrée à l'étude et au travail des pierres fines, nous a vraiment affranchis du tribut que nous payions à l'Italie. Rien de beau, de fini, comme les mosaïques en relief à plat, par incrustation, en matières dures, qu'il a exposées cette année. Vases, coupes, tabatières, placage pour meubles, pendules, cheminées, orfévrerie et bijouterie : tout dénote chez M. Théret de profondes et savantes études, qui l'on conduit à la plus minutieuse et à la plus parfaite exécution.

VERVELLE.

Corbeille de mariage sculptée; bureau, bibliothèque, table, pupitre, étagères, en palissandre incrusté. M. Vervelle est un artiste de mérite; tous les meubles qui sortent de ses ateliers portent un cachet de bon goût qui les ferait reconnaître entre mille.

BILLARDS.

BOUHARDET.

Voici une table de billard formée de feuilles de papier superposées et collées; cette masse, après avoir été exposée à toutes les intempéries de l'air, et avoir perdu toute faculté rétractile, est dressée, polie, et semble désormais à l'abri de toute espèce de gonflement.

FOURNERET.

M. Fourneret, voulant donner aux tables de billards, en bois, une grande rectitude horizontale, a remplacé, par un système de son invention, l'ancien système de montants, de traverses, de tenants et de mortaises, employé jusqu'à ce jour. Les tables, d'une parfaite justesse, sont composées de six parties, qui se montent et se démontent avec une grande facilité, et peuvent être transportées à peu de frais. Ces pièces adhèrent entre elles et ne semblent former qu'un tout inébranlable. L'humidité et les autres variations de la température sont sans aucune influence sur les tables de ce fabricant, et ses billards n'ont jamais besoin de réparation, sous ce rapport.

GUILLELOUVETTE ET THOMERET.

Rien de plus difficile à obtenir qu'une table de billard parfaitement horizontale et à l'abri des variations de l'atmosphère; l'habileté du joueur consiste souvent à bien placer la bille, et ce jeu ne peut que souffrir d'une table, où les billes subissent dans leur course d'autre influence que celle de l'impulsion qu'elles ont reçue. MM. Guillelouvette ont exécuté pour la première fois une table en fer fondu; le billard est en bois d'acajou moucheté, d'une forme excessivement simple et par cela même du meilleur goût.

LACAN-AUBRY. (Orléans.)

Le billard-table de M. Lacan-Aubry, tout en demeurant un meuble de luxe, a joint l'utile à l'agréable, par les quatre métamorphoses qu'il peut subir entre les mains de son propriétaire.

Un billard est presque toujours fort embarrassant par la place qu'il occupe; ce meuble a besoin d'une salle vaste et spéciale, et dans laquelle on ne peut faire autre chose que jouer, lorsqu'on l'y a dressé sur ses pieds massifs. M. Lacan a songé aux petits propriétaires qui n'ont pas de logements princiers : son billard devient tour à tour, avec quelques pièces accessoires qui s'y ajustent très-facilement, une table à manger de vingt-quatre couverts, un vaste pupitre à musique, et un lit où plusieurs invités peuvent goûter un sommeil paisible. On trouve donc, sur ce merveilleux billard, les plaisirs du jeu, ceux de la table ; un orchestre de danse s'installe au besoin devant lui, et il offre enfin le repos nécessaire pour se remettre des fatigues que tous ces plaisirs entraînent ordinairement après eux. Le prix de ce meuble ne dépasse pas celui des billards ordinaires.

MEUBLES EN FER.

BAINÉE.

Les lits en fer plein de cet exposant, sans fonte ni zinc, ont été adoptés par les plus grands établissements ; leur prix s'élève de 26 à 150 francs, suivant la grandeur et le fini du travail. M. Bainée est encore l'inventeur d'une cisaille à chariot, pour couper jusqu'à sept millimètres d'épaisseur de tôle dans toute la largeur de la feuille, et quatorze millimètres de cuivre. Le prix de cette cisaille est de 150 à 1,000 francs.

DUPONT.

M. Dupont est un des fabricants parisiens qui ont le plus contribué à propager parmi nous l'usage des meubles en fer. Son lit-canapé est d'une belle exécution et d'une élégance parfaite ; ses autres produits justifient la belle réputation de cette maison, dont les travaux acquièrent de jour en jour plus d'importance.

GESLIN.

Nous avons remarqué dans l'exposition de ce fabricant :

1° Un lit de voyage, tubes en cuivre poli, se pliant à volonté en valise ; 2° un lit-pliant pour la chasse, avec tente; 3° une chaise de marine devenant lit de repos à volonté, à l'usage des voyageurs sur mer ; 4° un lit de camp, à l'usage des officiers, servant au besoin de tabouret et de chaise, surmonté d'une tente ; 5° un lit à ciel à pompe, pour recevoir une moustiquière; 6° un lit à fond à tension, ne nécessitant ni paillasse ni sommier; 7° quelques chaises pliantes pour le service militaire.

GANDILLOT ET COMPAGNIE.

L'emploi du *fer creux* remonte à l'année 1828. A cette époque, les ouvrages en fer plein ressortaient à un très-haut prix, tant à cause de la quantité de matière employée, qu'à raison d'une main-d'œuvre considérable. Aussi, toutes les fois que l'on pouvait remplacer ce fer par la fonte, celle-ci avait la préférence; mais on sait qu'en fait de métaux, la fonte est le type de la fragilité, et les travaux exécutés avec cette matière perdaient en durée tout ce qu'ils gagnaient en économie. C'est alors qu'un ancien élève de l'école polytechnique conçut l'idée de substituer le fer creux au fer plein, dont les prix étaient si élevés. Cette invention obtint un succès brillant. Non-seulement les constructeurs s'en emparèrent aussitôt, mais on l'appliqua à une foule d'usages, et la mode lui dut des meubles et des objets de fantaisie avoués par le bon goût.

Dans le principe, les barreaux ronds en fer creux étaient formés de bandes de fer roulées, à joints simplement rapprochés ; les barreaux carrés étaient formés de deux auges superposées, de telle façon que les faces latérales offraient une épaisseur double. Dans les travaux de construction, ces tubes étaient remplis d'un mastic, destiné à prévenir l'oxydation, en empêchant l'humidité de pénétrer dans l'intérieur. Aujourd'hui, MM. Gandillot ont appliqué à ce système quelques améliorations empruntées à l'Angleterre. Les tubes ronds à joints rapprochés ont été remplacés par des tubes soudés à chaud dans toute leur longueur, comme le sont les canons de fusil ; aux traverses carrées, formées de deux auges superposées, ont succédé des traverses carrées à quatre faces égales, soudées comme les tubes ronds. Cette amélioration a donné aux fers creux l'apparence et toutes les qualités du fer plein, moins le poids ; le remplissage au mastic est devenu inutile désormais, puisqu'il est impossible que l'humidité pénètre dans ces tubes fermés exactement.

Les travaux en fer creux exécutés par MM. Gandillot, et dont les échantillons figuraient à l'exposition de l'Industrie, peuvent se résumer en trois catégories : 1° travaux de bâtiments ; 2° ameublements ; 3° tuyaux de conduite.

Travaux de batiments. — La plus importante application du fer creux est celle que l'on en a faite aux grilles. Aussi solides que celles en fer plein, les grilles en fer creux offrent une économie de cinquante pour cent, et leur durée est au moins égale à celle de leurs rivales. Les premières grilles posées à Paris dans divers établissements, en 1829 et 1830, sont encore intactes aujourd'hui, et nous devons à la vérité de faire cette remarque, qu'elles ont été établies d'après le premier système de MM. Gandillot, c'est-à-dire sans soudure et par simple rapprochement. Celles dues au système de la soudure à chaud offrent une bien plus grande solidité. En comparant le prix de revient d'une grille dormante de 3 mètres de long et 50 centimètres de haut, à trois traverses, barreaux de 3 centimètres, on trouve que la travée massive pèserait 550 kilogrammes, et coûterait 510 francs, à 90 cent. le kilog. La même grille en fer creux, tout ajustée, ne reviendrait qu'à 165 francs.

Le fer creux est employé avec succès pour les balcons, balustrades, rampes d'escalier. MM. Gandillot l'ont encore appliqué à la fabrication des échelles simples et doubles, des râteliers, des berceaux et pavillons pour jardins. Enfin, les fabricants de bronze l'emploient pour tringles de garde-feux ; les fondeurs, pour lanternes et boîtes à noyaux ; les serruriers, pour colonnes et pour les rouleaux de stores.

Les fenêtres en fer creux, tout récemment inventées, méritent l'attention de MM. les constructeurs. Ces fenêtres joignent à une extrême légèreté une solidité à toute épreuve, et elles donnent, à dimensions égales, beaucoup plus de jour que les fenêtres ordinaires, dont elles ne dépassent pas le prix. L'espagnolette y est remplacée par une fermeture à crémone.

Ameublements. — Rien de beau et d'élégant comme les lits d'appartements, en fer creux, à bateau, peints au four, en imitation de bois avec incrustations, ou en peinture riche, noir, or ou fleurs naturelles. Mais nous accorderons toute notre attention à une application plus utile du fer creux. Les lits communs pour les établissements publics, tels que : hospices, asiles d'aliénés, colléges, pensions, prisons, ne sauraient être trop recommandés, tant pour leur solidité, que pour leur bas prix. MM. Gandillot établissent, en fer creux, des guéridons, des jardinières, des tables, des étagères, des canapés, des fauteuils et des chaises, qui forment, avec leurs beaux lits, un ameublement complet d'une grande originalité ; leurs bancs, pour jardins publics ou particuliers, l'emportent également sur ceux en bois, en fer plein, ou en fonte.

Tuyaux de conduite. — Enfin, les fers creux ont, comme tubes, une infinité d'autres applications, dont les plus importantes, celles qui se rattachent aux conduits d'eau, de gaz, et aux tuyaux de calorifères à eau chaude, forment le privilége de la maison Gandillot et compagnie, qui a reçu un brevet pour la fabrication des tuyaux étirés et soudés à chaud. Jusqu'à présent la conduite du gaz s'était faite, en France, par des tubes en fonte ou en plomb ; mais la première de ces matières est sujette à des fuites et à des ruptures, par ses soufflures inévitables ; la seconde présente de bien plus grands inconvénients à cause de sa trop grande flexibilité ; elle cède à la moindre pression, se crève, ou arrête, par le rapprochement des parois, la circulation du gaz. Les tuyaux en fer creux semblent être à l'abri de tous ces inconvénients. Sans mélange de soudure, ni de cuivre, ils se prêtent, sans se rompre, à toutes les sinuosités voulues, et ils ne sont jamais livrés au commerce avant d'avoir subi, comme épreuve, une pression de 15 kilogrammes par centimètres carrés, c'est-à-dire de 15 atmosphères.

L'éclairage au gaz, qui a reçu et reçoit chaque jour de si grands développements, effrayait encore certaines imaginations, par les dangers qu'il paraît offrir et les accidents qu'il cause fréquemment. Grâce à l'application des tuyaux en fer étiré, ces accidents vont disparaître, la sécurité renaîtra, et le gaz jettera sur le monde entier les flots de sa lumière éclatante.

LÉONARD (Camille.)

L'industrie des meubles en fer a fait d'immenses progrès en France depuis quelques années. Les hospices civils et militaires, les casernes, les colléges, les couvents sont, en général, pourvus de lits en fer qui offrent le double avantage de la solidité et de la propreté. Bien des familles même préfèrent ces lits au palissandre et à l'acajou.

M. Léonard Camille a poussé plus loin l'art de travailler le fer. Il l'a rendu flexible et maniable comme le bois, il l'a forcé à se plier à toutes les formes, à tous les usages, à se réduire au plus mince volume sans perdre de sa solidité, à changer, en quelque sorte, d'aspect et de nature.

Lits, fauteuils, chaises, canapés, tentes de campagne, siéges de toutes formes : tout dans ses mains s'assouplit et répond à ce que peut désirer le plus exigeant confortable. Nous avons surtout admiré un ameublement en imitation d'écaille et d'incrustation d'or, composé de cinq pièces du même style et d'une grande richesse ; un lit à colonnes droites ; une table à pieds contournés, genre Louis XV ; un guéridon ovale ; une étagère d'un travail charmant, découpée à jour ; enfin une jardinière d'une grâce parfaite.

IV

ORFÉVRERIE. — BIJOUTERIE FINE ET FAUSSE. — BRONZES. — PLAQUÉ. — DORURE ET ARGENTURE. — ESTAMPAGE. — CORAUX.

Aucune industrie, plus que celle qui met en œuvre et façonne les métaux précieux, n'a besoin des secours et du concours même de l'art; aucune n'exige une alliance plus intime entre les hommes qui étudient le beau dans le sublime spectacle de la nature, dans les œuvres antérieures des grands artistes de tous les siècles et de toutes les nations, et les artisans habiles qui traduisent sur la matière les conceptions du génie. L'ignorance, les esprits moroses, ont le tort de croire que de tels ouvrages sont inutiles, et propres uniquement à satisfaire les caprices d'un luxe frivole. Oui, si l'œuvre en elle-même n'a de précieux que la matière; mais si la forme est réellement belle, sa contemplation élève l'âme et mûrit le goût. Or l'homme de goût, celui dont l'intelligence se plaît aux belles choses, est plus pès du bien qui est essentiellement beau. Voilà pourquoi il est si important de veiller à ce que même les plus humbles produits industriels revêtent une forme aussi perfectionnée, aussi agréable que possible ; c'est en ce sens et dans cette utile direction, que les gouvernements habiles doivent encourager l'industrie.

La France est la nation qui a conservé avec le plus de soin les traditions laissées au monde par les grands orfévres et les illustres joailliers que l'Italie a produits au quinzième siècle. Les orfévres français sont des artistes; leurs ouvriers même sentent l'art, le comprennent, et l'aiment : cela explique l'incontestable supériorité du goût français, qui brille surtout du plus vif éclat dans l'orfévrerie et les bronzes. L'orfévrerie, en particulier, s'est élevée très-haut, à cette exposition; des pièces de premier ordre ont fait l'admiration non-seulement des nationaux, mais encore de cette foule d'étrangers accourue de toutes les parties de l'Europe, pour prendre part à cette grande fête du travail.

L'orfévrerie crée trois ordres distincts de produits : les pièces de toutes dimensions pour le service de la table, les objets nécessaires au culte, et les pièces d'agrément et de fantaisie. La fonte, le repoussé, la gravure, la ciselure, le mat, le bruni, la coloration de l'or par des alliages habiles, la soudure, les émaux et l'addition des pierres précieuses : voilà ses moyens. La composition et le dessin dominent cette industrie, au point que toute la richesse des matières et toutes les difficultés du travail pour la mise en œuvre disparaissent, et que la forme seule affecte délicieusement ou choque les regards et le jugement des hommes capables de juger.

Les petits ustensiles de table, comme cuillers, fourchettes, manches de couteaux, pinces à sucre, etc., ont une forme arrêtée, et ne peuvent recevoir qu'une ornementation légère. On les couvre de charmants caprices, de ciselures délicates qui leur font acquérir parfois un prix très-élevé.

Les objets nécessaires au culte ouvrent un champ très-vaste au génie des artistes, par la riche ornementation que comportent ces pièces, et le symbolisme qui est leur principal caractère.

L'orfévrerie d'agrément et d'art pur refleurit décidément en France, après une sorte d'interruption inexplicable. Il serait trop long de décrire, même d'énumérer les coupes, les vases, les miroirs dont l'ornementation très-riche et très-variée, la fine ciselure et la beauté de style, révèlent cette espèce de renaissance.

Les bijoux, comme bagues, bracelets, épingles ou broches, boucles, pendants d'oreilles, colliers, pommes de canne et tabatières, n'ont longtemps présenté que des combinaisons élégantes, sans aucune pensée, et leur valeur consistait tout entière dans le métal et les pierreries qui les couvraient, taillées et montées avec plus ou moins d'habileté; ce n'était que du luxe. Aujourd'hui, l'art est descendu jusqu'à ces charmantes bagatelles, qui prennent une signification, et présentent des ornements purs et corrects, parfois des figurines délicieuses. Des parures en diamants figurant des fleurs d'un excellent dessin, prouvent le merveilleux talent des joailliers français.

Les bronzes dorés, ou mis au vert antique, conservent la supériorité que leur a acquise le goût français. Depuis longtemps le style en faveur est le Louis XV, dit *rocaille*, un peu chargé, un peu contourné et maniéré; cependant, entre les mains de quelques artistes qui savent choisir et simplifier, il ne manque ni de grâce ni d'élégance. Les candélabres, les lustres prennent en général des formes très-riches.

Les bronzes estampés, de vulgaires et bizarres qu'ils ont été longtemps, se font gracieux et remplis d'élégance. Aussi, ce genre d'industrie qui livre ses produits à bon marché, prend-il un grand accroissement. Les fenêtres, les lits, les tentures, les frises consomment cet article, dont les tapissiers décorateurs tirent maintenant un parti très-heureux.

L'argenterie plaquée se fait avec un succès croissant. Peut-être s'écarte-t-elle un peu trop de la simplicité qui sied à ce genre d'orfévrerie, et qui est en même temps un gage de solidité. Mais ce n'est point là son mérite capital. Le bon plaqué doit avoir le dixième d'argent, ou au moins le vingtième. Si la proportion est plus faible, il dure peu, et ne résiste point à un usage continu. Puis, des fabricants de mauvaise foi trompent sur le titre, cela n'est que trop fréquent. Aussi, ne doit-on s'adresser qu'à des maisons honorables et bien famées. Il en est plusieurs qui méritent une grande confiance, et dont la réputation de probité est solidement établie.

Quant à l'art de doubler ainsi le fer ou le cuivre en or ou en argent, la France a atteint l'Angleterre qui s'y était fait une certaine réputation; et pour ce qui est du goût et de la beauté des formes, la France est incontestablement supérieure; l'ornementation anglaise appliquée à ces sortes de produits n'offre qu'une sorte de style Louis XV, abâtardi et dégénéré depuis longtemps.

Toutefois, l'industrie du plaqué, comme celle de la dorure, suivant la méthode très-ancienne de l'amalgame, sont menacées dans leur existence par une découverte que l'expérience n'a pu consacrer encore, mais qui, dans l'état actuel des choses, produit des résultats merveilleux en soi, sans compter la rapidité de la dorure, son économie, et la salubrité de l'opération. On sait les effets du mercure sur les ouvriers doreurs, et quelles infirmités précoces et douloureuses affectent les pauvres gens qui se trouvent en contact journalier avec cet utile mais dangereux corps métallique. Le mode nouveau est facile à comprendre pour tous ceux qui connaissent les propriétés de la pile de Volta. Cet appareil étant bien disposé avec la puissance nécessaire, telle que la donne aujourd'hui la pile de Bunsen, on immerge la pièce à dorer dans une solution d'or, puis on la met en contact avec le fil négatif. La solution se décompose, et l'or vient se fixer, suivant l'épaisseur cherchée, sur toutes les parties de la pièce, quelque délicats que puissent être ses creux et ses reliefs. On donne ensuite le poli.

EXPOSANTS.

ORFÉVRERIE.

CAHER (Léon).

M. Cahier ne s'occupe que des objets en orfévrerie pour les églises ; nous avons admiré sa châsse de la sainte tunique, imitée du style gothique du treizième siècle, destinée à l'église d'Argenteuil ; c'est un ouvrage capital qui a beaucoup fixé l'attention des visiteurs de l'exposition.

FROMENT-MEURICE.

M. Froment-Meurice a produit des pièces assez remarquables, entre autres, un bouclier antique, rond, fondu en quelques parties, repoussé dans d'autres, fer, or et argent; quatre bas-reliefs, composés par des artistes éminents, représentent une course de chevaux; des chevaux sauvages poursuivis et déchirés par des bêtes féroces, une chasse royale et un combat de cavalerie; ce bel ouvrage, d'un fini précieux, est destiné à être offert en prix dans les courses hippiques; un ostensoir émaillé, style commencement de la renaissance; un calice pour le pape, un vase et une toilette.

LEBRUN.

Les quatre vases, ou seaux à rafraîchir, le plateau, ou milieu de table, le candélabre, et le service à thé complet, sortis des mains de M. Auguste Lebrun, sont de ravissants ouvrages d'orfévrerie.

Ces petits faunes endormis par l'ivresse, ces têtes d'Érigone, entourées de grappes de raisin, font un charmant effet et sont d'un style vraiment antique. Ce qui a rendu le travail plus difficile encore, c'est que l'application de toutes ces pièces d'ornement a été faite à froid, mais aussi les fonds polis sont-ils très-nets.

Les groupes variés d'animaux à chaque coin, les différents sujets de chasse représentés sur le fond du plateau, émaillé en bleu, composent un ensemble parfait.

Quant au candélabre de grande dimension, d'un genre composé, c'est M. Horace Vernet lui-même qui en a donné le dessin.

Ces quatre beaux morceaux, presque tous destinés à des cours étrangères, y soutiendront dignement la réputation de supériorité que l'orfévrerie française s'est acquise depuis quelques années.

LENGLET ET TURQUET.

Une pièce de milieu, pour un surtout de table en vermeil, nous présente les ornements les plus gracieux. Une tige à quatre volutes le supporte; chacune de ces volutes est chargée de feuillages et soutient un petit enfant. Sur le socle, terminé en trépied, sont posées quatre Bacchantes, heureusement groupées. Une guirlande de fruits complète l'ornementation en s'enlaçant autour du socle. Après cette belle pièce, devant laquelle tout le monde s'est arrêté, on admirait encore une paire de candélabres, style renaissance ; sur le socle sont assises trois figures allégoriques, représentant le Rhône, la Saône et la ville de Lyon. Au-dessus d'elles sont trois génies tenant des écussons, sur lesquels ont été placés les portraits d'hommes célèbres nés à Lyon : cette pièce est couronnée d'une figure représentant le commerce.

MAURICE-MAYER.

Ce fabricant d'orfévrerie pour service de table, nécessaires de toilette, objets de fantaisie, s'est principalement appliqué à réduire le prix de ses beaux articles, de manière à les mettre à la portée d'un plus grand nombre d'amateurs. Ses efforts, pour arriver au bon marché, ne l'ont cependant pas empêché de produire quelques objets de haute orfévrerie, tels que plateaux, théières, vases et coupes du plus bel effet.

MOREL ET COMPAGNIE.

Les objets sortant de la fabrique de M. Morel et compagnie. peuvent se classer parmi ce qu'il y a de remarquable et de beau en orfévrerie et en bijouterie. Ce sont des fantaisies de luxe, des coupes en cristal de roche, des coffrets ornés d'une manière capricieuse et élégante, un pot à bière avec des sculptures et des ciselures en argent, une pomme de canne en or, ciselée avec art, des parures ornées de feuillages d'or et d'argent parsemés de diamants ; enfin, un candélabre de la plus grande beauté.

ODIOT.

La maison Odiot date du règne de Louis XV. Ses descendants se sont transmis, de père en fils, les traditions du bon goût et de l'élégance classique. L'Angleterre, l'Allemagne, l'Italie, les Indes et le nouveau monde lui ont tour à tour demandé, pour leurs souverains et leurs princes, des services de haute orfévrerie, comme il en faut sur les dressoirs et les tables des rois ; mais la riche bourgeoisie n'a pas tardé à visiter, pour son propre compte, les magasins de M. Odiot, où elle a trouvé, à des prix modérés, de quoi satisfaire ses goûts princiers.

Rien de splendide comme sa pièce de milieu, formant candélabre à dix-huit lumières, style Louis XV. Cette pièce pèse 90,000 grammes, et vaut 30,000 francs. Une cafetière orientale, or et argent, sur un plateau entouré de zarfs (tasses en miniature, dans lesquelles les Turcs prennent le café), du prix de 18,000 francs; deux candélabres à douze lumières, de la valeur de 9,000 francs, pesant 25,000 grammes ; quatre corbeilles, du prix de 3,500 francs la pièce; une toilette en vermeil, d'une grande richesse; un thé, dit vis-à-vis, style du quinzième siècle; une serviette à marrons, imitant le linge, objet d'une coquetterie charmante; enfin, un service avec feuillages, complètent cette brillante exposition.

BIJOUTERIE FINE.

RUDOLPHI.

L'encrier pendule de M. Rudolphi est en lapis-lazuli ; un groupe en argent le surmonte, représentant l'enlèvement de Déjanire; ce groupe mobile cache un serre-papiers. Un godet est placé à chacune des faces latérales ; une figurine est supportée par le couvert, et un tiroir à ressort placé derrière l'encrier, le complète d'une manière heureuse et nouvelle.

Rien de beau comme la corbeille de mariage du même exposant. Elle est toute en argent et parsemée de pierres fines. Sur le haut du premier couvercle, une jeune fille semble se réveiller ; un enfant armé d'une flèche prend son vol au-dessus de cette gracieuse figurine. Deux groupes en ronde bosse se détachent de chaque côté de la corbeille ; le premier est formé par des enfants se disputant des oiseaux ; l'autre encore par de jeunes enfants, luttant entre eux à qui embrassera une jeune fille. L'Amour chasseur et l'Hyménée se détachent aussi en ronde bosse sur les deux faces de la corbeille. Une frise, composée d'animaux et de plantes entrelacées, circule au-dessus de ces belles sculptures.

M. Rudolphi nous offre enfin des coffrets, des porte-cigares, des coupe-papiers, des poignards, des sabres turcs, des bijoux auliques.

BIJOUTERIE FAUSSE.

BUREAU.

Le bracelet, cette antique et universelle parure de la femme, que la mode a souvent modifiée sans jamais l'abandonner, offrait, dans son fermoir, un grave inconvénient; quelque ingénieux que fût le mécanisme de ce fermoir, il s'ouvrait souvent à l'insu de la personne. Que de bijoux précieux ainsi perdus! M. Bureau a imaginé un bracelet qui ne s'ouvre pas, et dont l'élasticité est telle, qu'après s'être prêté au passage de la main, quelque grosse qu'elle soit, il se referme sur le bras et s'y applique avec une force assez douce, cependant, pour ne pas gêner l'articulation ou la circulation du sang. Des bracelets de ce système, d'une grande solidité et assez élégants pour se marier à une très-jolie toilette, ne coûtent que de 10 à 16 francs la paire.

CHARLES (Adolphe).

Ce fabricant a fait faire un grand pas à la fabrication de la bijouterie dorée. Ses bracelets, ses émaux ciselés et gravés, ses diadèmes et ses parures complètes, admis à l'exposition de l'Industrie, témoignent hautement en sa faveur. Tous ses articles sont d'un bon goût, d'une solide et élégante fabrication, et leur profusion atteste qu'il ne les a pas choisis minutieusement dans ses magasins, mais qu'il les a pris au hasard pour les soumettre au public.

GUYON Aîné.

La spécialité de cette maison est la fabrication de la fausse bijouterie, propre au commerce d'exportation. — *Bijouterie fausse, proprement dite :* boucles d'oreilles dorées, avec et sans lames écaillées, argentées, estampées, vernies, avec ou sans pierres, petite dentelle. — *Perles anglaises :* pendants en perles moulées, cannelées, poires unies dites Dames blanches, colliers en perles de Venise, pour le Sénégal, etc. — *Articles de deuil :* boucles d'oreilles en fer de Berlin, en fil de fer verni, depuis 7 francs la grosse ; jais anglais émail, façonné à l'américaine, et serre-cou, depuis 7 francs la grosse. — *Arcoyons, choupettes,* pour Valparaiso, Lima, le Brésil, le Mexique, la Havane, la Colombie, les Indes et la Chine.

LOIRE.

La bijouterie dont nous avons à nous occuper dans ce paragraphe est en argent émaillé, d'une sorte de vernis imitant l'émail véritable ; nous citerons, parmi les objets exposés par M. Loire, un charmant bracelet, formant nœud de rubans, d'une délicatesse extrême et sans roideur.

MARÉCHAL.

M. Maréchal expose des imitations de diamant, en strass. La taille en est si bien opérée, qu'elles jettent autant de feu que les brillants et les roses, dites de Hollande. Inutile d'ajouter que le prix en est très-modique, car ici le lapidaire opère sur une matière de peu de valeur, et la taille seule en élève le prix à un certain chiffre.

MOUREY.

La bijouterie *en faux* fait journellement de tels progrès, que la fabrique de Paris établit aujourd'hui des parures d'un travail aussi fin, d'un goût aussi pur, et d'un aspect aussi riche, que les précieux objets exposés dans les montres de nos bijoutiers *en vrai*. Tout y est, ou plutôt tout semble y être : car l'oxyde, ce fléau des corps métalliques, dont il ne respecte que deux ou trois des plus précieux, s'attache bientôt à tout ce clinquant, qui n'a brillé qu'un jour.

M. Mourey a exposé des broches, des bracelets, des camées, des épingles, qui permettent aux plus modestes artisans de porter telles parures qui étaient, naguère, du domaine exclusif de l'aristocratie.

Le lustre de M. Mourey, orné de fleurs en cuivre, non plus dorées, mais nuancées de leurs couleurs naturelles, est une gracieuse composition, qui doit produire un grand effet aux bougies.

VIENNOT.

Les parures en jais de M. Viennot forment, dans l'industrie parisienne, une branche d'exportation considérable ; elles se recommandent par leur grande variété, leur belle exécution et leurs prix convenables. Cette sorte de bijouterie n'est pas précisément un objet de luxe et de toilette, mais plutôt une parure de convenance que souffrent seuls des habits de deuil ; aussi la simplicité préside aux bijoux de M. Viennot, et c'est là un de leurs mérites spéciaux.

BRONZES.

BOYER.

M. Boyer a exposé une foule de pendules ravissantes, mais nous ne nous sommes arrêté qu'à celle représentant la Paix et la Justice, style renaissance, d'une fort belle dimension. Les deux candélabres qui l'accompagnent, même style, portent à leur base trois statues allégoriques, la Sculpture, la Peinture et l'Architecture.

DE BRAUX D'ANGLURE.

Ce fabricant, ou plutôt cet artiste fondeur, s'occupe principalement de la reproduction des objets qui se rattachent à la sculpture ; ses groupes de Michel-Ange, de Marochetti, de Riezzi, de Clodion et de Boizot, fondus d'un seul jet, sont d'une exécution irréprochable ; ils reproduisent très-fidèlement le caractère que l'artiste a su imprimer à l'original. Les bronzes de cet exposant ont une grande légèreté, comme matière ; c'est à cette seule condition que l'on peut obtenir, dans les fontes brutes, de la pureté et des lignes fermes. Les bronzes lourds offrent moins de correction et de netteté, en sortant du moule.

BREUL (Auguste).

Voici d'élégants, de riches et de gracieux objets, que les besoins et les commodités de la vie ont fait naître d'abord, et que le luxe et la fantaisie ont ornés ensuite de tous les caprices de l'imagination.

Le surtout de table, exposé par M. A. Breul, est sans doute l'unique, dans son genre, pour l'originalité et la richesse. Au lieu de se traîner banalement dans les formes adoptées pour ce genre d'ornement, le fabricant qui nous occupe s'est inspiré d'une pensée ingénieuse ; son surtout représente, en effet, une *Chasse aquatique*.

La glace du plateau figure un étang; au centre s'élève un monticule, autour duquel de petits enfants, pêcheurs ou chasseurs, poursuivent des animaux et des reptiles. Le sommet du monticule est couronné par une corbeille à douze bougies; la coupe est ornée de bouquets de fleurs artificielles mais disposées de manière à pouvoir être remplacées par des fleurs naturelles.

La galerie de ce surtout est de la plus grande richesse ; sa forme est contournée; l'artiste y a représenté tous les incidents d'une chasse : des chiens lancés, des daims, des cerfs aux abois, se mêlent dans de gracieux enroulements simulant la lisière de l'étang. La dimension du monticule s'élevant au centre de l'étang, avec ses douze branches d'arbre groupées autour de la corbeille de fleurs, et destinées à recevoir les douze bougies, est de 90 cent. de hauteur, y compris le bouquet de fleurs; sa largeur est de 55 cent. Le surtout ou plateau glace est de forme ovale contournée, ayant un mètre de long, sur 75 cent. de large.

Deux vases et deux candélabres, joints à ce surtout, sont traités dans le même style et le même goût, avec groupes d'enfants et d'animaux; les vases ont une hauteur de 65 centimètres; les candélabres portent chacun sept lumières, à la hauteur de 75 centimètres.

Plusieurs pièces accessoires accompagnent en outre le surtout, ce sont : quatre corbeilles à fruits, quatre compotiers, quatre assiettes montées de trois étages, quatre assiettes à deux étages.

Un lustre magnifique à trente-trois bougies, de trois pieds et demi de haut, sur une largeur égale, a été offert ensuite, par M. Bruel, aux regards du public, comme un ornement de plafond digne d'accompagner son magnifique surtout.

Le prix total de ces belles créations de l'industrie parisienne ne s'élève pas à moins de 12,000 francs.

COURCELLE.

La spécialité des lustres a valu à cette maison une juste réputation. Nous signalerons, parmi ses produits les plus élégants : 1° un lustre à trente lumières et dix bouquets, de 1 mètre 30 cent. de hauteur, sur 1 mètre 25 cent. de diamètre, doré or moulu et garni de cristaux fins, du prix de 1,400 francs; 2° un lustre à trente lumières, six bouquets, de 1 mètre 44 cent., sur 1 mètre 15 cent., également doré et orné de cristaux fins : 1,200 francs; 3° un lustre à trente-six lumières, six bouquets, de 1 mètre 30 cent., sur 1 mètre 25 cent., doré or moulu, garni de pierres de couleur : 2,500 francs.

DENIÈRE.

Les bronzes de M. Denière sont toujours de riches et élégants produits, et parfois de véritables chefs-d'œuvre. Nous avons remarqué un petit lustre, style Louis XVI, doré mat; des tables massives d'une belle correction, pour galerie; une petite pendule surmontée de jeunes Tritons; un candélabre grec, vert artistique, et un magnifique lustre doré aux armes de Paris. M. Denière avait établi, pour feu Monseigneur le duc d'Orléans, un splendide surtout de table; plusieurs parties de ce surtout, d'une richesse étonnante, ont été exposées cette année. M. Denière s'est placé depuis longtemps à la tête de nos fabricants de bronze, et il a su se maintenir cette année à son rang; les produits qui sortent de ses ateliers ne s'élèvent pas à moins de deux millions par an, et il occupe plus de quatre cents ouvriers, qui gagnent une moyenne de 4 francs par jour.

ECK DURAND.

Ce fondeur habile a exposé une statue de Duquesne, de Télicare, d'un Jean de Boulogne, un bas-relief de la Vierge, du Pot à bierre et du Coureur. Ces objets, rendus avec fidélité, font honneur aux travaux de cet industriel. C'est à lui qu'ont été confiées les portes de la Madeleine, et dernièrement la statue de Molière. A côté de ces bronzes de grande dimension, M. Eck Durand reproduit aussi des animaux moulés sur nature, de la plus grande délicatesse; rien ne lui est un obstacle, il manie la fonte comme on manie la cire. Tous les objets d'art qui sortent de ses ateliers, exempts d'une exécution grossière, ont assez de fini, pour qu'il soit inutile de recourir à la ciselure. Il n'a pu exposer, faute de temps, deux statues colossales : l'une du général Desaix, et l'autre du digne archevêque de Chéverus.

LACARRIÈRE (Auguste).

1° Appareils pour l'éclairage au gaz des théâtres et des grands établissements publics; lustres, bras, girandoles, candélabres, lanternes, etc.; 2° châssis à tabatière, devanture de boutique, nouveau genre, en fer et cuivre, bronzes pour bâtiments, articles de fantaisie pour étalages et pour intérieurs de magasins, moulures et tubes tirés sur fer et sur bois.

Les appareils de M. Auguste Lacarrière, pour l'éclairage au gaz, ont été agréés par les grands théâtres de Paris et de Londres, et par toutes les compagnies.

MARQUIS.

Un lustre à soixante et dix lumières, vendu à M. de Talleyrand 8,000 fr.; un autre lustre, dont la garniture en cristal est seule évaluée à 20,000 francs, nous ont offert tout ce qu'il est possible de voir de mieux en ce genre. M. Marquis, au lieu de tirer ses cristaux de l'Angleterre, comme s'obstinent encore à le faire plusieurs de nos fabricants, a confié l'exécution de ses garnitures à la célèbre manufacture française de Baccarat; si ses confrères ne suivent pas désormais cet exemple, ils ne pourront guère soutenir la concurrence que leur livre M. Marquis.

PAILLARD.

Les objets exposés par M. Paillard le classent parmi les fabricants les plus distingués. Nous avons remarqué : 1° un bénitier en bronze, appliqué contre une table de marbre noir; c'est une coquille portée par deux anges, dont l'un presse contre son cœur une petite croix; tout cela est simple et plein de charmes; la grâce des poses, la finesse des détails, l'élégance des draperies, tout est admirable dans ce travail, bien digne de l'artiste qui l'a composé; 2° un grand candélabre à dix-huit bougies et une lampe au centre des lumières, du prix de 3,000 francs, en or mat; 2,800 francs en or moulu et bronze doré; 1,600 francs en bronze; en fonte de fer doré, 800 francs; en fonte de fer bronzé, 700 fr.; 3° une pendule, représentant les Enfants aux oiseaux, toute dorée, mouvement premier choix, 800 francs; bronze et or, 650 francs; candélabre, cinq branches à six bougies, la paire, toute dorée, 800 francs; bronze et or, 750 francs; 4° un grand porte-lampe, renaissance, verni, sans la lampe, 250 francs la pièce; profil d'un grand bras, rocaille, bronze, 1,300 francs la paire; 5° un lustre à douze bougies, tout doré, 600 francs; verni, 500 francs; bronzé, 279 francs; 6° un lustre, renaissance, à quinze bougies, tout or, 760 francs; verni, 550 francs; 7° une pendule, or mat, 550 francs, avec mouvement; 8° un grand lustre à soixante-cinq bougies, tout doré mat, 4,300 francs; or moulu,

3,950 francs ; verni, 2,400 francs ; bronze, 2,000 francs ; 9° une pendule, représentant la Poésie publiant les grands hommes, en or mat, 875 francs ; bronze, or et marbre, 690 francs ; bronze, 500 francs ; candélabre renaissance, six bougies, cassolette au centre, or mat, 815 francs ; bronze et or, 620 francs ; bronze, 400 francs ; 10° lampadaire riche, à cinq lampes, tout or, non compris les lampes, 1,200 francs ; bronze et or, 880 francs ; bronze, 700 francs. Chaque lampe dorée, 125 francs ; vernie, 100 francs ; bronzée, 85 francs.

PRÉVOST.

Cet exposant est un modeste ouvrier qui a produit un véritable petit chef-d'œuvre, dans les rares loisirs qu'il a pu dérober aux travaux dont le chargent les grands fabricants. Rien de plus délicat que son bouquet de fleurs des champs, mêlées d'épis de blé, modelé d'après nature et ciselé en bronze ; c'est un travail fin, léger, senti ; ces fleurs de métal, ces feuilles qui ne doivent jamais s'agiter sous la brise, ces pétales et ces tiges immobiles pour l'éternité, semblent pourtant prêtes à céder sous le doigt qui les toucherait, tant l'art s'est approché de la nature.

QUESNEL ET COMPAGNIE.

M. Quesnel, comme ses confrères, s'est occupé d'imprimer aux bronzes ce progrès qui consiste à fabriquer dans un but de propagation utile. M. Quesnel fait des objets d'art et non pas des objets de commerce. Son exposition se composait : d'une Vénus consolant l'Amour et de l'Invention de la lyre ; cette statue et le groupe, coulés d'un beau jet, sont d'une très-belle qualité de bronze. Nous avons encore admiré ses deux danseurs ; ses anges, et deux magnifiques vases, élégants de formes et de sculptures délicieuses, représentant, l'un le vin, et l'autre l'eau.

RAINGO FRÈRES.

Les pendules en bronze de cette maison se recommandent par la perfection de la sculpture, le fini du travail, la finesse et la solidité de la dorure. Leurs vases, coupes et candélabres, sont parfaitement en harmonie avec les grandes pièces qu'ils doivent accompagner. L'exposition de MM. Raingo frères était très-considérable ; mais nous avons principalement admiré deux paires de bras de cheminée, style Louis XV ; une pendule, char de Neptune ; un groupe, Louis XI, bronze d'art ; un groupe de lions, et une paire de coupes contenant un bouquet de marguerites.

RÖDEL.

Rien de plus gracieux et de mieux conçu que la garniture de cheminée, présentée par M. Rödel à l'exposition.

Placée sur la cheminée d'un salon, séparé d'un autre par une glace sans tain, elle présente ce double avantage d'indiquer l'heure des deux côtés, et d'éclairer les deux appartements, en laissant libre le milieu de la glace, et permettant de voir d'un salon à l'autre.

Cette idée neuve, exécutée dans le style fin Louis XV, a mérité justement l'honneur d'une médaille.

THOMIRE ET COMPAGNIE.

La maison Thomire a exposé plusieurs pièces d'une belle composition : d'abord une admirable pendule se présentant sous les traits de deux femmes, la renaissance et le moyen âge. Les candélabres répondent à l'ensemble, ils sont mi-partie bronze doré, mi-partie bronze artistique, comme la pendule.

Une autre pendule Pompadour se fait remarquer par son socle enrichi de porcelaines ; le mouvement placé dans un vase également en porcelaine, porté par deux consoles, laisse apparaître les heures l'une après l'autre.

Deux autres pendules appartiennent à la fin du dix-huitième siècle : la première représente Cérès et ses attributs, la seconde les Sciences célestes et terrestres portant sur leurs épaules une sphère qui indique les heures, le tout en bronze doré et en bronze artistique.

Indépendamment de toutes ces belles pièces, MM. Thomire ont encore exposé un surtout de table en bronze doré dans le goût Louis XV, entièrement découpé à jour ; au milieu, est placé un groupe de Bacchantes et de Faunes ; les consoles supportent une grande coquille d'où jaillit une gerbe de neuf lumières ; les candélabres et les autres pièces qui accompagnent ce surtout sont ouvragés et ciselés dans le meilleur goût.

PLAQUÉ.

BALAINE.

Cette maison, connue depuis plus de vingt ans pour la qualité et le fini de ses produits, fabrique particulièrement les services de tables et de soirées en orfévrerie plaquée. M. Balaine expose cette année un splendide service de table complet, à contours unis.

GANDAIS.

L'exposition de M. Gandais se compose de plusieurs articles en plaqué aussi remarquables par leurs formes que par la beauté de la ciselure : plateaux, flambeaux, théière, surtout et pot à eau style oriental.

PARQUIN.

M. Parquin a envoyé cette année à l'exposition des objets plaqués d'un grand fini et qui ne laissent rien à désirer, par la forme, l'élégance et la solidité du métal qu'il emploie ; ustensiles de ménage, cafetières, casseroles, etc., etc. Il confectionne aussi des lanternes pour l'éclairage au gaz ; la fourniture actuelle de la ville de Paris lui a été confiée.

VEYRAT ET FILS.

Voici un magnifique candélabre : une figure orientale, d'un dessin assez pur, compose le montant de cette belle pièce. MM. Veyrat nous offrent encore un surtout de table, en plaqué, style renaissance. Ce fabricant vise moins à éblouir l'œil qu'à produire des objets d'une utilité réelle et d'une vente journalière; sa vaisselle plate, ses théières et cafetières, tout en se recommandant par leur solidité, sont encore d'une forme gracieuse et peuvent être souvent considérées comme des objets d'art.

DORURE ET ARGENTURE.

CHRISTOFLE ET COMPAGNIE.

La dorure et l'argenture, c'est-à-dire l'application sur des métaux communs, d'une couche d'or ou d'argent qui les rendent propres à remplacer les métaux précieux, ne s'obtenaient naguère encore que par le secours du mercure. Ces travaux s'exécutaient au grand détriment de la santé des ouvriers, affectée dangereusement par les émanations mercurielles. M. Ruolz a changé tout cela par son admirable invention. C'est par le moyen du galvanisme qu'on applique sur le fer, le cuivre, etc., une couche d'or ou d'argent plus ou moins épaisse, sans aucune émanation délétère et sans aucun inconvénient pour la santé de l'ouvrier. Le procédé de M. Ruolz a été perfectionné et appliqué à l'industrie par MM. Christofle, qui sont arrivés dans ce genre à des résultats étonnants. Un bijou, une médaille en cuivre se dorent ou s'argentent par ces procédés, avec une perfection qui tient du merveilleux ; les lignes les plus délicates de la ciselure se conservent vives et saillantes, sous la couche du métal qui les recouvre, et quand l'objet sort de l'appareil, on le croirait plutôt transformé que modifié. — Les pièces exposées par MM. Christofle sont d'une irréprochable exécution, et laissent bien loin derrière elles tout ce que nous connaissions jusque-là.

Indépendamment de cette industrie, M. Christofle est à la tête d'une de nos fabriques les plus importantes de bijouterie et de joaillerie. Un superbe diadème en diamants, avec grappes se détachant, des nœuds et des broches d'un goût exquis, ont particulièrement fixé notre attention.

DÉTOT, BOISSEAUX ET COMPAGNIE.

L'orfévrerie mixte de MM. Détot, Boisseaux et compagnie, a résolu un double problème, celui de l'élégance et du bon marché.

L'application de l'or et de l'argent sur les métaux sans l'emploi du mercure avait valu le prix Monthyon à MM. de Ruolz et Elkington, inventeurs de ce nouveau procédé. Déjà connus par de beaux travaux en orfévrerie et par leur importation du packfond ou argent allemand, dont le nickel forme la base, MM. Détot, Boisseaux et compagnie, se sont livrés avec le zèle de vrais artistes à l'application de ce système puissant de dorure sur métaux, dont MM. de Ruolz et Elkington ont cédé le brevet à MM. Christofle. Grâce à eux, désormais le fer et l'étain feront place à de beaux couverts de table élégants et solides à la fois, et les fortunes les plus modestes pourront satisfaire à la double exigence du luxe et de l'économie.

En mettant ainsi l'argenterie et le vermeil à la portée de toutes les conditions, MM. Détot, Boisseaux et compagnie, n'ont point prétendu faire abstraction de l'art. Avec eux, le cuivre, l'acier, le bronze, recouverts d'une couche solide d'argent, d'or et même de platine, se prêtent à toutes les formes, présentent les plus fines moulures, les ciselures les plus délicates, et l'on peut dire que cet art, né d'hier, a déjà atteint le plus haut point de perfection, grâce à l'habileté des industriels qui se livrent à son application:

CORAUX.

BARBAROUX DE MEGY (Marseille.)

Les coraux de ce fabricant sont d'une grande richesse et d'une rare perfection. Nous avons surtout admiré, dans son exposition, un pressepapier, d'un seul morceau, gravé et ciselé avec beaucoup d'art, des colliers-camées et une belle pendule.

BOEUF ET GARAUDY. (Marseille.)

Marseille possède depuis bien des siècles le privilége de fournir des coraux ouvrés, dans tous les pays chez lesquels le goût du luxe a créé le besoin de cette parure. Aujourd'hui le commerce et la manipulation de cette matière précieuse sont concentrés dans trois maisons; celle dont nous nous occupons ici est la plus considérable.

Marseille reçoit annuellement trois mille kil. de corail brut, représentant une valeur approximative de 400,000 francs. Cette quantité produit environ deux mille trois cent cinquante-deux kil. de corail ouvré, livrés au commerce pour une somme de 1,500,000 francs La fabrication, qui, jusqu'à la fin du dernier siècle, ne comprenait que des grains ronds et des olivettes, établit aujourd'hui une foule d'objets de fantaisie, dont la bijouterie s'est emparée avec succès.

MM. Bœuf et Garaudy ont exposé, cette année, des grains de corail de différente grosseur, et connus sous les noms de : *Grossesse, Mezzanie, Capiresti*, et *Codini*. Ces objets ont leur principal débouché en Russie, où l'on en fait des colliers; en Turquie, dans le Maroc, où ils servent de chapelets; dans les Indes orientales, d'où on les introduit dans la Chine. Madagascar offre aussi un grand débouché; les chefs malegaches font, du corail, leurs principaux ornements, soit sous la forme de colliers, soit sous celle de bracelets. MM. Bœuf et Garaudy ont encore exposé des *olivettes*, ou tuyaux de pipe, dont le nom indique assez la forme; des *masses peirettes*, qui ne sont autre chose qu'une réunion de petits morceaux de corail; des *massettes*, petites masses de grains unis que l'on exporte au Sénégal, dans la Guinée, dans la Gambie et dans le Brésil. L'Afrique fait une grande consommation de ces objets, parures favorites des négresses.

Mais là ne se borne pas l'industrie des exposants qui nous occupent. Si quelques peuples peu civilisés se contentent encore de simples grains de corail, pour parure principale, il en est d'autres qui demandent à l'industrie des produits plus ingénieux; pour ceux-là, ces fabricants ont pétri le corail comme une cire molle, pour ainsi dire; cette matière s'est pliée, grâce à eux, à tous les caprices de l'imagination, et il nous serait impossible d'énumérer, sans y consacrer plusieurs pages, tous les objets de luxe ou de fantaisie sortis de leurs ateliers.

La rude concurrence que MM. Bœuf et Garaudy ont faite aux autres fabriques de l'Italie nous a non-seulement valu des produits plus parfaits, mais encore une baisse de prix considérable. La *Grossesse*, par exemple, qui était cotée, en 1839, 115 francs, ne vaut plus que 105 francs aujourd'hui ; et les *olivettes*, qui coûtaient 380 francs à la même époque, sont livrées maintenant au commerce pour 350 francs.

Cette fabrique a établi des correspondants sur les principaux marchés du monde : *en Europe*, à Londres, Francfort, Leipsick, Cracovie, Odessa, Barcelone, Madrid ; *en Asie*, à Pondichéry, Madras, Bombay, Calcutta, d'où ses produits s'exportent en Chine ; *en Afrique*, à la Guinée, au Sénégal, à la Gambie ; *en Amériquo*, à New-York, à la Nouvelle-Orléans et à Cayenne.

V

MACHINES. — APPAREILS. — MÉCANIQUES. — TOURS. — USTENSILES DE MÉNAGE.
INSTRUMENTS D'AGRICULTURE. — POMPES.

DES MACHINES.

L'exposition industrielle de 1844 a brillé surtout par les machines; c'est là son caractère propre, c'est là ce qui la distingue des précédentes expositions, et la rendra célèbre dans les annales de l'industrie française. Jamais spectacle plus imposant n'a frappé les regards des amis du travail productif et paisible; jamais, et en aucun lieu, on n'avait vu une réunion aussi nombreuse de puissants mécanismes, une preuve plus frappante du développement rapide du génie d'un grand peuple, appliqué à la construction des outils qui centuplent les forces de l'homme, et lui soumettent invinciblement la matière !

On a longtemps disputé sur les machines, et elles ont encore des ennemis ; mais pendant que des écrivains démontrent avec éloquence qu'elles sont dangereuses, et leur attribuent follement tous les maux dont la classe ouvrière souffre en certains pays ; tandis que de malheureux travailleurs les brisent encore sur quelques points, pauvres insensés, semblables à l'enfant ignorant et colère qui frappe le meuble contre lequel il s'est heurté ; pendant ce temps-là, les machines se découvrent chaque jour, se multiplient, grandissent en précision et en puissance, pénètrent en tous lieux, et font leur œuvre providentielle.

Le président d'une commission d'enquête, en Angleterre, posa cette question singulière à un simple ouvrier, appelé devant elle pour lui donner des renseignements : « Qu'entendez-vous par une machine ? — Milord, une machine, c'est tout ce qui dépasse les ongles et les dents ! »

Ce mot bien simple, mais d'une incontestable justesse, est une réponse sans réplique à tout ce qui a été dit et écrit contre les machines. Il s'agit de savoir, en effet, si l'homme en sera réduit à ses dents et à ses ongles ; car dès qu'il essaye de s'aider avec quelque chose de plus, ce quelque chose est une machine ; l'idée de complication ne changeant en rien la donnée du problème. Ainsi le bâton, dont une extrémité passe sous une pierre, pour que la main la soulève plus aisément en levant l'autre extrémité, ce bâton n'est pas moins machine que la grue ou le cabestan. Ainsi, une brouette, une charrette, une rame de bateau, le bateau lui-même, sont aussi véritablement des machines, qu'une locomotive, une cardeuse ou un banc à broches. Il s'agit toujours d'atteindre un triple but : 1° épargner des fatigues cruelles, des dépenses de force physique, qui détruisent rapidement l'homme ; 2° accroître cette force, la rendre plus puissante, plus précise, et par là satisfaire plus aisément aux plus impérieux besoins de l'humanité ; 3° laisser l'homme à toute la dignité de sa pensée, et lui soumettre la matière. Qui ne serait saisi de compassion, en voyant passer trente malheureux Chinois, ce peuple dont on a trop vanté la civilisation, portant encore un fardeau sur une civière dont les bâtons écrasent leurs épaules ? Et, au contraire, qui n'a été transporté d'enthousiasme, lorsqu'à Paris, en 1832, nous avons vu l'énorme granit appelé l'obélisque de Louqsor, dressé en moins d'une heure sur une de nos places publiques et comme par enchantement? Ne pas vouloir de machines, c'est nier le génie de l'homme; car l'homme pourvu d'une intelligence ne pouvait pas ne pas faire des machines. Le sauvage lui-même se fabrique un arc et des flèches qui sont des machines. Maudire les machines, irriter le peuple contre elles, et le conduire à leur destruction, c'est ce qu'il y a de plus absurde; car si l'on en brise une, on doit les condamner toutes, ou bien on tombe dans la puérilité et la niaiserie. Il faut donc tout détruire, le marteau comme la tenaille, l'aiguille et les ciseaux, la faux et la bêche, le moulin et la forge, le navire et la presse à imprimer.

Sans doute, il peut résulter des inconvénients momentanés de l'invention d'une machine quelconque. Lorsque la presse typographique fut découverte, tous les copistes furent bientôt privés de leur travail; mais au lieu de cent individus occupés à transcrire, mille, dix mille ouvriers trouvèrent du travail dans l'impression des livres, et dans toutes les opérations qu'elle nécessite. A côté des avantages immenses qui résultent de chaque progrès humain, il y a des inconvénients passagers à subir. C'est la loi de notre nature, et la science économique enseigne à amoindrir ces maux inévitables; c'est aux gouvernements à y pourvoir dans l'intérêt de leurs peuples.

Aujourd'hui la question est décidée en fait, et les malédictions qui se dirigent encore contre les machines, ou les actes de violence, d'ailleurs fort rares, dont elles peuvent être encore l'objet, sont comme la main d'un enfant qui essayerait d'arrêter le cours d'un fleuve. L'esprit humain est entraîné dans cette voie par la plus irrésistible des puissances, celle de la nécessité. Si, au point de vue de la production manufacturière, l'Angleterre, la France, l'Allemagne, les États-Unis d'Amérique, sont à la tête du genre humain, c'est que l'application de la science mécanique a pris chez ces nations un développement inouï, et accru leur richesse dans des proportions colossales.

Aujourd'hui le nombre des machines peut être plus considérable chez l'une que chez l'autre, mais toutes maintenant les combinent, les construisent, les exécutent avec une perfection à peu près égale, et que le temps égalisera de plus en plus chaque jour.

La France a fait un grand pas depuis l'exposition de 1839, et c'est avec une sorte d'étonnement mêlé d'admiration, qu'on vient de voir ses progrès dans la construction des *outils-machines* dont elle avait manqué jusqu'ici, et qu'elle achetait timidement à l'Angleterre. En effet, il faut des machines pour construire des machines ; quand une pièce de fonte de fer sort du moule, ce n'est encore qu'une ébauche, un bloc grossier sans précision, et qui ne saurait marcher harmonieusement avec les autres organes d'un mécanisme quel qu'il soit. Il faut dégrossir, dresser, planer, polir les surfaces ; il faut tourner les cylindres et les cônes ; percer les ouvertures, tailler les dents des rouages, creuser les filets des plus énormes vis et de leurs écrous, trouer les tôles les plus épaisses, à l'aide des emporte-pièces, et river les fiches qui les assemblent. La main de l'homme, si habile, mais si faible, n'exécute ces opérations qu'avec lenteur, et n'y apporte pas cette précision géométrique qui rend les mouvements faciles et économise la force motrice. De là l'idée, la conception de ces outils formidables, de ces tours énormes, de ces rabots monstrueux qui taillent et coupent les métaux les plus durs, avec une aisance, une facilité, une sûreté qui frappent d'étonnement, ils enlèvent le fer par copeaux avec une irrésistible puissance, comme s'il s'agissait du bois le plus tendre. Ce n'est donc plus de la force musculaire que l'ouvrier dépense aujourd'hui, c'est de l'intelligence. Il gouverne les machines, il les dirige, il surveille leur jeu, et leur apporte leur ouvrage, qu'il reçoit et juge quand elles l'ont achevé.

Les outils, telle est la partie la plus intéressante et la plus admirée de l'exposition française. Ils ont excité la curiosité au plus haut point ; chacun cherchait à comprendre ces beaux ouvrages, et se faisait expliquer leur but et leur emploi dans l'industrie. Quelques-uns pesaient jusqu'à 20,000 kilogrammes. Les plus remarquables ont été des tours à arrondir les arbres, des machines à vapeur pour quatre cent cinquante chevaux de force, et pour tailler les grands engrenages. Une machine à river les plus énormes fiches en fer, d'un seul coup et par l'action directe de la vapeur, et un marteau de forge mû par le même système, ont attiré particulièrement l'attention. Le caractère spécial des perfectionnements introduits dans les machines à vapeur consiste surtout dans ce qu'on nomme *détente variable*, sorte de disposition très-ingénieuse et très-économique, qui permet de régler la dépense de vapeur suivant le besoin de force, à un moment donné. Rien n'est perdu alors, et on épargne ainsi une somme considérable de combustible. Un autre progrès très-frappant dans les machines à vapeur fixes, c'est la perfection, le fini des ajustages, qui prouvent l'entente générale de la construction, l'habileté des ouvriers, et le bon outillage des fabriques actuelles.

A quelque degré de perfection qu'on ait conduit les roues hydrauliques, il est certain que ces puissants moteurs dépensent une quantité d'eau considérable. Un cours d'eau est la plus précieuse des forces motrices, car elle est fournie par la nature, et les usines qui peuvent l'employer travaillent toujours avec plus d'économie. Cependant, outre les pertes d'eau, les rivières ne donnent pas toujours ce moteur d'une manière constante ; de là le besoin de l'épargner autant que possible, et de chercher les inventions qui, tout en produisant la force nécessaire, dépenseraient moins du liquide précieux ; de là les *turbines*, roues hydrauliques qui, au lieu de se mouvoir verticalement sur un axe horizontal, tournent horizontalement sur un axe vertical. La force centrifuge de l'eau qui cherche à s'échapper par des issues courbes, détermine le mouvement de l'appareil, en sorte que pas une goutte d'eau n'est sans produire un effet utile. Il peut arriver alors qu'un cours d'eau plus faible donne plus que s'il agissait sur une roue verticale. De nouvelles et très-ingénieuses combinaisons ont été tentées en ce sens, et quatre turbines ont été exposées dans des systèmes un peu différents, qui ont reçu déjà des applications fort nombreuses, et qui se perfectionneront sans doute encore. Ces ingénieux appareils seront particulièrement utiles aux moulins à moudre le blé, si intéressants pour la subsistance des peuples des campagnes ; car on sait que ces petites usines s'arrêtent souvent faute d'eau.

Les machines à fabriquer le papier par longueurs indéfinies s'établissent en France avec tant de perfection aujourd'hui, qu'elles s'exportent en Belgique, en Allemagne, en Russie, en Italie et en Espagne.

Les grands appareils pour la filature du coton, de la laine et du lin, sont dus à l'Angleterre ; en 1760, un simple ouvrier, un barbier nommé Arkwright, découvrit le principe générateur de la filature mécanique du coton, et ce principe s'est développé depuis lors à tel point, qu'il a véritablement changé toutes les conditions du travail manufacturier, et révolutionné l'industrie. Le lin seul ne se filait point mécaniquement; Napoléon offrit un million de récompense à celui qui ferait cette découverte, et M. de Girard la fit; mais la chute de l'empire lui ravit les fruits de son travail, et son invention passa en Angleterre d'où elle ne revint en France qu'en 1830.

Ainsi donc, aujourd'hui, toutes les matières filamenteuses, même la soie, sont ouvragées à l'aide des machines ; l'Allemagne seule, de tous les grands pays manufacturiers, file encore le lin à la main, et ses ouvriers filateurs sont fort malheureux, ce qui ne saurait être attribué aux machines. Les plus beaux progrès signalés dans les appareils de filature, à l'exposition française, sont relatifs au lin. Ces appareils étaient d'une construction vraiment magnifique et d'une énorme puissance, leur travail était rapide et facile, et leur prix aussi bas qu'il est possible de l'établir dans un pays où le fer est encore très-coûteux.

L'impression des ornements en couleurs variées sur papier et tissus se pratique dans trois systèmes distincts : la planche en bois sculpté, le rouleau ou cylindre de cuivre gravé, et la perrotine. La planche a plus de lenteur, mais elle convient mieux aux belles impressions. Le rouleau, très-expéditif, imprime en plusieurs couleurs à la fois les cotonnades communes. La perrotine est l'une des plus ingénieuses machines qu'ait enfantées le génie de l'homme. Si la mull-jenny semble composée de doigts en fer qui tordent et étirent le coton, la perrotine est comme une main de fer qui prend de la couleur, et la pose avec délicatesse sur une toile, qu'elle couvre ainsi de caprices élégants et variés. L'effrayante complication de l'appareil forme un contraste curieux avec la simplicité, et, pour ainsi dire, le naturel de l'acte qu'il produit. D'année en année, l'ingénieur *Perrot*, son inventeur, perfectionne sa belle conception, et la dote d'améliorations nouvelles qui la rendent plus puissante et plus précise.

Une grande conception, qui ne fait pas moins d'honneur à la France, c'est l'application de la vis d'Archimède à la navigation à vapeur, application due à M. *Sauvage.* Une seule roue en hélice, postérieure, d'un moindre diamètre, fonctionnant sous l'eau avec une très-grande puissance ; cette roue, substituée aux deux grandes roues latérales des steamers : telle est la belle découverte de Sauvage. Cet appareil figurait à l'exposition, où il a constamment excité l'intérêt et la curiosité des milliers de visiteurs qui se succédaient sans relâche pour le contempler. On comparait, avec une certaine justesse, l'aspect des quatre ailes de l'hélice, aux quatre queues d'une énorme baleine, qui réuniraient leur force pour battre les flots avec une puissance plus irrésistible.

De grands et superbes appareils, les uns en fonte, les autres en fer ou en cuivre, pour écraser la canne à sucre, exprimer le jus, le cuire et l'évaporer économiquement, ont donné l'idée des perfectionnements auxquels est appelée la grande industrie des sucres, demeurée depuis des siècles dans une sorte d'inertie ruineuse, et pour les producteurs et pour les consommateurs. Une matière aussi précieuse pour l'alimentation des peuples et pour le soulagement des malades, répandue avec une aussi paternelle profusion dans les végétaux par la Providence, se produire un jour à si bon marché, que le plus pauvre des hommes, comme le plus riche, pourra en jouir et profiter de ses bienfaits.

Après les grandes mécaniques, la salle des machines contenait une immense quantité d'appareils moins volumineux, moins compliqués, moins chers, mais d'un usage plus fréquent, et d'une utilité supérieure sans doute, en ce qu'ils facilitent le travail habituel et vulgaire : celui qui correspond le plus directement avec nos besoins journaliers et de tous les instants. Le génie, la science n'y brillent pas d'autant d'éclat peut-être, mais une simple amélioration de détail peut tout à coup introduire, dans les résultats du travail, d'incalculables avantages pour l'aisance publique, des économies considérables, des diminutions de fatigue, des jouissances nouvelles, et de merveilleux accroissements de force utile. Un coup d'œil rapide sur les principaux appareils de cette classe suffira pour démontrer cette vérité.

L'agriculture étant la première et la plus indispensable des industries, les instruments aratoires sont les plus utiles et les plus intéressants de toutes les machines; aussi, les hommes sérieux attachent-ils une haute importance aux progrès que manifestent ces précieux outils. Le progrès que constate l'exposition, le voici, indépendamment de la bonne exécution et des détails perfectionnés ou nouvellement introduits, et qui, il faut le redire, peuvent avoir une grave importance : la variété des terres arables est telle, que chacune devrait, pour ainsi dire, être cultivée à l'aide d'une certaine charrue construite tout spécialement. Eh bien, aujourd'hui, sans atteindre cet absolu, qui est impossible, les charrues varient de forme et de construction, au point que l'agriculteur intelligent peut choisir celle qui conviendra le mieux à la nature du sol qu'il exploite. Pour les défrichements, par exemple, on construit des instruments d'une grande puissance; on fait d'excellentes charrues appropriées au labour des vignes; et, pour la culture en lignes, des semoirs qui se perfectionnent de jour en jour sous le flambeau de l'expérience et du raisonnement. Les coupe-racines, les hache-paille, les coupe-feuilles pour la magnanerie, les concasseurs de graines, reçoivent également de notables améliorations, et les machines à teiller le lin et le chanvre, sans être obligé de les chauffer, acquièrent presque la perfection de la haute mécanique.

Un instrument à peu près rural, neuf et fort curieux, a été exposé par M. *Desplanques*. C'est une simple et fort bonne machine pour le lavage des laines. Jusqu'ici, les toisons étaient lavées d'une manière irrationnelle, et l'association accidentelle des brins appelés *mèches*, ne résistait pas aux inconvénients désordonnés de l'opération qui les désagrégeait et les plaçait dans un état confus. Aussi, de belles laines très-propres à la fabrication des étoffes lisses étaient condamnées fatalement au cardage, et perdaient ainsi de leur valeur intrinsèque. Il n'en sera plus ainsi. La laveuse Desplanques ménage, respecte la toison, qui, après avoir subi l'effet de pressions calculées et de l'eau tombante, sort de l'appareil aussi propre qu'il est possible et nécessaire de l'obtenir, et merveilleusement conservée dans un état parfait d'intégrité.

Les machines relatives au battage des blés, au traitement et à la mouture des grains, étaient nombreuses à l'exposition, et contribuaient, par leur mérite comme par leur importance, à son embellissement. Celles qu'on peut appeler œnologiques, devaient attirer naturellement l'attention, dans une contrée aussi favorisée que la France en matière de vins, que nul pays ne produit en aussi grande quantité, ni en variétés plus nombreuses. Plusieurs pressoirs à raisin tendent à remplacer le vieux pressoir séculaire qui occupe trop de place, qui agit avec trop de lenteur, et dépense trop de force. L'un des pressoirs nouveaux, celui de M. *Benoit*, est facilement transportable, et agit avec une rapidité qui tourne à l'avantage des vins blancs surtout, dont la couleur est alors nécessairement plus belle et la qualité supérieure; car il n'est point indispensable de couper, de hacher les marcs que deux ouvriers épuisent aisément. L'usage de ce beau pressoir commence à s'étendre dans les provinces françaises les plus riches en vins. Près de là, figurent d'ingénieuses machines pour boucher les bouteilles avec facilité, et pour les coiffer d'une capsule en plomb, usage qui s'étend aussi et qui paraît vouloir se substituer aux enduits résineux. L'appareil de M. *de Manneville* pour fabriquer mécaniquement les futailles, s'est amélioré au point de n'être plus aujourd'hui un objet de curiosité seulement, mais une machine sérieuse, rendant déjà de grands services. En effet, la fabrication des tonneaux, telle qu'elle est pratiquée, est extrêmement lente et coûteuse; une bonne machine, indépendamment de sa rapidité, de sa sûreté d'action, peut donner encore des futailles de capacité précise et uniforme: genre d'avantage dont l'importance est évidente, en face de la variété de mesures qui jette tant d'incertitude dans les affaires commerciales, et qui nécessite l'opération difficile, longue et onéreuse du jaugeage. La tonnellerie mécanique, en activité dans le port de Honfleur, commence à y prendre de l'extension.

L'eau est un des premiers et des plus impérieux besoins; tout instrument qui peut la mettre à notre portée, avec abondance et facilité, est par cela seul digne d'une particulière attention. Aussi les pompes foulantes et aspirantes excitent-elles partout un vif intérêt, et partout sont-elles l'objet de recherches et d'études, pour les rendre d'une manœuvre aisée, d'une puissance toujours plus étendue. La multiplicité des pompes, à l'exposition, prouve, en effet, combien l'esprit humain se préoccupe de cette étude, et leur beauté, leur forme variée, les diversités de leurs combinaisons porteraient à croire qu'il est désormais, sinon impossible, du moins bien difficile de trouver mieux. Les pompes à incendie de M. *Kress* ont été l'objet d'éloges de la part des personnes les plus compétentes, pour la force de construction, la facilité de manœuvre et l'étendue du jet; les seaux en toile de chanvre, pour le service de ces pompes, sont légers, bien établis, et tiennent parfaitement l'eau. Quand donc les hommes seront-ils assez sages ou assez heureux pour avoir dans le plus petit village ces instruments tutélaires qui peuvent leur épargner des pertes si cruelles, et combattre avec tant de succès le terrible fléau des incendies.

La pompe de M. *Letestu* a produit une véritable sensation. C'est une idée neuve et d'une simplicité extrême; rien n'arrête la marche de cette puissante machine, à l'aide de laquelle deux hommes font couler un véritable torrent. La marine française, après les expériences les plus suivies et les plus sévères, lui a reconnu des avantages si évidents, une supériorité si marquée, que des commandes considérables ont été faites à l'auteur, par le ministère de ce département. On espère que l'agriculture pourra tirer bon parti de cette belle pompe, pour les irrigations limitées. Une autre idée très-ingénieuse, consiste à élever l'eau à l'aide d'un tissu de laine. Ce n'est pas susceptible d'applications très-importantes, mais c'est au moins très-curieux et assez neuf, bien que l'on prétende que les Italiens y aient pensé les premiers. Comme cette machine est peu compliquée, peu coûteuse, et qu'elle ne dépense qu'une quantité de force très-limitée, elle serait particulièrement utile dans les épuisements. On a remarqué encore un très-joli modèle de machine hydraulique, exposé par M. *de Travanet*, de facile exécution, ce qui est très-important pour les campagnes, mais qui ne paraît pas construit sur des principes de mécanique assez sévères. On ne saurait donner trop d'éloges et d'encouragements à des travaux qui, comme ceux-ci, contribuent directement à accroître le bien-être des populations laborieuses.

Mais quelque utiles que soient ces machines, elles supposent toujours que l'eau est à la portée de l'homme, et pour ainsi dire sous sa main. Elles puisent l'eau et nous la présentent; elles l'élèvent ou la lancent; elles diminuent le travail et les fatigues, c'est beaucoup, ce n'est pas assez. La meilleure des pompes, la machine hydraulique la plus ingénieuse, sont aussi inutiles dans un lieu qui manque d'eau, que des patins et des calorifères sous l'équateur. Or, sans parler des déserts arides, il est, chez des nations les plus civilisées, des endroits dépourvus d'eau et qui seraient d'une admirable fécondité, si elle venait y répandre son action bienfaisante. C'est ici qu'apparaît dans toute sa grandeur l'utilité des sciences physiques ! Elles ont déduit des lois de la pesanteur et des pressions atmosphériques, la présence souterraine de nappes d'eau considérables, et la possibilité de les faire jaillir à la surface du sol, en leur ouvrant une issue. Ainsi, la ville de Paris est allée chercher de l'eau à six cents mètres sous terre, et aujourd'hui, une admirable fontaine jaillissante donne de l'eau à tout un quartier de la capitale, et peut procurer, tant en revenu financier pour l'administration municipale, qu'en économies d'argent et en avantages directs pour les citoyens, une somme annuelle dix fois plus forte que le capital dépensé pour ce grand travail ! Aussi, l'on conçoit la curiosité, l'intérêt excités à l'exposition industrielle par les instruments de sondage de M. *Mulot* et de M. *Degousée*. Ce sont des pièces gigantesques dont l'aspect frappe d'étonnement, et sur lesquelles s'est vraiment épuisé le génie de l'invention. Tout est prévu, aujourd'hui, tout est prêt pour parer aux moindres accidents du sondage, et il ne s'agit pas seulement d'amener les eaux souterraines au-dessus du sol que nous foulons ; des marais peuvent être desséchés en précipitant les eaux nuisibles dans les couches de sables inférieures où elles se perdent ; les eaux impures, infectes, de certaines villes dont le sol manque de pente, peuvent s'écrouler de la sorte ; les marnes, les précieuses argiles, les plâtres, les eaux thermales et minérales, les mines les plus riches, peuvent se découvrir par les mêmes moyens, et avec une facilité inconnue jusqu'ici. L'exposition a démontré les progrès nouveaux qu'ont introduits les plus habiles sondeurs, dans leur arsenal de pièces qui fouillent les entrailles de la terre, et vont y percer les roches les plus dures, sans qu'aucune résistance puisse désormais les décourager.

Un appareil pour rendre potables les eaux de la mer, sans dépenses trop onéreuses, mérite également l'attention par sa haute importance. Ce problème, cherché depuis des siècles, est enfin résolu. L'appareil a été expérimenté à bord des navires de l'État, et la marine est dotée aujourd'hui de l'un des plus beaux présents que la science pût lui faire.

L'usage des eaux gazeuses est très-favorable à la santé, mais en même temps les eaux gazeuses naturelles sont trop chères, à cause des frais de transport; la chimie, en les analysant, a surpris le secret de leur composition, et n'a pas tardé à les imiter au point de les rendre absolument identiques : il restait à créer des appareils assez puissants pour produire ces eaux factices sur une grande échelle, pour que le prix de revient tombât à des prix si faciles, que riches et pauvres pussent en user. M. *Savaresse* a obtenu le plus brillant succès en ce genre. La machine qu'il a exposée fonctionne avec aisance, en sorte qu'un seul ouvrier peut préparer plus de quatre cents bouteilles par jour, et chacune d'elles ne revient pas à plus de dix centimes.

Cette belle salle des machines était tout un monde, et contenait tant de choses, qu'il eût fallu s'y concentrer exclusivement, pour tout étudier avec soin, comme il faudrait un volume pour décrire même rapidement une foule d'appareils utiles ou simplement curieux. Ainsi, nous n'avons pu parler des machines très-importantes pour tisser le coton, et façonner les châles et les riches étoffes de soie, ou tresser la passementerie. Nous sommes réduit à mentionner simplement des appareils ingénieux pour mouler les briques, de curieux calorifères, des fourneaux économiques pour la cuisine. Il n'est pas jusqu'à de modestes boîtes destinées à faire éclore des œufs de volaille, qui n'aient apporté leur contingent d'utilité dans cette vaste et splendide réunion de tout ce qui contribue à la prospérité matérielle des peuples.

EXPOSANTS.

MACHINES.

ALCARD ET BUDICOM.

Ces constructeurs anglais, depuis longtemps établis en France, dirigent l'exploitation matérielle du chemin de fer de Paris à Rouen. La locomotive qu'ils ont exposée, destinée à fonctionner sur cette ligne, offre deux grandes améliorations sur les autres machines du même genre : une nouvelle application de la détente et la suppression des essieux coudés des roues motrices. Les deux cylindres à vapeur sont, à cet effet, placés extérieurement ; la tige du piston formant bielle donne, extérieurement et au moyen d'une manivelle, le mouvement à l'essieu de la troisième paire de roues ; celui-ci, muni d'un excentrique et au moyen d'une tige et d'une manivelle, communique le mouvement aux roues intermédiaires. — Ce mode de construction donne une grande solidité aux locomotives ; et l'on sait quels terribles accidents peuvent résulter, sur un chemin de fer, de la rupture d'un essieu.

ANDRÉ (Justin).

Le foulon prismatique de M. André Justin remplace avec avantage le foulon anglais ; il accélère le travail, donne plus de nerf aux étoffes, ne détériore pas les couleurs, et fonctionne sans engrenage, de façon que le drap n'est plus exposé à s'arrêter au milieu de l'opération.

BÉRANGER ET COMPAGNIE. (Lyon.)

MM. Béranger sont parvenus à établir des balances et des romaines d'une grande perfection, de formes ingénieuses et d'un travail très-remarquable, à des prix infiniment réduits. Mais ce qui nous a paru, dans leur exposition, mériter les suffrages les plus étendus, c'est leur machine hydraulique pour l'assainissement des ports. Les bassins de la Méditerranée, en général, sont dans des conditions sanitaires très-défavorables. Leurs eaux, que la marée ne renouvelle pas, comme dans l'Océan, sont stagnantes et exhalent des miasmes délétères, pendant les fortes chaleurs de l'été. MM. Béranger, au moyen d'une puissante vis d'Archimède fonctionnant par une pompe à feu, et des canaux de dégagement, proposent d'épuiser une partie des eaux de ces ports, qui se trouveraient aussitôt renouvelées par l'introduction de celles qui se pressent à la bouche du bassin. MM. Béranger ont soumis leur machine au conseil municipal de Marseille, qui en a référé au ministre des travaux publics. Il serait à désirer que ce système fût appliqué dans cette ville ; un grand nombre de ports de la Méditerranée suivraient bientôt cet exemple, et l'état sanitaire des échelles du Levant en retirerait de grands avantages.

BAUDAT.

Nous savons tout l'immense secours que l'ébénisterie tire du placage ; de minces feuilles d'acajou, de citronnier, de palissandre, ou de tout autre bois précieux, d'une épaisseur qui ne dépasse pas un millimètre, sont appliquées et collées sur un bois moins précieux et plus dur, et offrent à l'œil, grâce à la vernissure, un poli, un brillant, une finesse, une richesse de veines que l'on ne trouve pas dans les meubles faits en massif. La mécanique pouvait seule nous procurer des feuilles assez minces pour ce genre de travail. La machine de M. Baudat peut scier des planches de 68 centimètres de large sur 3 mètres 33 centimètres de longueur ; elle débite jusqu'à 20 feuilles, dans une épaisseur de 28 millimètres. Une seconde machine, du même mécanicien, est destinée à scier les voliges (planches minces de bois de sapin ou autres bois blancs), et épaisseurs dites à rouleaux et à cylindres. Elle peut scier jusqu'à 650 mètres en 10 heures de temps. — Le prix de la première de ces machines est de 3,000 francs; celui de la seconde, de 4,000.

BOUCHON.

Le moulin à bras portatif de M. Bouchon, manœuvré par deux hommes, donne 20 kil. de mouture de blé par heure. Le blé, versé dans la boite qui surmonte la meule fixe, est d'abord concassé par une noix cannelée ; il est bluté, après avoir été réduit en farine sous deux meules, par un tamis qui reçoit son mouvement de va-et-vient par une pièce adaptée aux manivelles. La farine tombe alors au fond de la caisse du moulin, et le son est expulsé par un auget qui termine le tamis. — En vissant sur l'arbre vertical de ce moulin une noix à grosses dents, il peut servir à moudre le blé de maïs ; il est encore propre à concasser et à pulvériser l'orge, le sarrasin, les légumes secs, les minerais durs et cassants, la pierre ponce, l'émeri, l'alun et le charbon de terre. Les meules peuvent résister à un travail de cinq années.

BOURDON (Eugène).

Régulateur perfectionné, au moyen duquel on obtient une parfaite régularité dans la vitesse des machines à vapeur. — Machine à haute pression et à détente, de la force de 3 chevaux. — Autre machine, de moyenne pression, à condensation, de 10 chevaux, faisant mouvoir quatre pompes foulantes, et une pompe aspirante. — Nouveaux indicateurs de niveaux et appareils de sûreté pour les chaudières, garantissant contre toute explosion produite par une trop grande élévation de température ou la diminution du liquide, laissant le métal à nu.

BOUYOT.

Trois cylindres montés sur le même arbre, tournant verticalement et fonctionnant avec la force d'un seul homme, composent le moulin de cet exposant ; son poids total ne dépasse pas 80 kilogr. ; son prix est de 300 francs, il occupe à peine un espace carré d'un mètre.

Le premier de ces trois cylindres est taillé en lames tranchantes au nombre de 21 ; en regard de ces lames, de l'épaisseur de 2 lignes, existe également une lame de 3 lignes d'épaisseur, qui s'avance et se recule à volonté pour couper et concasser de la grosseur qu'on désire, toute espèce de grains. — Le second cylindre est taillé en forme de râpe à râper le bois ; il tourne également contre une pièce cannelée qui s'avance et recule aussi à volonté, comme la précédente; il peut servir, entre autres usages, à pulvériser le blé dont se servent les brasseurs ; il décortique très-bien l'avoine à gruau. — Le dernier cylindre, enfin, est taillé en lime fine, et pulvérise le blé, l'orge, le sarrasin, le poivre, le café, etc., toujours au degré que l'on veut, au moyen d'une vis de pression qui sert à avancer plus ou moins les pièces mobiles. Entre autres avantages, ce système de trituration n'échauffe pas les grains, peut être mû par un seul homme, quoiqu'au besoin on puisse l'adapter à un manége; il présente à lui seul tous les genres possibles de trituration. Une trémie, ou caisse évasée, surmonte cette machine et ses trois ouvertures, que l'on ferme à volonté, et qui correspondent à chacun des cylindres.

Nous croyons l'appareil de M. Bouyot très-utile au petit commerce de l'épicerie, aux droguistes, et très-bien placé encore dans l'office des grandes maisons.

CAVÉ.

Cet habile mécanicien a exposé une machine à vapeur de la force de 120 chevaux, et une autre machine à vapeur de la force de 60 chevaux pour le laminage du fer, et en outre diverses pièces de forge, remarquables par leur fini et leur précision.

CORNU.

M. Cornu expose une locomotive d'après le système Norris, à train mobile en tous sens. Ce système, qui s'applique aux locomotives à 8 roues, réunit l'attelage de quatre roues motrices au lieu de deux, ce qui donne quatre points de contact sur les rails et diminue de moitié le rapport de dégradation de la route. Son principal caractère distinctif est d'être mobile en tous sens pour franchir, sans sortir de la voie, tous les obstacles et les inégalités de la route. L'adhésion des quatre roues motrices se partageant également le poids de la machine sur les rails, et reliées ensemble par des bielles à rotule, permet de monter des pentes plus rapides qu'avec les locomotives ordinaires, et de traîner de plus fortes charges. Cette disposition de train est telle, que lorsque l'une des quatre roues se trouve élevée ou abaissée au niveau du rail, par un obstacle imprévu, les trois autres roues y posent d'aplomb et ne peuvent jamais en sortir. Le train étant à pivot comme celui de devant, permet à la locomotive de parcourir des courbes à petit rayon. Ce train s'applique de même aux machines à six roues motrices, reliées aussi par des bielles flexibles en tous sens, et donne l'avantage de pouvoir partager également, ou dans un rapport donné, tout le poids de la locomotive sur les trois essieux, qui possèdent ainsi toute l'adhérence de la machine.

M. Cornu a déjà construit, d'après ce système, 229 locomotives : 133 aux États-Unis, au Canada et à la Havane ; 39 en Autriche ; 23 en Prusse ; 15 en Angleterre ; 19 en Belgique, en Italie et dans le Wurtemberg, et une en France sur le chemin de fer de Montpellier à Nîmes.

CALLA.

Tour à plateau de 2 mètres de diamètre, pour tourner les grandes roues de locomotives sur leurs essieux ; machine à planer, à tables mobiles et indépendantes. L'ouvrier règle les pièces avant de donner le mouvement ; la machine opère toute seule, et dresse une table de fonte de 5 mètres de longueur. — Découpoir à levier, à mouvement intercalaire ; machine à mortaiser, et à parer les surfaces droites et circulaires. — Toutes ces pièces font le plus grand honneur à M. Calla, connu depuis longtemps comme un de nos fondeurs les plus habiles.

CHAIX.

M. Chaix a inventé trois machines typographiques ; la première à *composer*, la seconde à *distribuer* le caractère, la troisième à le *laver*. Ces deux dernières ont été seules exposées cette année, la première n'ayant pas été terminée à temps pour l'exposition.

Quand les *formes* sortent de la presse, après l'impression, elles sont ointes d'encre grasse, et il est nécessaire de les laver, avant de les défaire et de *distribuer* les lettres mobiles dont elles sont formées. Ce lavage s'opère ordinairement à la brosse et à l'eau de potasse ; mais il est reconnu que ce mode use promptement l'*œil* de la lettre. Le laveur mécanique nettoie la lettre sans présenter cet inconvénient, car il supprime la brosse et procède par injection.

On appelle *distribuer*, dans les imprimeries, défaire une forme et remettre, après le tirage d'une feuille, chaque lettre dans la case particulière qui lui est destinée. Le distributeur mécanique offrait peut-être encore plus de difficultés que le compositeur, dont nous avons parlé dans le paragraphe précédent ; elles ont été résolues par l'inventeur. Entre autres avantages, et sans parler de l'économie, il permet d'employer à ce travail des ouvriers sans expérience, et de garder pour la composition seule ceux que leur habileté rend précieux dans un atelier important.

CHAPELLE.

Le papier autrefois se fabriquait à la main. Après avoir obtenu une pâte plus ou moins liquide, par la macération des chiffons, l'ouvrier en jetait une cuillerée sur une sorte de tamis carré, à petits rebords, et l'étendait sur toute la surface de ce tamis en couche mince et égale, au moyen d'un petit balancement qu'il lui donnait. L'eau filtrait et tombait à travers les fissures du tamis, et la pâte, en se raffermissant, formait une feuille de papier propre à recevoir l'écriture ou à tout autre usage industriel, après avoir été dûment séchée et collée. Mais aujourd'hui la fabrication du papier à la main a presque disparu ; la mécanique exécute mieux et plus promptement que l'homme. La machine de M. Chapelle, construite dans des proportions gigantesques, broie elle-même le chiffon à une de ses extrémités, et la pâte s'étendant aussitôt sur une table sans fin, sort sous la forme d'une feuille de papier toute séchée et collée, à l'autre extrémité ; cette feuille est également sans fin et on la coupe par fragments plus ou moins longs, suivant l'usage auquel on destine le papier. C'est là une des plus belles conquêtes de la mécanique, et il est difficile d'imaginer une invention plus merveilleuse. Le chiffon est converti en papier, juste dans l'espace de temps nécessaire à l'observateur pour aller d'un bout de la machine à l'autre.

CLAIR.

La spécialité de cet exposant est d'établir, pour les écoles royales et les conservatoires des arts et métiers, des modèles de machines et de mécaniques.

Son exposition se compose :

1° D'une machine pour l'extraction de la houille, mise en mouvement par un piston à vapeur; 2° de deux modèles, d'une machine portative pour battre les grains, la plus avantageuse de toutes celles qui existent; 3° d'un modèle de sonnette à treuil, pour enfermer les pilotis; 4° d'un modèle de roue hydraulique à augets; 5° d'un modèle de grue à changement de vitesse et de force; 6° d'un fourneau pour la cimentation du fer, d'après la méthode anglaise.

De sérieuses études dans le domaine de la mécanique et des machines ne peuvent plus se faire avec le secours seul des planches et du dessin linéaire; la réduction de l'objet que l'on étudie, opérée sur une échelle si petite qu'elle soit, peut seule donner une idée exacte et pratique de l'objet lui-même.

DECOSTER.

1° Petite machine à raboter, du prix de 400 francs. Le chariot marche sur des coulisses de 3 mètres 50 centimètres de longueur, éloignées d'environ 30 centimètres; 2° machine du prix de 1,200 francs, propre à alaiser et à percer tour à tour une pièce, sans que cette double opération nécessite aucune espèce de démontage; 3° petite machine à tailler les écrous, les boulons et les carrés; 4° machine à tailler les engrenages des roues en bois ou en fer, du prix de 2,000 francs, établie sur un principe nouveau; 5° machine à filtrer, de 4,000 francs, faisant des pas de vis ronds ou angulaires; les vis qu'elle peut confectionner, sont de 4 à 5 mètres de longueur, et sont tournées par cette belle machine elle-même.

DELAFORGE.

M. Delaforge a obtenu une mention honorable et une médaille d'or, aux expositions d'Autriche et de Prusse ; ses immenses soufflets de forge ont été adoptés par l'administration de la guerre, pour les forges d'arsenaux, de campagne, de cavalerie et d'artillerie de montagnes. Les paquebots de l'administration des postes ont également adopté ses petites forges portatives.

DELAMARCHE DE MANNEVILLE. (Honfleur.)

Ses machines sont au nombre de quatre : la première est destinée à fendre le merrain sur fil ; la seconde, à couper de longueur, jabler, parer et sous-rogner les douves aux deux extrémités ; la troisième, à joindre, arrondir à l'extérieur, donner la bougie et le biseau à deux douves et des deux côtés à la fois ; la dernière, enfin, à couper, chanfreiner et perfectionner les fonds. C'est ce que nous avons vu de mieux en ce genre au palais de l'Industrie, pour la fabrication des tonneaux.

DELCAMBRE.

Voyez tous ces ouvriers en habit de travail, debout devant ces cases imprimées, et saisissant avec dextérité de petits morceaux de plombs qu'ils placent un à un dans un *composteur*. Ce sont des compositeurs d'imprimerie; ils sont en train d'établir un volume in-folio, qui n'aura pas moins d'un million de lettres, et ils choisissent ces lettres, l'une après l'autre, dans une cinquantaine de petits compartiments, où ils auront soin de les *distribuer* avec ordre, après l'impression. C'est à ce travail intelligent et qui demande une si grande attention et une non moins grande habileté, que la mécanique vient d'être appliquée avec succès.

La machine-compositeur est formée : 1° d'un clavier horizontal, portant autant de touches qu'il y a de lettres et de signes typographiques ; à chacune correspond une tige verticale, qui fait mouvoir horizontalement un sécateur placé au-dessous des réservoirs, et qui détache chaque lettre avec une vitesse et une précision admirable; 2° d'un plan incliné, placé derrière le clavier, et dans les canaux duquel les lettres descendent pour se placer sous un petit fouloir mû par un excentrique, qui les range avec ordre dans un long composteur ; 3° d'un petit appareil placé au bout de ce composteur et au moyen duquel on *justifie* les lignes. On appelle *justifier*, donner aux lignes la longueur convenable et égale qui a été choisie pour le papier qui doit recevoir l'impression.

Le travail du *doigté* est simple et facile. Après un exercice de quinze jours, une personne tout à fait étrangère à l'imprimerie peut composer 4,000 lettres à l'heure (deux fortes pages in-8°).

Le compositeur-mécanique occupant deux personnes, une pour le clavier, l'autre pour former les lignes, présente, théoriquement, une économie de 50 p. 100 ; il y aurait sans doute quelques avantages de moins à la pratique, mais cette machine est appelée, dans tous les cas, à jouer un grand rôle dans nos imprimeries.

DEZAIRS ET MIRAULT. (Blois et Saint-Aignan.)

La conduite d'une presse typographique à bras nécessite deux ouvriers : le premier pour mettre l'encre sur la forme, l'autre pour placer la feuille de papier sur cette forme, la presser et la retirer. MM. Dezairs ont imaginé un système de rouleaux sur lesquels l'encre se dépose régulièrement, et qui, par un mouvement de va-et-vient, imprimé par une manivelle, passent et repassent sur la forme en l'encrant d'une manière très-convenable ; un enfant suffit pour faire aller la manivelle, et l'on obtient ainsi une grande économie, sans que la beauté de l'impression en souffre.

DIOUDONNAT.

M. Dioudonnat est l'un de ceux qui, cette année, se sont le plus distingués dans sa partie. Connu depuis longtemps par l'excellence et la perfection de ses produits, il a voulu justifier, en tous points, la réputation qu'il avait su s'acquérir. Ses infatigables tentatives, aidées des plus laborieuses et des plus intelligentes recherches, ont été pleinement couronnées de succès.

Le jury d'examen n'a pu voir sans étonnement ni sans admiration la mécanique qu'il a exposée. Résultat de la plus ingénieuse combinaison, cette mécanique, dont le système est des plus simples, permet de faire toute espèce de dessins et toute espèce de galons de passementerie de différentes largeurs. Un ouvrier peut aisément en fabriquer cent vingt mètres par jour. Le prix de cette mécanique, 1,500 francs, est assez modéré, quand on considère les grands bénéfices qu'elle peut rapporter.

Indépendamment de celle-ci, M. Dioudounat en a exposé une autre d'un prix plus élevé : 3,000 francs. Cette mécanique, dont l'importance est irrécusable pour les fabriques qui font beaucoup de dessins, est destinée à lire les dessins et à percer les cartons pour les machines à la Jacquard. Le maniement est si facile et l'exécution si prompte, qu'un ouvrier peut percer jusqu'à huit mille cartons par jour.

Pensant, et avec juste raison, que le prix en lui-même considérable de cette mécanique pourrait effrayer les industriels, dont l'établissement n'offre pas d'assez gros débouchés pour permettre une pareille acquisition, quelque avantageuse qu'elle soit, l'habile inventeur en a réduit les proportions en la simplifiant, et s'est trouvé à même de livrer au commerce une petite machine liseuse, pour lire et percer en même temps les cartons. Cette machine, dont le prix alors n'est plus que de 300 francs, peut produire de trois à quatre cents cartons par jour.

Nous regrettons de ne pouvoir faire entrer dans notre travail les divers dessins de ces machines; mais nous n'en espérons pas moins que nos indications suffiront pour appeler l'attention sur leur importance et la nécessité de leur emploi.

DOENS.

La machine exposée par M. Doens, conducteur des ponts et chaussées, résout les problèmes suivants : 1° trouver l'action de l'homme la plus avantageuse, applicable à la mécanique ; 2° trouver les moyens d'appliquer à une machine quelconque un nombre d'hommes indéterminé, proportionné à la force de la machine et de manière à ce qu'ils soient tous également placés dans la condition la plus avantageuse pour l'effet à produire : c'est-à-dire à ce qu'ils aient tous également leur action intégrale transmise en un même point d'un levier; 3° trouver le moyen (en faisant l'économie de toute combinaison d'engrenage) de régler dans une machine la force au profit ou aux dépens de la vitesse; c'est-à-dire, de ne pas avoir à augmenter ou à diminuer le nombre d'hommes employés suivant la charge à monter ou l'effet à produire; 4° construire une machine dans la condition où, au besoin, un seul homme puisse, sans aide, faire le déchargement des fardeaux qu'il a montés; 5° construire une machine qui, en occupant moins d'espace, soit aussi moins matérielle et plus économique de construction que toute autre, relativement à l'effet à produire?

La machine exposée par M. Doens est établie pour six hommes, pouvant monter ensemble 4,500 kilog., avec une vitesse de 0,018 par seconde. Un certain nombre de plateaux, proportionnés au nombre d'hommes employés, forment leviers; les manœuvres, placés sur ces plateaux, portent alternativement le poids de leur corps de l'un à l'autre, en levant alternativement la même jambe, et ils donnent ainsi un mouvement circulaire à un arbre qui transmet la force obtenue.

Ce système trouvera son application dans la marine, pour le service des pompes, du cabestan, le chargement et le déchargement des navires et des bateaux; les bateaux dragueurs pourront l'utiliser; son usage s'étendra à la construction des édifices, à l'exploitation des carrières, aux travaux publics et aux usines.

DORÉMUS ET ENFER.

Soufflets, de forme circulaire, occupant moins de place que les anciens; des cercles à vis, sans clous, retiennent les cuirs, dont les plis réguliers ne se coupent jamais. *Soufflets hydrauliques*, sans cuir et sans entretien, applicables aux forges des mécaniciens, aux fonderies et hauts fourneaux. Forge volante à simple vent, de 80 à 300 francs; à double vent, de 150 à 300 francs. Tables d'émailleur, de chimie, d'orfévre et de bijoutier, de 35 à 100 francs, et au-dessus.

DURAND.

Cet exposant voudrait substituer, dans le gréement des navires, les poulies en fonte aux poulies en bois. Ces dernières, exposées à toutes les intempéries de l'atmosphère, à la chaleur du soleil des tropiques, s'usent rapidement, et leur jeu, dans tous les cas, s'embarrasse bientôt. La poulie en fonte ne présenterait pas cet inconvénient; mais surgit alors la question des cordages. Il se pourrait que ceux-ci s'altérassent plus vite sur la fonte que sur le bois. La pratique décidera si les avantages théoriques de cette invention l'emporteront sur les inconvénients qui pourront résulter de son usage.

DUVAL.

Modèle au cinquième de la belle machine à tisser le calicot, de Scharpe et Robert. Machine à vapeur à haute pression, à détente variable, de la force de six chevaux, d'une grande simplicité et tenant peu de place. Modèle au quart de l'ensemble et de la mise en jeu de ladite machine. Autre machine à vapeur, moyenne pression, à détente variable et à condensation, avec cylindre enveloppé autour, dessus et dessous, de la force de quatorze chevaux.

FREY.

Nous signalerons, parmi les plus ingenieuses machines de l'exposition, celle destinée à la fabrication des clous d'épingle; elle sort des ateliers de M. Frey, qui nous offre aussi une machine à vapeur, à détente variable, avec un modérateur de son invention. M. Frey a fait faire quelque progrès à la fabrication de ces vastes pompes à feu, destinées à suppléer aux forces de l'homme dans les grandes exploitations industrielles.

GENESTE.

Ces jolis papiers de luxe, que le papetier Marion établit à des prix très-ordinaires, coûteraient des sommes énormes si l'industrie n'avait trouvé une machine qui les gauffrât et les découpât en même temps, et à un très-grand nombre. M. Geneste, mécanicien distingué qui a monté en France la plupart des fabriques de capsules pour fusil, est l'inventeur de cette machine, qu'il appelle *découpoir excentrique*. En quelques minutes et sous une forte pression, elle produit ces dessins variés, ces arabesques, ces fleurs, ces dentelures, ces gaufrages élégants, destinés à entourer d'une manière agréable les souhaits et les confidences épistolaires, confiés au vélin discret. La papeterie de M. Marion a obtenu, d'ailleurs, par ses produits, une réputation européenne.

HERMANN.

Un fort cylindre conique, roulant sur un plateau : tel était autrefois le système employé pour broyer les cacaos, dans la fabrication du chocolat. M. Hermann a appliqué à cette manutention sa machine à trois cylindres en granit, parallèles, dont le plus grand avantage, sans doute, est d'occuper très-peu de place, et d'être d'un prix modéré. Une machine propre à broyer par jour 400 kil. de chocolat, peut être établie pour une somme de 3,500 francs.

Le cylindre triple en granit de M. Hermann est encore applicable à la trituration des céruses, des ocres, des couleurs les plus dures, telles que terre de Sienne; à celle des savons, de la vanille. Les potiers de terre peuvent l'employer au broyage de leurs matières; le sucre de pomme de terre et les couleurs pour toiles et papiers peints, sont aussi traités par cette machine.

HUCK.

M. Huck a exposé une machine à vapeur, de la force de six chevaux; une râpe en fonte pour la pomme de terre; un tamis cylindrique, une chaîne à godets, un laveur à pommes de terre, et diverses pompes.

KURTZ.

Machine double, de l'invention de ce fabricant, pour gaufrer et moirer le papier. Balancier en fer forgé, pour estamper et découper les bijoux et pièces de quincaillerie. Laminoir pour orfévres, bijoutiers, etc., avec un cylindre en acier fondu. Ce laminoir peut rivaliser, sans défaveur, avec celui dit de Prusse, et coûte beaucoup moins cher.

LACROIX FILS. (Rouen.)

C'est au moyen d'un foulage énergique, que l'on donne aux draps ce que le fabricant appelle le *corps*, qu'on le rend souple et imperméable, et qu'on lui enlève la graisse, l'huile, et les autres impuretés dont la laine était restée chargée. De lourds pilons frappant maladroitement et sans régularité les pièces de draps, exécutaient naguère encore ce travail; on les appelait *foulons*. C'étaient de véritables anachronismes industriels, à une époque où tant de perfectionnements ont été apportés aux grossières machines de nos aïeux. M. Lacroix a inventé un appareil simple, régulier, opérant le foulage avec une grande perfection et surtout ménageant le drap, ce que ne faisaient pas les anciens *foulons* qui déchiraient très-souvent l'étoffe.

LAGRANGE.

La machine à battre le blé, invention simplifiée par M. Lagrange, mue par un seul cheval, avec son criblage et son vannage, peut battre trente gerbes à l'heure. On peut réduire les proportions de cette machine, et la rendre propre à un service de bras. Dans ce cas, le produit est moindre; mais elle est portative et d'un prix inférieur. M. Lagrange établit des barattes, ou machines à battre le beurre, de trois grandeurs différentes, du prix de 30, 36 et 45 francs. Ces barattes offrent une manipulation facile, commode et d'un prompt résultat.

LAIGNEL.

M. Laignel expose un nouveau système de frein pour arrêter les convois sur les chemins de fer; un moyen pour diminuer les accidents amenés par la rencontre de deux convois, et un modèle de wagon avec des stalles. Mais l'objet capital de son exposition est un petit chemin de fer en miniature, décrivant un grand nombre de courbes à petits rayons. On sait que, pour franchir ces sortes de courbes, nos constructeurs de machines ont rencontré de grandes difficultés. Les roues des machines à vapeur se trouvant rigidement encaissées entre les deux rails, un grand frottement s'opère lorsque ces rails cessent de tenir une ligne droite, et la vitesse de la marche en est singulièrement ralentie. M. Laignel a résolu le problème.

En supposant qu'un essieu porte à l'une de ses extrémités une roue d'un diamètre de 1 mètre, et à l'autre une autre roue d'un diamètre un peu plus fort, cette paire de roues, en s'avançant, décrira naturellement une courbe, parce que, à vitesse égale, les grands diamètres parcourent plus de distance que les diamètres plus petits. Mais comment donner alternativement aux locomotives des roues de semblables diamètres pour la partie droite du rail, et des roues à diamètres inégaux pour la partie courbe ? M. Laignel a imaginé de disposer ses rails de manière que, dans les courbes, les roues du côté intérieur des courbes marchent sur leur diamètre ordinaire, et du côté extérieur sur leurs rebords. Il est vrai que cette solution n'est mathématique que pour une courbe donnée ; mais c'est déjà un assez grand résultat, lorsqu'on est réduit à franchir en ligne droite et avec frottement les courbes actuelles.

LASSERON ET LEGRAND. (Niort.)

Ces ingénieurs ont exposé un modèle d'une grue dynanométrique, pouvant soulever et peser des charges de 12,000 kilogrammes. Les usines, les maisons de roulage, les canaux, les chemins de fer retireront de grands avantages de cette machine. Pour le service des forges et fonderies, ces grues sont à chariots mobiles.

LEGENDRE ET AVERLY. (Lyon.)

A double effet et à tige oscillante, la machine à vapeur de MM. Legendre et Averly doit être classée parmi les bonnes machines sorties des usines françaises. Économisant le combustible, donnant toute la somme possible qu'on pouvait espérer du diamètre de son piston, elle sera adoptée par toutes ces industries qui demandent à la vapeur le secours de quelques chevaux, et qui ne sauraient que faire des vastes machines trop compliquées, destinées plus spécialement aux grandes manufactures.

MALTEAU. (Elbeuf.)

La laine en suint ne se dépouille qu'imparfaitement de ses matières grasses par l'immersion et une simple pression ; la main de l'ouvrier est forcée de la tordre et de la secouer fortement, après l'avoir séparée par poignées, s'il veut la débarrasser de toutes ses ordures. La machine de Malteau opère mieux et plus promptement. Elle se compose d'un cuvier rectangulaire, dans lequel des barres de bois et des fourches secouent et battent lentement la laine ; elle la fait passer ensuite sur des hérissons, armés de baguettes en fer de 35 à 40 centimètres de long. Là, elle est soulevée et rejetée de l'autre côté du cuvier avec une précision et une lenteur semblables à celles que mettrait la main même de l'ouvrier dans un semblable travail. La laine est ainsi rejetée de l'autre côté du cuvier, où elle rencontre un second système de barres. Elle passe de là sur un râteau sans fin à mouvement rotatif, qui la portedans des paniers. M. Malteau a inventé également une machine à fouler les draps, cylindrique, à joues pivotantes et à cannelures diagonales, qui permet de fouler l'étoffe en longueur et en largeur sans la durcir.

MARIOTTE.

Parmi les diverses machines de cet exposant, nous nous bornerons à signaler à l'attention publique un ingénieux outil propre à raboter et à planer les métaux. Sa machine à tailler les écrous n'offre rien de neuf, mais nous paraît bien remplir le but de celui qui l'a établie.

MAZELINE FRÈRES. (Graville.)

Le moulin de MM. Mazeline nous semble, par sa simplicité, convenir admirablement aux colonies. Que d'embarras causent souvent à nos colons les dérangements d'une machine compliquée ! ils n'ont pas toujours sous la main un ingénieur qui puisse remettre en ordre les diverses parties de leurs moulins, et alors ils sont forcés de chômer pendant plusieurs jours, ou ils n'obtiennent que des produits imparfaits.

Le moulin et la machine à vapeur de MM. Mazeline ne forment qu'une seule pièce, supportée par un seul bâti et fixée par quatre pieds. La personne la plus étrangère à la mécanique peut non-seulement la conduire, mais encore la démonter et la rétablir. Ici, plus de ces ajustements si incommodes, plus de ces niveaux si difficiles à obtenir, et qui ont fait repousser nos machines à vapeur par quelques colons, effrayés de toutes les complications de ces coûteuses machines.

MERIC FRÈRES.

A l'aide de leur ingénieuse machine, on peut égrapper et fouler en une heure la quantité de raisin nécessaire à la fabrication d'un tonneau de vin (912 litres). Le foulage, quoique complet, ne brise jamais les pepins renfermés dans la baie. L'agrappoir-fouloir est désormais indispensable à la fabrication des vins fins, et il procurera au vigneron une grande économie de main-d'œuvre, en supprimant la rafle.

MESNIL. (NANTES.)

L'exposition de M. Mesnil se compose de trois machines à macérer la canne à sucre. La première est à cylindres horizontaux ; elle peut être mue par une machine à vapeur ou par une chute d'eau ; la seconde, également horizontale, peut recevoir son impulsion d'un simple manége ; la troisième est une presse hydraulique d'une très-grande puissance. M. Mesnil est encore l'inventeur d'un pont tournant d'une construction simple, solide, économique, et pouvant être appliqué à de très-grandes ouvertures.

Le nouvel instrument, inventé par M. Mesnil, a reçu le nom d'*arrosoir souterrain*. En effet, avec cet instrument, au lieu de jeter l'eau qui doit porter une nouvelle vie aux végétaux, sur le sol qui s'étend autour d'eux, on enfonce perpendiculairement dans la terre, jusqu'à la profondeur des racines, un tube conducteur, et le liquide y entretient, sans aucune déperdition, une fraîcheur favorable à la végétation. L'usage de cet arrosoir empêche ce que les jardiniers appellent la *brûlure*, en évitant l'emploi d'une trop grande quantité d'eau. On sait que cette brûlure, ou coup de soleil, est produite quand une trop grande chaleur atmosphérique vient tout à coup dessécher un terrain humide. Ici, de pareils accidents sont impossibles, puisque la surface du sol demeure toujours sèche ou à peu près. Ce procédé est une nouveauté dans l'horticulture; il n'emploira, dit-on, que la dixième partie de l'eau nécessitée par les arrosages ordinaires : ce qui serait d'une immense économie, surtout dans les localités où l'eau manque. L'instrument ne coûte que 8 francs 50 centimes.

MORET.

Les pétrins en fonte, pour la fabrication du pain ou du biscuit de mer, exposés par M. Moret, confectionnent 600 kilog. de pâte bien travaillée, en un quart d'heure, et l'on obtient par leur emploi 15 à 16 kilog. de plus de pâte sur chaque sac de farine. Comme on le voit, l'opération est terminée en un espace de temps bien court; ainsi, pour la pâte du biscuit de mer, le frasage était commencé autrefois dans un pétrin ordinaire, puis, quand le bras de l'homme n'était plus assez fort, on comprimait la matière sous un grand levier; enfin l'ouvrier montait sur la pâte et en achevait le pétrissage avec les pieds. Aujourd'hui tout cela est supprimé, avec la machine Moret. La farine et l'eau sont mises dans le pétrin, et en douze minutes le frasage est complet.

M. Moret a encore exposé des tamis mécaniques pour féculerie, à deux cylindres rotatifs, à tambours fixes et à agitateurs.

PARISE.

Une roue verticale, en fonte, de 2 mètres de diamètre, compose cette machine à fabriquer les briques; sur la surface de cette roue sont espacés vingt moules garnis de leur couvercle et piston. Une trémie, fixée au-dessus de la roue, est destinée à recevoir la terre qui est introduite dans chaque moule en fer et à mesure de son passage sous la trémie. Alors, le couvercle de ces moules se ferme au moyen d'un ruban de fer; une forte pression concentrique et excentrique est donnée à la terre sur une pente de un pour douze. Arrivées à la ligne horizontale de l'axe, les deux pressions cessent, et aussitôt un second ruban de fer fait ouvrir les couvercles, et les maintient en cet état, pendant que les pistons chassent les briques sur la courroie sans fin qui les reçoit et les conduit hors de la machine. Trois ou quatre jours suffisent pour l'entière siccation de ces briques, qui ont subi une pression de 2,000 k. La machine de M. Parise, mue par un cheval ou par la vapeur, fabrique plus de vingt-cinq briques à la minute; un régulateur en détermine l'épaisseur à 40, 54 ou 67 millimètres.

PERROT.

M. Perrot a donné son nom à une machine, qui a résolu deux problèmes importants. La *Perrotine* fait avec une précision mécanique les meilleures impressions exécutées jusqu'alors à la main ; elle les fait ensuite avec une économie de temps et d'argent, et sans nécessiter pour la gravure des dessins de plus grandes dépenses que dans le système ordinaire. Cette machine a opéré une révolution complète dans l'impression des étoffes; par exemple, en 1827, la ville de Mulhouse employait 6,860 ouvriers, qui produisaient 94,480,550 mètres de toiles imprimées; en 1845, avec 5,996 ouvriers seulement, elle a produit 265,670,000 mètres imprimés. M. Perrot a exposé cette année deux *Perrotines,* l'une à deux, l'autre à cinq couleurs. Il a exposé encore une nouvelle presse destinée à l'impression mécanique de la lithographie.

PHILIPPE.

M. Philippe a exposé un modèle de toutes les machines servant à la fabrication et au serrage des roues de voiture, par des procédés mécaniques dont il est l'inventeur. La plupart des voitures qui circulent dans Paris ont leurs roues établies d'après ce système. Les roues de M. Philippe durent près de trois fois plus que celles dues au mode ordinaire de construction, et coûtent 25 pour cent de moins. Cet exposant à encore mis sous les yeux du public :

1° Un modèle de chaudière du bateau à vapeur *le Sphinx*, monté sur sa coque avec deux systèmes de palettes, l'une fixe et l'autre mobile; 2° un modèle d'appareil de cent soixante chevaux pour le même bateau; 3° un modèle de turbine, d'après le système *Funeyron*, de la force de quarante chevaux; 4° un appareil à monter des pains de sucre dans les raffineries; cet appareil, déjà établi dans plusieurs raffineries, monte sept cents pains à l'heure.

Tous ces divers modèles ont été exécutés, au cinquième de leur grandeur naturelle, d'après les ordres du gouvernement, pour le Conservatoire royal des arts et métiers. *Le Sphinx* est ce même bateau qui a servi dans l'expédition d'Alger, et qui est allé chercher en Orient l'obélisque de Louqsor.

Nous avons encore remarqué le moulin à bâti en fonte, meule en pierre meulière, faisant à l'heure et à bras 25 kilogr. de farine. Plusieurs de ces moulins ont été expédiés aux îles Marquises; son prix est de 400 fr.; et un moulin portatif, faisant à bras d'homme 15 kilogr. de blé à l'heure, et ne pesant que 17 kilogr., quoique ses meules soient en pierre. L'armée française d'Afrique se sert presque exclusivement de ce dernier moulin.

La fabrique de M. Philippe, livre au commerce et à l'industrie, des machines à vapeur, des scieries, des machines à clous, des machines à tonneaux, des machines hydrauliques, des moulins, des appareils à sucre, des modèles de toute espèce de machines, des articles de chaudronnerie, et des clous d'épingle renommés.

PIHET ET COMPAGNIE.

Tour parallèle, de dix mètres de longueur, destiné à tourner les plus grands arbres des machines à vapeur au-dessus de quatre cent cinquante chevaux. Le poids du banc de ce tour est de 10,000 kilogr.; celui des autres pièces est de 9,800; ce qui offre un poids total de 19,800 kilogr. Cet outil de géant a été fait cependant par un outil plus vaste encore : un tour de 14 mètres de longueur, sur 3 de large.

Machine à tailler et à diviser les grands engrenages. Cette machine est destinée à tailler des roues droites et à angles de 5 mètres de diamètre sur 3 de largeur de dents, au moyen de fraises; ce qu'elle fait avec une perfection telle, que la marche régulière des roues ainsi obtenue exige moins de force motrice que les roues à dents brutes de fonte. L'économie s'y trouve à côté de la perfection.

Machine à tailler les écrous et têtes de boulons; — id. à tarauder les boulons et écrous; — id., pour la filature.

Cette dernière machine, de cent broches, doit donner aux produits une grande régularité. Les broches en acier y sont commandées par des engrenages d'angles inclinés; on peut ainsi leur imprimer une grande vitesse et doubler presque tous les produits.

Carde fileuse pour laines grosses. — Dans cette machine, l'inventeur a supprimé les enfants qui, dans l'ancien système, réunissaient les mèches appelées loquettes; ces jonctions se faisaient souvent d'une manière imparfaite, ce qui occasionnait plus tard des irrégularités dans les fils.

PLADIS.

Les machines de M. Pladis sont extrêmement simplifiées, d'un transport facile, occupant très-peu de place, et d'un très-bas prix. Les machines à cintrer s'élèvent de 200 à 450 francs; celles à percer, de 120 à 200. Elles offrent, entre autres avantages, une grande économie de combustible, puisqu'elles font à froid ce que l'on obtenait autrefois avec la chaleur rouge : une grande économie de temps; une immense facilité pour l'ouvrier; une régularité et un fini qu'on atteindrait difficilement à la main; une supériorité dans les produits, qui donne un sixième de durée de plus aux fers de roue; une économie de 25 kilogr. de fer sur 600 kilogr. Avec leur secours, deux hommes peuvent cintrer en quelques minutes le fer le plus fort.

Le four à l'usage des charrons, de M. Pladis, peut être chauffé avec toutes sortes de débris, qui ne donnaient dans les anciens foyers qu'une chaleur insuffisante; en une heure au plus, le fer arrive au degré de *rouge cerise*; 2,000 kilogr. de fer y atteignent ce degré simultanément, avec une quantité de combustible évaluée à une douzaine de francs. Ces fours, en tôle, d'une épaisseur convenable, coûtent de 500 à 700 francs.

ROGER.

La machine inventée par M. Roger, simple, peu coûteuse, est applicable à la trituration des matières en général qui nécessitent un mélange et broiement parfait.

Elle se compose d'un châssis de chêne carré, dans lequel est circonscrit un tonneau entaillé. Sa partie inférieure est terminée par un disque en fonte, à interstices, lequel est composé de seize pans égaux, afin de faciliter le démontage des douves. Sur ce disque se meut un broyeur composé de six branches à rayons droits ou courbes. Au centre est fixé un arbre vertical, sur pivot, lequel est lui-même fixé à sa partie supérieure par un coussinet vertical; cet arbre est armé de huit pans en fonte, auxquels sont rivées huit lames horizontales inclinées, sur lesquelles sont adaptées de petites lames verticales chantournées. Cette pièce se meut simultanément avec quatre lames, dont la courbure est variée, et qui présentent les matières destinées à subir une trituration parfaite.

Dix autres lames à tiges sont fixées horizontalement au tonneau, entre chaque partie mobile, de manière à éviter l'entraînement général des matières, et à détruire la résistance occasionnée par leur pesanteur.

Le principe de la machine est donc composé de deux parties mobiles entre deux parties fixes, ce qui permet à l'appareil de donner une production continue de matières triturées.

Pour produire du béton, la machine que nous venons de décrire a besoin de subir de légères modifications dans son ajustage.

Le tonneau, placé horizontalement, n'a pas de fond; sa forme est elliptique et conique. Comme le premier, il est à mouvement continu; les matières se jettent indistinctement et en proportion dans une trémie fixée au plus petit côté. Le mélange s'opère par la chute des matières. Les parois internes du tonneau sont parsemées de griffes qui ont la faculté de retenir une partie de la pierraille, avant que le mouvement de rotation occasionne la divisibilité qui se fait sur l'arbre horizontal.

La mise en mouvement du tonneau a lieu à l'aide d'un arbre vertical, armé d'une roue d'angle correspondant à celle de l'arbre horizontal. A la partie supérieure de l'arbre vertical se trouve un levier, à l'extrémité duquel des hommes ou un cheval donnent le mouvement de rotation nécessaire pour faire fonctionner la machine.

Un ou deux chevaux, suivant la force de la machine, la font mouvoir en parcourant un champ de manége.

Avec la machine de M. Roger, vingt hommes suffisent pour produire la même quantité de mortier qui exigeait quarante hommes autrefois ; et trente-trois suffisent pour établir 30 mètres cubes de béton, y compris le mortier, qui exigeaient soixante-huit manœuvres.

En évaluant, enfin, la journée de chaque moteur à deux journées d'hommes, il se trouve qu'une de ces machines, mue par un cheval et servie par huit hommes, produit 36 mètres cubes de mortier dans une journée de dix heures de travail, ce qui fait 3 mètres 60 centimètres par homme. Il en résulte, qu'indépendamment de la bonne qualité du mortier, la machine apporte une grande économie dans la main-d'œuvre, puisque chaque homme ne produirait qu'un tiers de cette quantité en se servant, comme autrefois, du sabot.

La machine de M. Roger est indispensable, désormais, sur tous les grands chantiers de construction.

SCHLUMBERGER (Nicolas) ET COMPAGNIE. (Guebwiller.)

MM. Nicolas Schlumberger et Cie ont été les premiers exposants qui aient rendu publiques, en France, les machines nécessaires à la fabrication du fil de lin (exposition de 1839). Depuis lors, l'industrie linière a fait des progrès immenses. Les deux machines exposées cette année par MM. Schlumberger, la carde circulaire et le banc à broches régulateur, renferment en elles toutes les parties qui constituent ces progrès. Tous les filateurs qui les ont examinées conviennent qu'à prix égal, elles sont plus soignées, plus solides et plus élégantes que les machines tirées de l'Angleterre.

L'atelier de construction de MM. Nicolas Schlumberger et Cie, qui, en temps ordinaire, occupe cinq cents ouvriers, établit aussi des machines pour la filature du coton et pour celle de la laine peignée. Plusieurs des premières filatures de France ont tiré leurs machines de ces ateliers.

Filateurs eux-mêmes, MM. Nicolas Schlumberger et Cie produisent des fils de coton et de lin qui sont souvent préférés aux meilleurs fils anglais, et qui se trouvent dévidés sur une longueur de 1,000 mètres, ce que l'on avait regardé comme impossible.

La carde de M. Nicolas Schlumberger est la réunion de quatre cardes. Elle est circulaire, avec tambour en fonte; ces quatre cardes, bien combinées, classées avec méthode et construites très-solidement, séparent les filaments en trois qualités différentes de finesse, travaillent avec plus de régularité que les cardes anciennes, et préparent 300 kilogrammes d'étoupes par jour au lieu de 90, comme les cardes d'autrefois.

Le banc à broches, exposé par M. Schlumberger, est destiné à préparer l'étoupe ou le lin à la filature. Ce banc est de soixante broches, et se vend 140 francs la broche, au lieu de 450 francs.

SCHNEIDER FRÈRES. (Au Creuzot.)

Chargés d'établir quelques-unes de ces belles machines à vapeur destinées à la navigation transatlantique, ces mécaniciens ont imaginé plusieurs outils en rapport avec les immenses travaux de leur usine. Leur *marteau-pilon* est une formidable machine qui façonne, sous ses chocs puissants, des barres de fer de plusieurs centaines de kilogrammes. Le mouvement est communiqué à la masse percutante par un cylindre à vapeur, dont la tige, se mouvant perpendiculairement, porte à sa partie inférieure un renflement considérable en forme de marteau. — Leur machine à percer la tôle des chaudières et à river les clous, est aussi composée d'un cylindre à vapeur dont la tige, par son mouvement ascensionnel, fait jouer un levier à articulation. A son extrémité, ce levier est armé d'une pointe, d'un découpoir, ou d'une pièce d'acier concave ; pressant fortement contre une enclume cylindrique la pièce de tôle, ce levier la perce et la rive tour à tour, avec une force capable d'opérer efficacement sur les feuilles les plus résistantes.

Plusieurs machines à vapeur, sorties des ateliers de MM. Schneider frères, ont figuré également dans les salles de l'exposition, entre autres, la superbe machine de 450 chevaux, destinée à la frégate de l'État *l'Albatros*.

STOLTZ FILS.

La machine à vapeur, oscillante, exposée par M. Stoltz, est réduite à sa plus simple expression; elle exige peu de place, et peut être conduite par le premier individu, n'ayant aucune notion de ce genre de machine. En effet, cette pompe à feu, à haute pression, double effet et détente, n'a ni tiroirs, ni robinets, ni plaques tournantes. Aussi, sa simplicité a permis à l'inventeur de l'établir à un prix très-minime, et M. Stoltz annonce qu'il peut livrer des machines de la force de 5 à 10 chevaux, pour la somme de 3,400 à 6,400 francs.

Ses machines à fabriquer les clous d'épingle, dans les prix de 1,600 francs et au-dessous, font indistinctement les petits et les gros clous, ainsi que ceux dits *béquet* (clous à souliers).

M. Stoltz a encore exposé un tamis et une râpe pour la féculerie; une machine à plier et à métrer les étoffes; plusieurs pompes à incendie pour le service des maisons ou l'arrosage des jardins.

En général, les machines de cet exposant se recommandent par leur simplicité; mais nous croyons, surtout pour sa machine à vapeur, que cette simplicité n'a pu s'obtenir qu'aux dépens de la multiplicité de l'application.

TRÉZEL. (Saint-Quentin.)

La détente Trézel s'applique indifféremment aux machines à balancier, à directrices ou à galets, à haute ou à basse pression, avec ou sans condensateur; elle peut même remplacer avec avantage les machines à deux cylindres. Avec cette détente, la vapeur s'introduit toujours dans le cylindre au même degré de tension qu'elle est produite dans la chaudière; quelle que soit la détente que l'on veuille obtenir, les lumières ne sont jamais rétrécies, et la vapeur n'éprouve aucun étranglement ni aucune contraction avant son impulsion sur le piston. Au moyen d'un simple cadran gradué, on fait varier à volonté cette détente. Son exactitude est telle, qu'elle compense la différence de surface du piston du côté de sa tige. On peut la varier aux 1/7, 1/6, 1/5, 1/4, 1/3, 1/2, 2/3, 3/4, 7/8, et même dans les fractions intermédiaires.

VERLAT.

Qui ne s'est plus d'une fois apitoyé sur le sort de ces malheureux mineurs, qui passent leur vie entière dans les entrailles de la terre, exposés aux terribles accidents des explosions, des éboulements et de ces inondations subites qui se font jour à travers les fissures des rochers qu'ils fouillent. Pour ramener promptement à l'air et à la lumière les mineurs blessés ou asphyxiés, on ne s'était servi jusqu'à présent que d'espèces de baquets, que l'on hissait jusqu'au haut du puits, au moyen des cordes qui servent au tracas ordinaire. Ce moyen était insuffisant; les membres du malheureux étaient disloqués dans ce baquet, et ses souffrances s'augmentaient à chaque secousse. M. Verlat a imaginé une sorte de lit où l'on peut placer le blessé sans aggraver ses douleurs, sans empirer sa situation, et l'enlever en quelques minutes sans la moindre secousse. Un grand nombre d'exploitations ont adopté ce lit, et le jury, en l'admettant à l'exposition de l'industrie, s'est associé à la pensée philanthropique qui a présidé à cette amélioration importante.

APPAREILS.

CHARLES ET COMPAGNIE.

MM. Charles ont exposé un appareil de buanderie économique et portative, qui mérite de fixer notre attention.

Cet appareil, de forme assez élégante, se place où l'on veut, dans une cheminée, même en plein air, et n'occasionne ni embarras ni odeur. Il est mobile ou fixe, selon qu'on veut le faire établir. L'emploi en est simple et rationnel.

Le linge le plus sale se place au fond du cuvier, pour éviter l'infiltration d'une eau impure et fétide sur le linge fin; en quelques heures la lessive est faite, quand on a eu soin d'entretenir activement le feu. S'il reste des saletés à quelques parties du linge, elles sont devenues si solubles, qu'un simple rinçage doit suffire.

Par ce système, on évite la longue opération de l'échangeage ; on ménage particulièrement le linge, et les frais sont moindres d'au moins quarante pour cent, que par les procédés ordinaires.

Cet appareil peut encore servir pour la cuisson des légumes, pour faire chauffer un bain, comme poêle, calorifère ou fourneau de cuisine, selon le besoin. Les succès qu'il a obtenus et qu'il obtient tous les jours, la modicité des prix justement proportionnés à la capacité des appareils, soit fixes, soit mobiles, assurent à MM. Charles et Cie les plus heureux résultats.

CORDIER.

Depuis la belle découverte des frères Montgolfier, qui, les premiers, osèrent s'élever dans l'espace au moyen d'un vaste ballon de toile et de papier rempli d'air raréfié ; depuis que l'emploi du gaz hydrogène a perfectionné les *montgolfières,* la direction des aérostats a occupé bien des veilles et fait tourner bien des têtes. A quoi sert, en effet, de s'élever dans les nuages, si l'on n'est pas maître du véhicule qui porte l'intrépide voyageur, et si on doit s'en remettre au hasard pour la direction que l'on suit ? M. Cordier croit avoir trouvé la solution du problème. Il adapte à la nacelle du ballon deux ailes en toile gommée, portées sur des tiges d'acier et étendues par un ressort à torsion ; une corde, passant par deux poulies, sert à les mouvoir. L'aréonaute a les pieds placés dans des étriers ; une ceinture le soutient par le milieu du corps. M. Cordier n'a exposé que le dessin de sa machine. Nous ignorons si ce nouvel Icare a fait lui-même l'essai de ces ailes, ou si son invention est encore dans le domaine de l'hypothèse.

DEGOUSÉE.

On emploie assez souvent la sonde pour reconnaître la nature d'un terrain et chercher des gisements de houille ou de quelque minerai. M. Degousée, qui a si considérablement amélioré le sondage par torsion des puits artésiens, a imaginé un système de sonde, propre à éclairer les explorateurs sur la valeur réelle d'un sol houiller, et qui ne permet aucune espèce de supercherie. On sait, en effet, que plus d'une fois on a abusé de la confiance et de la bourse d'actionnaires peu clairvoyants, en leur présentant, comme une excellente exploitation, des terrains qui, sondés plus consciencieusement, n'auraient promis que de médiocres résultats.

CH. DÉROSNE ET CAIL.

Le sucre s'extrait de la canne, en faisant passer celle-ci entre des cylindres qui l'écrasent et en expriment toute la partie liquide. Dans les sucreries coloniales, le rendement avec les anciennes machines était de quarante-cinq à cinquante-cinq pour cent du poids de la canne. Cependant, il était chimiquement démontré que le rendement pouvait s'élever jusqu'à soixante-dix et même soixante-quinze pour cent.

MM. Dérosne et Cail ont construit une machine qui atteint souvent ce maximum élevé. Des expériences faites à Bourbon avaient prouvé que d'anciens moulins ne fournissant que cinquante pour cent lorsque les cylindres donnent huit ou dix tours à la minute, allaient jusqu'à un rendement de soixante-cinq pour cent, lorsqu'ils ne faisaient plus que quatre tours. Les inventeurs dont nous parlons sont partis de ce principe. Leur moulin n'a que trois cylindres, combinés de manière à ne faire que trois tours et demi à la minute ; mais ils leur ont donné des dimensions telles, que la quantité de cannes nécessaire à la plus grande sucrerie peut être brassée dans la journée, malgré la perte de vitesse.

MM. Dérosne et Cail ont également exposé deux appareils destinés à cuire dans le vide le sucre à raffiner ; l'un dit *appareil à injection*, l'autre *à double effet*.

On sait que les liquides entrent en ébullition, à l'air libre, à 100 degrés centigrades de chaleur. A cette température, une perte sensible a lieu, par l'évaporation. La *cuite* du sirop de sucre s'opérait ainsi, il y a quelque quinzaine d'années, et les raffineurs éprouvaient des déchets considérables, non-seulement par l'évaporation dont nous venons de parler, mais encore par suite de la calcination, sur les parois internes de l'appareil, d'une partie de la cuite, connue sous le nom de *croûte de chaudron*. On imagina alors de cuire dans le vide, au moyen d'une cloche recouvrant le sirop; ce mode procurait l'ébullition à un degré de température peu élevé, et faisait disparaître tous les inconvénients cités plus haut. L'art mécanique s'occupa aussitôt de créer des appareils capables d'opérer, dans les chaudières, un vide à peu près parfait, et on s'approcha plus ou moins de la perfection.

L'appareil à *double effet* de MM. Dérosne et Cail, par l'évaporation du jus à faibles densités sur les condensateurs à tuyaux, réalise dans les sucreries coloniales ou indigènes qui l'emploient une économie de moitié dans la dépense du combustible. En outre, cet appareil n'exige pas d'eau pour la condensation des vapeurs produites dans la chaudière close.

L'appareil à *injection* opère à un degré de vide un peu plus grand que le précédent; il est parfaitement appliqué dans les raffineries qui, n'ayant que des sirops à haute densité à cuire, ne pourraient employer l'appareil à double effet, qui exige, pour le service du condensateur à tuyaux, du jus ne dépassant pas 10 à 12 degrés. La condensation qui entretient le vide, dans cet appareil, est produite par une injection d'eau dans l'intérieur du condensateur, au lieu d'être produite par une évaporation de liquide sur des tuyaux, comme dans la machine à double effet; une machine à vapeur fait mouvoir le jeu de pompes à air, qui extrait également cette eau du condensateur.

La cuite dans le vide est aujourd'hui une nécessité pour le raffineur de sucre, et il ne lui reste autre chose à faire qu'à accorder la préférence à l'appareil qui lui semble le plus approprié à son local et au genre de fabrication auquel il se livre.

MM. Charles Dérosne et Cail ont encore exposé deux machines à vapeur; l'une de la force de 12 chevaux, l'autre de la force de 16, à bielle articulée. Ces machines sont d'une construction solide et ingénieuse.

DUVOIR.

Les appareils-calorifères de M. Duvoir, à air chaud, à eau chaude et à vapeur, ont été adoptés dans un grand nombre d'édifices publics et par une foule d'architectes, qui les ont établis dans des hôtels, châteaux et maisons bourgeoises. Une grande économie de combustible, une égale et constante répartition du calorique dans toutes les parties du bâtiment : telles sont les deux qualités qui recommandent ces calorifères. Les appareils de M. Duvoir, pour chauffage de bains, séchage, ventilation, bains de vapeur, chauffage des serres, nous ont paru d'une ingénieuse simplicité.

DUVOIR-LEBLANC (Léon).

Quand il ne s'agit que de chauffer un appartement d'une dimension ordinaire, le logement d'un particulier, un foyer découvert (cheminée) ou un appareil fermé (poêle, calorifère ou fourneau) suffisait à la rigueur; quoiqu'il soit reconnu que l'air est un très-mauvais conducteur du calorique, qu'il ne s'échauffe que par couches successives, et que, dans les appareils imparfaits dont nous venons de parler, il se fait une grande perte de combustible. Mais dès qu'il faut adoucir la température qui règne dans un vaste établissement, ces moyens deviennent tout à fait impuissants, et la science a été appelée en aide, comme d'habitude, à l'économie domestique.

On imagina d'abord le chauffage à l'air chaud. Une masse d'air était chauffée à l'aide d'un foyer, puis lancée dans toutes les parties du local qu'on voulait chauffer, à l'aide d'appareils mécaniques, au moyen de tuyaux de circulation. Mais l'air chaud circule mal dans toute autre direction que la direction ascendante; porté à une haute température, il attaque les métaux et met hors de service les tubes qui le renferment. Alors on substitua la vapeur d'eau au gaz atmosphérique ; ici d'autres inconvénients se présentèrent. Pour faire parcourir à la vapeur une grande distance, il fallait porter la température à un degré très-puissant, et alors il y avait d'abord danger d'explosion dans la chaudière, et ensuite danger de rupture et de déchirement pour les tuyaux, qui acquéraient brusquement un degré de chaleur très-élevé. En outre, comme l'élasticité de la vapeur d'eau était son seul moteur pour la conduire dans toutes les parties de l'appareil, il fallait toujours user la même quantité de combustible, pour porter cette eau à l'ébullition, quelle que fût d'ailleurs la température extérieure. Ainsi, par un froid ordinaire ou par une gelée rigoureuse, la dépense était toujours la même.

Il y a près de soixante ans qu'un Français, M. Bonnemain, inventa un appareil de chauffage qui n'offrait aucun des inconvénients que nous avons signalés. Cet industriel ingénieux avait trouvé que, si l'on chauffait de l'eau dans une chaudière fermée, et, que de cette chaudière fermée on faisait partir un tuyau qui, après un certain trajet, reviendrait à la chaudière, dans laquelle il rentrerait par la partie inférieure, il s'établirait une circulation d'eau chaude, dont on pourrait profiter pour chauffer une capacité quelconque. C'est ce principe si simple et si parfait à la fois, que M. Léon Duvoir-Leblanc a fait passer de la théorie à la pratique, et a appliqué sur une immense échelle. Mais l'exposant dont nous nous occupons ici a su combiner, en outre, avec son appareil de chauffage, un système de ventilation, et c'est là sans doute le plus grand service qu'il ait rendu à l'hygiène, car la pureté de l'air importe encore plus à la santé de l'homme que le dégré de température.

Pour donner une idée de l'invention de M. Duvoir-Leblanc, nous décrirons un seul de ses appareils, le plus complet, établi dans le palais de la chambre des pairs.

Ce palais présente une capacité intérieure de 70,000 mètres cubes, fractionnés en une multitude de pièces, salles, couloirs, etc. Le problème à résoudre consistait à élever et à maintenir la masse énorme d'air, renfermé dans cette capacité, à une température moyenne de 15°, pendant les mois de l'hiver. M. Duvoir-Leblanc a établi alors son appareil, consistant en un fourneau en forme de tour ronde, placé dans un souterrain creusé dans le sol, où l'on remarque d'abord avec un vif étonnement un foyer qui n'a qu'un mètre de diamètre et 80 centimètres de hauteur. C'est dans cette capacité réduite, la seule où l'on opère une combustion, même très-modérée, que s'engendre toute la chaleur qui doit élever la température au degré voulu dans les nombreuses subdivisions qui composent l'intérieur du palais. Un appareil hydro-pyrotechnique est placé sur ce foyer unique; il est formé d'une cloche en fer, à double paroi, remplie d'eau, du sommet de laquelle part un tuyau d'ascension également unique et rempli d'eau, destiné à porter tout d'un coup, dans les parties les plus hautes du palais, le liquide qui, par la chaleur développée dans le foyer, a reçu une élévation de température, et qui, en vertu de sa densité moindre, s'élève alors de lui-même au sommet de ce tuyau. Arrivé au point le plus élevé de son parcours, le liquide est aussitôt divisé en un grand nombre de tuyaux, qui le portent dans toutes les parties du palais. Après s'être dépouillée de sa chaleur au profit de l'air, cette eau revient dans un tuyau commun qui la ramène dans la cloche où elle s'échauffe et circule de nouveau. Le chauffage s'exécute ainsi par la circulation du liquide dans près de 8,000 mètres de tubes (2 lieues de France), à l'aide de 240 poêles et de 100 bouches de chaleur. Les bouches amènent du dehors un air chaud et procurent aux salles où elles sont placées une ventilation suffisante. Cet air, en effet, avant de pénétrer dans l'intérieur du palais, court dans des gaînes en maçonnerie qui entourent les tuyaux de conduite, et en sens contraire de la circulation de l'eau, si bien qu'il acquiert une plus haute température à mesure qu'il avance, et qu'on peut le verser au degré requis dans les pièces dont on veut renouveler l'atmosphère. Un seul chauffeur suffit à cet appareil si vaste.

Il a été établi, par des calculs rigoureux, qu'au moyen du nouveau système établi dans le palais de la chambre des pairs, l'État économisera, au bout de douze années, sur l'ancien mode de chauffage, la somme énorme de 1,100,000 francs. Ces chiffres nous dispensent de tout commentaire.

L'appareil de M. Duvoir-Leblanc est susceptible des applications les plus variées; indépendamment des palais, des musées, des grands établissements publics, il peut être établi dans les serres et dans les orangeries. L'application en a été faite dans plusieurs hospices, prisons et hôpitaux. Les résultats ont été partout les mêmes : précision dans le degré de chauffage, immense économie, ventilation obtenue sans machines spéciales, et absence de toute espèce d'accidents provenant d'explosion, de rupture ou d'incendie. Mais, ce qui met son immense calorifère au-dessus de toute concurrence, c'est l'avantage qu'il offre de servir, en été, à une ventilation rafraîchissante, au moyen de quelques légères modifications. M. Duvoir a résolu ce problème à l'Observatoire royal de Paris, où, pendant l'été, une foule d'auditeurs vont écouter les leçons d'un professeur célèbre. A l'aide de quelques kilogrammes de glace et d'un très-petit foyer d'appel, il a établi une telle ventilation, que, dans une salle où l'auditoire est souvent composé de mille personnes, la température a pu être abaissée de 10 degrés. Un pareil résultat n'est pas seulement destiné à étendre les commodités de la vie, il importe à l'hygiène et à la santé publique, souvent compromise au milieu des grandes réunions, par la raréfication et l'altération de l'air respirable.

FESSART.

M. Fessart a exposé des appareils pour les étuves de salle à manger, propres à la conservation des mets chauds ; servanté galement de chauffe-assiettes, avec un réservoir pour l'eau chaude, et au besoin servant de rafraîchissoir en été. Ces appareils ont l'avantage de pouvoir se placer dans toutes les niches où il y a un poêle ou une cheminée, sans faire d'autre feu que celui du foyer ordinaire et en économisant le combustible.

FOUCAULD.

Cet exposant, frappé lui-même de cécité, a voulu adoucir le sort de ses frères d'infortune. Grâce aux appareils de son invention, un aveugle peut apprendre à écrire en quelques jours, et la machine est combinée de manière qu'elle fournit deux exemplaires à la fois d'écriture; l'une dont les lettres sont noires et fines, tandis que l'autre est reproduite en gros relief sur un papier plus grand. M. Foucauld a aussi inventé une machine à l'usage de ceux qui, sachant déjà écrire lorsqu'un accident est venu les priver de la lumière, ont seulement besoin d'un appareil qui dirige leur main et leur indique la place où ils se sont arrêtés, lorsqu'ils veulent reprendre leur travail interrompu.

LAUBEREAU ET GAULET.

Toutes les fois que, dans la préparation des laines, des fils et des tissus, l'immersion devient nécessaire, le manufacturier perd un temps précieux pour faire sécher ces matières. Pour ne parler que des draps, il est reconnu que, dans la mauvaise saison, il ne leur faut par moins de cinq jours de séchage avant de pouvoir être livrés à la rame.

Le ventilateur - Laubereau s'adresse principalement aux fabricants de draps, aux laveurs de laines, aux mégissiers, aux teinturiers, aux fabricants d'étoffes de coton, laines, stoffs et mérinos. Au moyen de ce ventilateur d'une grande puissance, l'on obtient, en deux heures, le même résultat que l'on n'obtient sans lui qu'au bout de six jours. Un seul ventilateur, du prix de 1,200 francs, suffit pour essorer et ramer en un jour 150 pièces de drap, et cela dans un emplacement moindre des deux tiers.

L'industrie linière tirera particulièrement un grand profit du ventilateur-Laubereau.

LOUVRIER FILS.

Appareil basé sur les principes d'Howard, inventeur de l'appareil à vide, en Angleterre. Il se distingue surtout par la solidité et la simplicité des parties qui le composent. Il est facile à conduire, et réunit à un haut degré tous les avantages que le système de la cuisson dans le vide offre aux raffineurs de sucre. En effet, la rapidité du mode de condensation rend les opérations tellement promptes, et occasionne un tel abaissement de température dans les sirops en ébullition, qu'ils se solidifieraient avant d'arriver même au point de cuite, si l'on ne prenait soin de modérer cette condensation. Une puissante pompe à air entretient le vide à un haut degré, en même temps qu'elle extrait de l'appareil les produits de la condensation et l'eau qui y a servi.

Soixante ou quatre-vingts de ces appareils ont été livrés à l'industrie, et fonctionnent à Paris dans la plupart des raffineries de sucre, ainsi qu'à Bordeaux, Marseille, le Havre, Rouen, Lille; en Allemagne, les principales raffineries les ont aussi adoptés, et la Guadeloupe, les îles Bourbon et de la Martinique les ont appréciés. Le prix de ces machines, pouvant cuire à l'heure, 100, 120 ou 150 pains de sucre (forme de Paris, 11 litres au pain), est de 10,000, 12,000 ou 16,000 francs. Chacune est composée : 1° de la chaudière close, hémisphérique; 2° d'un vase de sûreté; 3° de la colonne de condensation; 4° du jeu de pompe à air, le tout garni des accessoires, tels que robinets de vapeur, de retour, d'air, sonde d'épreuve, manomètre à vide, thermomètre, etc.

PAUILHAC. (Montauban.)

L'appareil de M. Pauilhac tond, en six minutes, sans coupure ni brûlure, une pièce de draps. L'étoffe est placée dans une position parfaitement horizontale. Au-dessous de l'appareil, est placée une brosse-frotteuse qui nettoie le drap au fur et à mesure qu'il est tondu ; un rouleau de panne fait le nettoyage à l'envers. Cette machine donnera aux fabricants des résultats décuples en valeur et en rapidité.

PEYRE ET ROCHER. (Nantes.)

Le manque d'eau fait souvent éprouver d'horribles souffrances aux gens de mer. On s'est occupé, dans tous les temps, des moyens à employer pour distiller, au fur et à mesure des besoins d'un équipage, l'eau de la mer elle-même ; mais le combustible nécessaire à cette opération eût tenu à lui seul plus de place que la plus grande provision d'eau potable nécessaire à un navire pour le plus long voyage. Voici un petit appareil qui distille l'eau de mer, sans autre combustible que celui nécessaire à la cuisine du bord. Il peut suffire à la consommation de trois cents hommes.

SOREL ET CORDIER.

Appareil nommé, par l'inventeur, *dégage-grille*, pour activer le combustible dans les foyers de chaudières à vapeur et autres foyers. On peut doubler la production de vapeur d'un générateur, au moyen de cet appareil. *Nouveau dispositif* ayant pour effet d'empêcher la vapeur d'entraîner l'eau dans les cylindres moteurs, et procurant une économie de combustible de vingt-cinq pour cent. Nouveau *régulateur modérateur*, pour maintenir constante la vitesse des machines à vapeur, malgré les variations de la pression et celles de la résistance. Plusieurs nouveaux appareils, propres à prévenir les explosions des machines à vapeur.

MÉCANIQUES.

ANDRIOT.

A côté de ces vastes machines à vapeur, appelées à changer un jour la face de l'Europe ; à côté de ces immenses appareils qui fondent d'un seul jet plusieurs milliers de minerais, et qui nous font songer aux travaux fabuleux des Cyclopes, n'oublions pas de réserver une petite place à ces modestes inventions destinées aux commodités de la vie privée. Les *espagnolettes pantoclies* de M. Andriot sont une très-heureuse amélioration ; par un mécanisme diamétralement opposé à celui des autres crémones, une seule tringle opère, en s'abaissant, la fermeture, lorsque la poignée descend ; elle ouvre, au contraire, la fenêtre, en remontant avec cette poignée. Les anciennes espagnolettes écrasaient les fenêtres sans les rectifier, quand les châssis jouaient ; le mécanisme Andriot ne présente pas cet inconvénient. M. Andriot a exposé encore de jolis calorifères du prix de 55 à 75 francs ; et s'adaptant à toutes les cheminées, ils peuvent être alimentés, à volonté, par du charbon ou de la houille.

BARBOU.

La multiplicité des sonnettes dans les lieux publics, tels que maisons de bains, hôtels meublés, restaurants, embarrasse souvent le service ; souvent la domesticité est en peine de savoir laquelle de ces sonnettes, accumulées sur un seul point, a été agitée, et quelle est la personne qui réclame un service. Voici un *indicateur* qui nous semble remédier à cet inconvénient ; par son entremise, plus d'erreur, de retard, de trouble. Dans un hôtel, par exemple, si le voyageur qui occupe l'appartement n° 5 agite le cordon de la sonnette pour appeler le domestique chargé de le servir, ce numéro paraît sur l'indicateur en même temps que retentit le coup. M. Barbou construit aussi, pour les grands établissements industriels, des *télégraphes domestiques*, au moyen desquels un chef de maison peut transmettre ses ordres aussi vite que la pensée, dans toutes les parties d'une vaste usine ou d'un bazar. Le *télégraphe domestique* que nous avons vu à l'exposition se compose d'un cadran avec une aiguille indicateur. Dans les sections circulaires de ce cadran sont indiqués les noms de toutes les parties et de toutes les spécialités de l'établissement; aussitôt que l'aiguille est placée sur l'une de ces sections, la même indication s'opère sur d'autres cadrans placés dans les salles où se tiennent les employés, qui se rendent, sans perte de temps, aux endroits indiqués, pour l'objet qui leur est désigné.

DUBOS HARDON ET COMPAGNIE.

Les mécaniques à la Jacquart, destinées à la fabrication des châles brochés, nécessitent le concours d'un ouvrier, proprement dit, lançant les navettes à travers la chaîne de gauche à droite, et donnant le coup de battant, et d'un second ouvrier, appelé lanceur, renvoyant les navettes au premier de droite à gauche. Les fonctions du lanceur étant toutes mécaniques et ne demandant aucune espèce d'intelligence, on emploie à ce travail de jeunes enfants des deux sexes, dont les mœurs se perdent de bonne heure au milieu de ces vastes ateliers, qui ne sont que trop souvent des foyers de corruption. Un de nos habiles mécaniciens, M. Dubos Hardon, vient d'inventer un battant mécanique, supprimant et remplaçant le lanceur; ce battant, renvoyant de lui-même les navettes à l'ouvrier, fait tous les genres de travail, soit cachemire, soit indous, soit nouveautés; il est muni de boîtes à rotations, dont la marche est réglée par un engrenage, et qui portent chacun huit, dix, douze navettes, et plus, s'il est besoin. Les fabricants de châles se préoccupent vivement de cette machine, depuis son exposition dans le palais de l'Industrie; ils la considèrent comme devant influer sur l'avenir de la fabrique et sur la perfection future des produits.

GAVEAUX.

Les principales imprimeries de l'Europe se servent des presses de cet exposant, et, entre autres, les imprimeries royales de France, de Portugal, d'Espagne, de Hollande, de l'Empire Ottoman. Les temps sont loin, où l'on obtenait à grand'peine, avec les presses à bras, un tirage de mille exemplaires à la journée. Avec des moyens de production aussi restreints, il était matériellement impossible que le journalisme pût atteindre l'immense publicité que nous lui connaissons. Il fallait que la mécanique vînt à l'aide de la machine de Guttemberg. Aujourd'hui, grâce aux presses à cylindres, mues par la vapeur, on imprime à l'heure quatre mille exemplaires d'une composition format grand raisin, et même jésus, sur les deux faces du papier (tirage et retirage).

La presse exposée par M. Gaveaux donne de pareils résultats. Cet industriel nous offre encore une petite presse, propre aux ouvrages de ville, marchant vite et bien, et une autre presse pour l'impression en relief des ouvrages d'éducation destinés à l'établissement des jeunes aveugles. Cette dernière machine a été inventée par l'exposant, sur la demande de M. le ministre du commerce.

PIERRON.

M. Pierron a cherché à résoudre le même problème que M. Poirier ; celui de fournir au commerce une presse pouvant donner jusqu'à mille copies d'un écrit ; il l'a résolu comme son concurrent. L'écriture est décalquée sur une plaque métallique ; elle produit un maximum de mille épreuves, dont les cinq cents premières d'une grande netteté.

POIRIER.

Au moyen de cette presse, on peut produire jusqu'à mille exemplaires, d'un écrit tracé à la plume, et copier, à la minute, sur registre ou feuille volante, toute espèce de lettre, prospectus, circulaire et facture. La presse auto-zinco-graphique est surtout fort utile au commerce, qu'elle dispensera fort souvent de recourir à la lithographie et à l'imprimerie en lettres mobiles. L'écriture, tracée sur le papier, au moyen d'une encre glutineuse, se décalque sur une surface disposée à cet effet, et c'est là que s'opère la reproduction, au moyen d'une pression obtenue par des cylindres, moyennant toutefois qu'on ait soin de renouveler l'encre des caractères décalqués, à peu près comme cela s'opère pour l'impression autographique ordinaire.

POITRAT.

Son calculateur est composé d'un cadran divisé en douze mois et en trois cent soixante-cinq jours. Au moyen de deux aiguilles à pression, dont l'une marche indépendante de l'autre, il calcule avec précision le nombre de jours qu'il y a d'une époque à une autre, et les intérêts à six, cinq, et quatre pour cent; ce qui permet, en le subdivisant, de l'avoir à tous les taux. Le calculateur-commercial, en abrégeant singulièrement la recherche de l'intérêt d'une somme donnée, offre encore cet avantage, que les résultats sont d'une certitude complète. Il offre plus de deux millions de combinaisons.

TOURS.

GERBIER.

Voici un modeste exposant, dont l'utile invention se recommande spécialement aux gens de la campagne, à ces économes villageois, qui filent eux-mêmes le lin ou le chanvre qui doit servir à leur usage. Ce rouet-guéridon, dont le prix s'élève de 10 à 50 fr., suivant la qualité du bois dont il est établi, enroule le fil horizontalement; comme son nom l'indique, il a la forme d'un petit guéridon; sa simplicité et la régularité de sa marche le rendent bien supérieur aux rouets ordinaires. On peut le transformer, à volonté, en une petite table de travail, et le remettre en état de fonctionner en moins de cinq minutes.

LEMARCHAND.

L'art du tourneur demande sans doute, comme tous les arts, un long apprentissage pour arriver à une grande perfection; mais comme la machine dont on se sert marche, au moyen d'une simple impulsion, avec une précision mathématique, une main inexpérimentée peut encore y trouver une récréation agréable, et fabriquer sans peine une foule de petits objets d'utilité, dont la vue ne manque pas de stimuler et de satisfaire l'amour-propre de l'amateur. Aussi, le tour a été de tout temps le délassement favori des riches oisifs, et plus d'un homme de talent, après avoir épuisé ses forces morales dans des travaux de cabinet, demande une distraction toute matérielle à cet ingénieux instrument.

Le tour de M. Lemarchand, d'une précision très-grande, peut façonner les métaux aussi bien que les bois; il est muni d'une machine à percer les métaux, et il est accompagné d'une nombreuse collection d'outils de rapports, propres à produire une foule de formes les plus variées et les plus gracieuses; le support à chariot, qui en fait partie, est mobile sur les quatre faces : ce qu'on n'avait pas encore établi jusqu'à présent.

M. Lemarchand est encore l'inventeur d'une machine propre à la fabrication des manches de couteaux de table en ébène ou en ivoire; elle peut en établir cent douzaines par jour, unis ou façonnés.

MICHEL. (de Saint-Hyppolite-Gard.)

La croisure, qui a pour objet, dans le filage de la soie, de faire adhérer par une forte pression deux fils l'un sur l'autre, s'opérait d'une manière incomplète, et très-difficile à la main. M. Michel a adapté à son tour un croiseur mécanique, dont le travail a une grande précision, et offre une régularité inconnue jusqu'ici. Le *va et le vient* de ce tour est encore disposé de manière à faire disparaître le bourrelet, qui se forme ordinairement au bord de l'écheveau, et qui offre un grand déchet au dévidage. Dans les anciens tours, il arrivait souvent que l'écheveau, se rétrécissant par la dessiccation, déformait les asples en bois, et faisait même céder les rayons de ceux en fer; au moyen de fortes nervures, placées à angles droits sous les rayons, M. Michel a évité ces inconvénients.

USTENSILES DE MÉNAGE.

FERRAND.

Le four de l'invention de M. Ferrand, et pour lequel cet industriel a obtenu un brevet, est un peu plus petit que les fours ordinaires; l'air s'y renouvelle au moyen de *bouches* d'attraction, que le boulanger ouvre et ferme en partie, suivant le degré d'intensité qu'il veut donner à la flamme. Ces bouches d'attraction précipitant l'air avec force et dirigeant la flamme vers l'intérieur, le chauffeur n'éprouve aucune incommodité de chaleur, et peut travailler sans se dépouiller de ses vêtements, comme il serait obligé de le faire avec un four bâti suivant l'ancien système.

Le four Ferrand, déjà adopté dans plusieurs hospices et établissements publics, procure, sur les anciens fours, une grande économie de combustible; cette économie doit ressortir, dans la pratique habituelle, d'un tiers au moins.

La combustibilité du bois, accrue par le passage de l'air dans l'intérieur du four, procure aussi une grande économie dans le temps employé à le chauffer.

L'avantage d'être aéré à volonté, le rend propre à consommer pour son chauffage toute espèce de combustible.

Il est le seul des fours, connus jusqu'à ce jour, à l'aide duquel on puisse répartir également la chaleur, en faisant varier à volonté le trajet de la flamme d'une paroi à l'autre, de l'avant à l'arrière, *et vice versa.*

La température obtenue pour chaque fournée peut être toujours la même, puisqu'elle est susceptible d'être réglée à l'aide d'un thermomètre placé à l'ouverture.

La bouche du four, par le courant établi à l'intérieur, étant toujours maintenue à une basse température, le *fournier* n'éprouve aucune gêne de la part de la chaleur, en le chauffant. En enfournant, le courant d'air est intercepté et la chaleur condensée dans le four; il n'y a encore rien à craindre pour les yeux, le corps, les bras, avantage inappréciable, que ne présente aucun de ceux employés anciennement.

Enfin, ce four, qui ne fume jamais, qui doit durer plus d'un siècle, qui peut être réparé par le premier maçon venu, occupe le tiers moins de place que les anciens fours. Il peut donc être construit dans l'emplacement même de ceux-ci.

Quand on songe que le four est le point de départ de l'alimentation d'une cité, et que dans un grand nombre de localités, dans des pays entiers, ces importantes constructions en sont encore à l'enfance de l'art, on ne peut que souhaiter vivement la propagation d'une découverte qui doit avoir une grande influence sur le prix, sur la qualité et sur la rapidité de fabrication du premier de nos aliments, de celui que les classes laborieuses consomment en grande quantité.

GROUVELLE.

Dans les grands établissements militaires, dans les hôpitaux, où l'on prépare chaque jour une immense quantité de bouillon gras, on employait naguère encore de vastes chaudières. Mais on ne tarda pas à reconnaître combien leur emploi offrait d'inconvénients. En effet, la puissance du feu nécessaire pour faire entrer en ébullition une colonne d'eau de 2 mètres et demi à 3 mètres, décomposait le bouillon et lui enlevait une majeure partie de ses qualités nutritives. M. Grouvelle a appliqué le bain-marie à la préparation de cet aliment. Il expose un fourneau, pour 150 bouches, pareil à celui pour 1,500 bouches, établi par ses soins, à l'hôpital de Nantes, présentant deux bains-marie, en tôle, dans lesquels plongent deux marmites de cuivre. Sous l'action de cette lente température, le bouillon est supérieur en qualité à celui que l'on fait à feu nu. Comme emploi de combustible, les fourneaux-Grouvelle présentent une grande économie ; on peut y faire une complète et excellente cuisine pour 5 à 600 bouches, avec une dépense de 1 hectolitre et demi de houille, c'est-à-dire, pour Paris, de 4 à 4 francs 25 centimes par jour.

HOYOS.

Ces fourneaux, adoptés par un grand nombre d'établissements publics, présentent une économie de combustible sans exemple jusqu'à ce jour. Les paquebots de l'administration des postes, les paquebots transatlantiques, plus de 50 bateaux à vapeur et un nombre égal de vaisseaux à voile, de l'État ou d'armateur, font usage des fourneaux-Hoyos, qui n'exigent de la part des cuisiniers et matelots chargés de les gouverner, que deux ou trois jours d'apprentissage.

LEMARE (V^e^).

Avec le caléfacteur-Lemare, on fait à la fois, et avec une livre de charbon, de 2 à 7 plats, y compris le rôti pour 4 à 6 personnes. Madame Lemare a apporté de grands perfectionnements à son caléfacteur exposé cette année. Les marmites ont été agrandies ; elles contiennent presque entièrement les casseroles et demi-casseroles, laissant entre les deux corps un intervalle de quelques lignes, de sorte que la vapeur entoure les casseroles, et que la cuisson y est plus prompte que dans les marmites elles-mêmes. Ces caléfacteurs, suivant leur dimension, coûtent depuis 25 francs jusqu'à 100 francs. Les caléfacteurs pour bains domestiques, les cafetières à double corps, et les réchauds-vases du même exposant offrent tous les perfectionnements désirables et possibles dans ces ustensiles de cuisine.

OGIER. (Luxeuil.)

Fourneau en fer de fonte pouvant servir pour faire la cuisine la plus compliquée, d'une grande économie sous le rapport du combustible ; bois, tourbe, charbon de terre, tout y brûle et sans fumée. Il est composé de trois fours et d'un seul foyer ; l'eau chaude ne manque jamais, la bouilloire en fournit abondamment. Au moyen de quatre patères placées extérieurement de chaque côté, on peut diriger le feu comme l'on veut ; on peut faire deux plats au four, cinq sur la tablette supérieure, deux sur les réchauds fixés sur l'avancement ; pour mettre la broche, il suffit d'enlever la bouilloire. Voilà l'utile contingent qu'a fourni M. Ogier à notre palais de l'Industrie.

POTTIER-JOUVENEL.

Le fourneau économique de M. Pottier-Jouvenel est un des ustensiles les plus utiles. Son principal mérite consiste dans une économie de plus des deux tiers dans la consommation du combustible, économie qui résulte de l'ingénieux système de sa construction intérieure, de l'intelligente distribution des conduits où la chaleur dans se rencontre.

Ce magnifique appareil a été commandé au prix de 2,400 francs par M. Véfourr, staurateur au Palais-Royal, chez lequel il fonctionne depuis la fermeture de l'exposition, et il en obtient les meilleurs résultats.

SOREL.

Appareil ne dépensant que 6 centimes de combustible (charbon de bois), pour la cuisson d'un dîner ordinaire de 8 personnes. Son prix ne s'élève pas au-dessus de 30 francs, et le petit modèle n'en coûte que 25. Ce fourneau économique, qui ne demande ni soins ni surveillance, est d'une grande ressource pour les familles d'ouvriers qui sont forcées de faire porter leur économie même sur le temps qu'elles emploient à préparer leur nourriture.

INSTRUMENTS D'AGRICULTURE.

ARNHEITER.

Les instruments d'horticulture étaient, naguère encore, monopolisés par les taillandiers, qui ne s'en occupaient pourtant que d'une manière accessoire. La routine présidait à leur fabrication ; ils ne se donnaient pas la peine d'améliorer leurs produits, et lorsque quelque client leur indiquait une modification importante, ces instruments nouveaux restaient à l'usage seul de ceux qui les avaient imaginés. M. Arnheiter est le premier qui ait formé un établissement spécial pour la fabrication des instruments de jardinage. Il a étudié les usages, les pratiques, les routines des horticulteurs, et il a cherché à leur venir en aide. Parmi les innombrables instruments qu'il a exposés et qui tous ont leur utilité et leur mérite, nous signalerons plusieurs charrues à ratisser les allées, un nouveau sécateur, formant échenilloir et cueille-fruit, une nouvelle cisaille à chariot mobile, pour tondre les bordures de buis et autres; deux nouveaux enfumeurs pour la destruction des insectes. On sait que l'emploi du sécateur offre souvent de graves inconvénients; cet instrument presse parfois les branches, avant de les couper, et fait périr les jeunes bourgeons auprès desquels on l'applique. M. Arnheiter a inventé un sécateur qui ne presse jamais le bois, et opère la section sans que la branche éprouve aucun dommage au-dessous du point où elle a été coupée.

Les instruments de cet exposant se recommandent aux amateurs par leur légèreté, leurs formes commodes et élégantes; aux jardiniers, aux horticulteurs qui prennent leur art au sérieux, par leur utilité incontestable et leur grande perfection.

CAMBRAY.

M. Cambray, mécanicien, a exposé quinze instruments divers inventés ou perfectionnés par lui. Nous avons remarqué principalement deux hache-paille; l'un combiné avec une machine à concasser toute espèce de grains, et opérant ensuite le mélange de ces grains avec la paille hachée; chaque partie marche simultanément ou isolément, suivant le besoin de l'opérateur; l'autre, encore à double effet, combiné avec une machine à couper les racines et manœuvrant comme celui qui précède. Nous avons aussi distingué un moulin à drêche pour concasser l'orge, dans la fabrication de la bière; il peut servir encore à broyer les grains propres à la nourriture des bestiaux et à disposer les farines qui servent à la fabrication de l'amidon. Une charrue à la Dombasle, perfectionnée, diverses râpes à betterave, et une charrue à double versoir, pour pratiquer des rigoles, propre à butter les pommes de terre et toutes les autres plantes à rayons, complètent l'exposition de M. Cambray.

Ce mécanicien distingué a eu l'honneur de fournir, en 1842, une collection considérable d'instruments aratoires à Son Excellence Reschid-Pacha.

GARGAN.

Une brouette, supportée par trois roues, est poussée dans un champ de foin. Le mouvement de l'essieu des deux grandes roues se communique à trois faux, qui tournent simultanément et fauchent autour d'elles d'une manière assez prompte, mais un peu irrégulière. Dans de pareils travaux, le bras de l'homme se remplace toujours difficilement, et ces sortes de machines nous semblent plutôt des récréations de l'esprit, que des objets d'une application immédiate. Nous devons cependant en constater l'apparition, car il se peut que plus tard elles passent dans le domaine des choses pratiques.

HUGUES (Bordeaux.)

Le semoir-Hugues, connu depuis plusieurs années dans l'agriculture, est arrivé aujourd'hui à un très-grand degré de perfectionnement. Son mécanisme n'offre plus ni engrenage, ni rouages, ni chaînes, ni courroies, ni ressorts. Une grande roue servant de moteur au semoir, met en mouvement, au moyen d'une bielle en fer, deux cylindres en fonte, l'un à alvéoles plus ou moins grands pour les diverses semences, l'autre cannelé pour l'engrais. Le train de derrière, soutenu par deux petites roues, est surmonté de la boîte à cylindre et de deux trémies, l'une pour l'engrais, l'autre pour la semence. Au-dessous se trouvent les tuyaux conducteurs, transmettant cette semence et cet engrais aux socs fixés à un madrier inférieur; ces socs enterrent plus ou moins le grain, immédiatement recouvert par des griffes.

Avec les moyens ordinaires d'ensemencement, la France emploie chaque année en blé un minimum de 300 millions de francs; si tous les cultivateurs adoptaient le semoir-Hugues, elle obtiendrait une économie de moitié. De pareils résultats nous dispensent de tout éloge. Le semoir-Hugues est appelé un jour à doubler la richesse des peuples agriculteurs.

LEBACHELLÉ.

M. Lebachellé, dans la construction de la charrue dont il est l'inventeur, est parti de cette simple observation, féconde en résultats : « Dans les anciennes charrues, la terre s'attache invariablement aux parties qui ne contribuent pas suffisamment au frottement, et, par là, entrave et rend plus difficile la marche de l'araire. » Le seul moyen de remédier à ce vice consistait à obtenir une *répartition uniforme de ce frottement* sur toutes les parties de l'instrument qui labourent le sol. — La charrue de M. Lebachellé ne présente point l'inconvénient dont nous venons de parler. Simple, légère, toutes ses parties, qui se trouvent en contact avec la terre, agissent également sur celle-ci, et elle n'offre aucune de ces surfaces qui, sans produire de résultats utiles, augmentent le frottement et ralentissent la marche de l'instrument aratoire. Le laboureur trouve dans son emploi une certaine économie de temps et de force motrice, et tel atelage insuffisant, avec les anciennes charrues, donnera avec celle-ci de bons résultats. Le labour n'en est pas meilleur, mais il coûte moins cher, et c'est là une grave considération, quand on songe que la terre est un des capitaux qui produisent les plus petits intérêts.

MANSSON-MICHELSON.

La herse ordinaire remue la terre d'une manière inégale et à une profondeur très-minime; la charrue, au contraire, opère des labours profonds : il manquait à l'agriculture un instrument intermédiaire, plus énergique que la herse, moins puissant que la charrue, et propre enfin à opérer tous les travaux connus sous la dénomination de labours légers. La herse-Bataille paraît éminemment convenable à ce genre de travaux ; composée d'un avant-train triangulaire et portée sur trois roues, avec palonnier; d'un châssis armé de ses dents de herse et pesant sur le sol de tout le poids de l'instrument; l'enture se détermine par des clavettes ou verrous. Si la terre sur laquelle on opère est meuble, tout le poids de la herse est alors porté par trois roues, et les dents divisent la terre à la profondeur marquée, sans résistance. Si la terre est dure ou battue, les dents tendent à se soulever, mais le train de devant agit de toute sa pesanteur sur le châssis, qui conserve son énergie et son degré de denture, et la résistance est vaincue à la même profondeur que la terre meuble. Tous les labours légers de printemps, d'été, d'automne, comme déchaussages, binages, enfouissages de grains, sont du domaine de la herse-Mansson. On peut adapter sur le même avant-train un extirpateur, qui coupe les plantes inutiles à une grande profondeur, sans retourner la terre.

La charrue cylindrique à deux socs et à deux versoirs est une heureuse invention, qui économisera aux cultivateurs une grande partie de ce capital précieux qu'ils enfouissent dans la terre : le temps. Cette charrue est composée de deux versoirs superposés et fixés à la haie qui est cylindrique; elle se retourne au moment où les chevaux ont fini le sillon, et permet de revenir tout de suite sur ses pas, en formant une nouvelle raie à côté, au lieu d'aller, comme font les autres charrues, recommencer une nouvelle planche. Il paraît que le laboureur gagnerait ainsi un tiers sur sa journée, c'est-à-dire qu'il remuerait en deux jours le champ qui en demanderait trois avec les charrues à un seul soc et un seul versoir.

MOTHES FRÈRES ET COMPAGNIE. (Bordeaux.)

Dans la plupart des machines à battre le blé, celui-ci est battu en ligne courbe; ce mode ménage peu la paille. MM. Mothes ont établi un système en ligne droite. Le blé y est attiré par des rouleaux adducteurs; une aire mobile, en fonte, tend à rapprocher les gerbes et à leur conserver toujours la même hauteur, de façon que les battants rencontrent sans cesse une couche égale; ce qui n'avait pas lieu avec les anciennes machines, où cette couche diminuait peu à peu, jusqu'à ce qu'on la renouvelât, et offrait ainsi, tour à tour, une trop grande ou une trop faible résistance aux fléaux.

QUENTIN-DURAND.

L'agriculture est la source première de la richesse d'un État; la fabrique et la manufacture ne viennent qu'après, car avant de se loger, de se vêtir, de pourvoir à des besoins factices, créés par la civilisation, l'homme doit assurer sa subsistance; seulement, comme rien n'est exclusif et isolé dans le monde, il arrive que le bras du laboureur emprunte une force nouvelle aux arts mécaniques, et que l'industrie lui fournit des moyens puissants d'exploitation, qui doublent les produits de son travail. C'est ainsi que tout se lie dans la société, et que le savant qui explore le monde des découvertes, l'ouvrier qui assouplit et utilise la matière, et l'agriculteur qui déchire le sol de la terre, sont tous les trois solidaires, concourent au même but, et sont indispensables l'un à l'autre.

Que de progrès l'agriculture n'a-t-elle pas dus à la mécanique, depuis le soc grossier des anciens jusqu'à la magnifique charrue-Dombasle, et au semoir-Hugues? Voici un des plus utiles exposants de cette année, peut-être, M. Quentin-Durand, qui vient offrir aux cultivateurs, les instruments les plus commodes, les plus ingénieux et les moins chers qu'il soit possible d'imaginer, et insistons surtout sur cette dernière qualité; car lorsqu'il s'agit des travaux des champs, le capital à y engager ne saurait être trop restreint, vu les éventualités du produit et le bénéfice modéré que l'exploitant en retire.

Nous avons remarqué parmi les instruments de M. Quentin-Durand, des concasseurs, hache-paille et coupe-racines d'une bonne construction et d'un très-bas prix ; un moulin à farine blutant deux qualités et le son à la fois : le prix de ce moulin, à l'usage des gens de la campagne, est de 110 francs; un semoir ouvrant le sillon, semant et recouvrant à la fois; un crible à double grille à nettoyer les grains dans les greniers; un mécanisme fort simple y est adapté et ôte les pierres. Ce crible a été adopté par le ministre de la guerre, et fonctionne au magasin de fourrage à Bercy. M. Quentin-Durand a aussi exposé un manége, une râpe à fécule et un tarare, d'une construction nouvelle. Ses ratissoirs, buttoirs, sarcloirs et brouettes de jardin, offrent tous quelque perfectionnement ingénieux. Enfin, sa baratte rotative perfectionnée se recommande par son prix et sa commodité. La baratte, on le sait, est un instrument destiné à battre le beurre. Celle de M. Quentin-Durand est semi-métallique; elle a l'avantage de se démonter très-facilement, d'être d'un entretien peu coûteux, d'une manœuvre simple; elle sert en même temps à rafraîchir le beurre pendant l'été, et à le réchauffer en hiver. Son prix est de 20 francs pour une capacité d'un demi-kilogramme, avec 5 francs d'augmentation pour chaque demi-kil. en plus, jusqu'au dixième. Les barattes d'une plus grande dimension sont montée sur leur pied avec baignoire, et coûtent 5 francs de plus pour le premier kil., et 1 franc pour les autres.

POMPES.

AMOUROUX.

La pompe Amouroux, solide, d'une forme agréable à l'œil, et éminemment portative, peut fournir de 12,000 à 60,000 litres d'eau à l'heure. Avec une de ces pompes, un enfant élève à la minute, à une hauteur de 17 mètres, 25 litres de liquide. Le poids de ces appareils varie de 5 à 200 kilogrammes. Le prix en est excessivement réduit.

ESTLIMBAUM ET COMPAGNIE.

La pompe-Estlimbaum est une exportation anglaise. Elle est en même temps aspirante, refoulante et à jet continu ; elle peut donc servir alternativement comme pompe aspirante et comme pompe à incendie ; le mécanisme en est simple et très-solide. Il n'entre ni cuir, ni étoupe dans sa garniture qui est métallique. Suivant sa capacité, elle peut être mue par un ou plusieurs hommes, par un manége ou par une machine à vapeur. La marine royale et marchande d'Angleterre en a généralement adopté l'usage. Elle peut servir aux simples emplois domestiques, comme aux grands établissements, tels que bains, pensions, colléges, hospices, prisons, etc. ; pour les usines, teintureries, brasseries, distilleries, raffineries, papeteries, et pour l'épuration des huiles. Pour ce dernier usage, il est nécessaire de l'établir en fonte et non en bronze. Elle est propre, enfin, au nettoyage des cuves, à l'arrosage des jardins, au service des jets d'eau, aux petites et grandes irrigations de prairies, à l'épuisement des mines et des grands bassins.

Le prix de la pompe - Estlimbaum varie depuis 110 jusqu'à 900 francs, soulevant depuis 2,000 litres jusqu'à 32,000 litres d'eau par heure. Pour les pompes à grande puissance, produisant à l'heure 42,000, 60,000, ou même 100,000 litres, les prix sont établis de gré à gré entre le fabricant et l'acheteur.

GUÉRIN.

La pompe à incendie de M. Guérin a été adoptée par le ministre de la marine, ainsi que par les sapeurs-pompiers de Paris. Il n'existe aucune soudure dans ces pompes, qui ne peuvent ainsi éprouver aucune espèce de détérioration par l'effet des secousses violentes auxquelles elles sont si souvent exposées dans les incendies.

M. Guérin est l'inventeur d'un enduit pour les tuyaux de cuir, inaltérable à l'air, à l'eau, au froid, à la chaleur du soleil le plus ardent, et n'exigeant aucun entretien. Cette découverte sera précieuse pour les climats chauds, sous l'influence desquels les enduits ordinaires ne tardaient pas à se fondre ou, tout au moins, à crever de toutes parts.

Pour compléter son système perfectionné de pompes à incendie, M. Guérin a perfectionné les seaux en toile. Ces seaux avaient été faits jusqu'ici avec des cercles en cordes, qui avaient l'inconvénient de s'aplatir, lorsqu'on voulait puiser de l'eau, et de pourrir promptement, parce que les cordes ne séchaient presque jamais d'une manière complète. Les nouveaux seaux, exposés cette année, sont garnis de cercles en jonc cousus par-dessus ; ils ne s'aplatissent pas en prenant de l'eau ; ils sèchent bien, ne pourrissent point, sont très-légers et ne tiennent que fort peu de place en se repliant.

Les ravages causés par un incendie sont si effrayants, les progrès de ce fléau sont si rapides, dès qu'il s'est déclaré, qu'il est heureux de voir des industriels intelligents s'occuper à améliorer des moyens de sauvetage employés souvent avec un succès incomplet. Que de fois une pompe, par un dérangement subit, a paralysé les efforts des hommes dévoués appelés à combattre l'élément destructeur ; que de richesses ont été perdues, dans certains incendies, pour un tuyau mal établi ou mal entretenu, et qui se crevait au moment de fonctionner ! Le rôle de l'industrie n'est pas seulement de créer, mais encore de conserver. M. Guérin, par ses travaux, a satisfait à cette seconde condition.

HARMOIS FRERES.

S'occupant depuis de nombreuses années de la fabrication des tuyaux à incendie, MM. Harmois frères ont eu l'idée de les appliquer à l'arrosage des jardins. On sait, en effet, combien il est pénible, dans un temps de sécheresse, de transporter à bras, dans des arrosoirs, l'eau nécessaire à des plates-bandes, à des fleurs, et même aux arbres fruitiers. Avec les tuyaux de MM. Harmois frères, on peut répandre, dans les plus vastes jardins, une eau abondante, et cela sans fatigue, sans embarras, et en quelques minutes. Ces tuyaux, qui ont huit ou dix mètres de longueur, peuvent s'ajuster l'un à l'autre, pour pouvoir atteindre les points les plus éloignés, au moyen de raccords. Tous les jardins publics de Paris ont adopté ce mode d'arrosement, simple, commode et peu dispendieux.

Les seaux à incendie de MM. Harmois frères se recommandent aussi par leur légèreté et leur bas prix. Ces seaux sont souvent préférables aux pompes à incendie, qui demandent un entretien constant et une certaine habitude de la part de ceux qui les emploient; tandis que sur vingt incendies, il y en a quinze qui peuvent être éteints au moyen d'une double chaîne de travailleurs, dont l'une fait passer les seaux pleins et l'autre les ramène vides à l'endroit où se puise l'eau. Une petite localité qui n'a pas les moyens d'acheter une pompe, se munira de quelques douzaines de seaux Harmois.

LETESTU ET COMPAGNIE.

Le système de pompe de MM. Letestu et Cie peut être appliqué aux grands épuisements de toute espèce et aux simples usages domestiques. La marine royale l'a adopté, à cause de la facilité de son entretien et de sa marche peu compliquée. Ces fabricants établissent des pompes à incendie d'un prix minime, et que le bourrelier ou le maréchal du moindre village peut réparer. On conçoit que dans les petites localités, où les hommes spéciaux manquent souvent, il est très-utile de n'avoir à employer que des machines que le premier venu puisse mettre, au besoin, en état de fonctionner.

VI

MÉTAUX.

Bien que la France possède de superbes usines supérieurement montées, au courant de tous les progrès de la science, on ne peut dire cependant qu'elle soit un pays de grande métallurgie. Le sol français ne recèle ni mercure, ni or, ni argent, ni platine, ni zinc; sa richesse en cuivre, en plomb, en étain est insignifiante. Reste donc le fer qui est abondant, et d'excellente qualité; mais, d'une part, un grand nombre de forges ne sont point montées pour la fabrication à la houille qui, par plusieurs causes, est encore très-coûteuse; d'un autre côté, le bois est excessivement cher. D'où il suit qu'une protection douanière considérable élève artificiellement le prix d'une matière première aussi importante, et que l'agriculture, la navigation, la bâtisse, les machines et une multitude d'industries qui pourraient employer une quantité énorme de fer, sont grevées de dépenses qui renchérissent leurs produits, et sont gênées dans leurs développements.

On ne peut nier, toutefois, que cette industrie vitale ne marche vers un

19

état meilleur. L'emploi de la houille carbonisée ou *coke* se généralise, et les cylindres étireurs cannelés se substituent peu à peu au marteau. Une grande et féconde pensée toute française se développe : nous voulons parler de l'emploi des gaz combustibles qui s'échappent stérilement des hauts fourneaux. Ce procédé procure une énorme économie. Essayé grossièrement en 1818, pour cuire des briques et de la chaux, il est devenu une opération régulière et fécondée par la science de l'ingénieur, qui parvient à en user pour l'affinage même du métal. L'emploi de l'air chaud, pour la réduction du minerai, est mieux compris de jour en jour, et contribuera pour sa part au perfectionnement d'une industrie, qui est demeurée, durant tant de siècles, dans un état à peu près complet d'immobilité.

L'exposition offrait un très-bel assortiment d'échantillons de fer produit à l'aide de ces diverses pratiques ; des barres très-fines ou immenses et volumineuses, des essieux de wagons très-bien exécutés, et des rails superbes. Les moulages de la fonte de fer s'améliorent. La galvanisation du fer, en se perfectionnant, prend une très-grande extension; on conserve ainsi, et l'on rend plus durables, dans une multitude d'emplois, des objets qui, par leur contact forcé avec l'air humide, et même avec l'eau, s'oxydaient rapidement, et marchaient à une destruction onéreuse pour le consommateur. Le zincage du fer est donc l'une des plus utiles découvertes que ce siècle doive à l'impulsion de la science physique. Il y avait à l'exposition des morceaux de doublage de navire qui ont fait deux fois le voyage de l'Inde, et qui étaient parfaitement purs d'oxyde.

La fabrication des aciers, sans prouver des progrès bien remarquables, semble pourtant marcher vers un état où le consommateur sera sûr de trouver des aciers de qualité régulièrement obtenue.

Le laminage, l'emboutissage et la tréfilerie, ont présenté des produits très-dignes d'intérêt, soit pour les fers, soit pour les cuivres et laitons. Les clous et chevilles de bordages ont surtout mérité le suffrage des plus habiles praticiens.

EXPOSANTS.

ANDRÉ. (Haute-Marne.)

Reproductions et réductions de statues antiques, destinées à l'ornement des jardins, cours d'honneur, et pouvant même figurer dans une galerie, tant l'artiste a apporté de soins dans l'exécution des moules. Les balustrades, balcons, etc., qui sortent de cette usine sont d'une grande richesse et coûteraient des sommes énormes, s'ils étaient exécutés en fer battu. L'aspect et le fini sont les mêmes, et il faut regarder de très-près pour y découvrir la fonte.

BOUCHER.

Voici une découverte assez importante. Le zinc est un métal tout nouveau ; on ne connaît le zinc en Europe que depuis 40 ans environ, et ce métal reçoit chaque jour de nouvelles applications. Comment M. Boucher est-il parvenu à tréfiler le zinc, métal si intraitable? C'est ce qu'il ne nous a pas encore révélé; mais ses produits sont là, et leur qualité est supérieure. Les fils de zinc, comme le fer galvanisé, résistent aux actions chimiques; Ils sont très-souples, pas du tout cassants, d'un prix minime; on pourra les utiliser pour toiles métalliques, pour grillages, etc.

BOURDON-LEBLANC.

M. Bourdon-Leblanc a obtenu, à force de recherches, un cuivre superfin, offrant, suivant la manière dont il a été traité, sans dorures ni couleurs superposées, les diverses couleurs de l'or, soit rouge, soit vert, soit jaune. L'inventeur appelle son métal *vanusium*; on sait que les alchimistes donnaient au cuivre le nom de *Vénus*. Loin de s'altérer à l'air, le *vanusium*, par son contact avec l'atmosphère, acquiert des teintes plus belles.

BOURGEOIS ET COMPAGNIE. (Sionne.)

Essieux du poids de 599 kilogrammes, remarquables par la netteté de leur forage. Dans de pareilles masses, c'est là une qualité qui ne se rencontre pas toujours, et qui distingue les forges de MM. Bourgeois d'un grand nombre d'autres usines, dont les produits sont moins parfaits.

CHAUVITEAU ET COMPAGNIE.

MM. Chauviteau et Cie ont exposé des échantillons du laminoir de Thierceville, près Gisors (département de l'Eure). Les zincs fournis à cette usine viennent des mines de Stolberg (Prusse Rhénane), exploitées par une compagnie française dont le siége est à Paris. Recevant directement le métal du vaste établissement de Stolberg, qui possède cinquante-quatre fours de réduction, et emploie mille ouvriers, le laminage de Thierceville est à l'abri de la fluctuation du cours qui rend souvent les achats difficiles et incertains avec les autres lamineurs de France; ceux-ci n'ayant pas de rapports aussi immédiats avec la production directe du minerai de zinc.

GRANJON ET COMPAGNIE. (Lyon).

Aciers tréfilés pour cordes de pianos et pour la fabrication des aiguilles. Une botte de fil, exposée par cet industriel, est cotée au prix de 7 francs le kilogramme. La supériorité de ces produits en justifie les prix élevés. Les aciers de *fusion* de MM. Granjon et Cie sont d'une belle qualité.

GRENOUILLET, LUZARCHES, DESVOYES. (Vierzon-Villages).

Les fontes de ces exposants sont obtenues au charbon et épurées à la houille; le fer en est nerveux et offre, à l'aspect, une bonne garantie. MM. Grenouillet nous présentent une plaque de fer de 6 mètres de longueur, sur 18 millimètres de largeur et 52 d'épaisseur; c'est un bel échantillon, mais il n'a pas été étiré dans un cylindre bien monté, et sa surface n'est pas aussi unie qu'on pourrait le désirer.

LAFON ET COMPAGNIE.

L'invention pour laquelle MM. Lafon et Cie ont obtenu un brevet, consiste en une boîte pour essieux, rendant ceux-ci inusables, au moyen de grains et coquilles en acier rapportés, diminuant de plus de la moitié le frottement, et d'un tiers la traction. Un grand nombre d'administrations publiques de voitures ont adopté le système de MM. Lafon; elles y ont trouvé une notable économie et une garantie presque certaine contre les accidents provenant de l'usure des essieux de l'ancien modèle. Un amélioration importante, c'est qu'un essieu ordinaire, ayant fait un long service, peut se monter à ce système sans aucune des réparations qu'il demanderait pour être remis à neuf dans son premier mode.

LUYNES (Duc de).

Aciers fondus damassés, fabriqués suivant les procédés des Orientaux, d'après l'analyse chimique des produits de Damas et les documents fournis par les voyageurs et écrivains persans. Lames de sabre, couteaux de sabre, coupes à boire, culots; aciers de corroyage, lames de corroyage de deux aciers, procédé Clouet perfectionné, lames de corroyage d'acier et de nickel, d'après les procédés des Malais; idem, de platine et d'acier.

MARTIN ET COMPAGNIE. (Garchizy-Fourchambault.)

La charpente de la cathédrale de Chartres et les colonnes si légères du pont de Cubzac sont sorties des fonderies de MM. Martin, qui ont exposé cette année des roues de locomotives sur leurs essieux et des boulets d'une perfection peu commune.

MIÉLET AINÉ. (Haute-Marne.)

Ce fabricant produit une moyenne, par année, de cinq mille paquets de grosses limes, et de trente-deux mille douzaines de râpes et limes fines; leur belle qualité les place avantageusement sur les marchés étrangers, à côté des limes anglaises et allemandes, sur lesquelles souvent elles l'emportent par la modicité du prix et leurs formes bien appropriées à l'usage auquel on les destine.

MOUSSIER.

M. Moussier, horloger-bijoutier, expose un métal, qu'on appelle minofor, imitant l'argent. Ce métal blanc, sonore et solide, est inoxydable; il se lamine, s'estampe, se dore très-bien; on en fait des soupières, théières, plateaux, réchauds et des couverts à des prix très-modérés.

PECHINEY AINÉ.

Les Chinois employaient depuis plusieurs siècles un alliage métallique imitant l'argent, et qu'ils désignaient sous le nom de *tutenag* ou *pacfong*, lorsqu'un industriel lyonnais importa cet alliage en France, sous le nom de maillechor. Le nickel lui sert de base. Propre à la fabrication d'un grand nombre d'objets d'économie domestique, le maillechor, coulé en lingot, se lamine assez facilement et peut s'étirer aussi à la filière. M. Pechiney, en améliorant cet alliage, est parvenu à des résultats précieux. Il a exposé une statue de ce métal, fondue d'un seul jet et du poids de 25 kilogr. Il a exposé aussi des fils de quinze millimètres, que les Allemands eux-mêmes n'obtiennent pas, malgré tous les soins qu'ils apportent dans cette industrie. Les couverts de table, plateaux, étriers, objets de coutellerie de ce fabricant, lui font également le plus grand honneur. Par l'heureuse application qu'il fait du *pacfong* et la manière dont il l'a bonnifié, on peut dire qu'il s'est réellement approprié cet alliage.

THOMAS-ÉLIOT ET SAINT-PAUL.

La fonte dure la plus cassante est convertie aujourd'hui, à la volonté de l'industriel, en acier ou en fonte malléable, et elle peut remplacer avantageusement le fer forgé, dont le poids spécifique est d'un quart plus fort. Les anciens métallurgistes regardaient un pareil résultat comme une impossibilité; plus tard on n'employa cette fonte qu'avec une grande défiance; aujourd'hui, grâce aux procédés employés par MM. Saint-Paul, la serrurerie s'est emparée de la fonte, excellente pour les clefs, les pênes, les cages de serrure, les cadenas, les garnitures de fusil, et aussi pour les matrices de poinçons d'estampeurs. — La fonte malléable a besoin, pour être travaillée avec succès, d'être chauffée seulement au rouge cerise, sans cela elle s'égrènerait et cracherait sous le marteau.

A. DE VINOY ET COMPAGNIE.

Les produits de cette maison brevetée offrent d'immenses avantages sur les tuyaux en plomb, autrefois exclusivement employés pour conduite d'eau, de gaz, et pour l'aspiration des pompes. MM. Devinoy et compagnie fabriquent leurs tuyaux en *fer galvanisé*, ils jouissent de la précieuse propriété de ne s'oxyder ni à l'air ni à l'eau, même après le plus long usage.

VII

HORLOGERIE.

Ce chef-d'œuvre de l'intelligence et de l'industrie, qui mesure exactement la durée, et donne une voix au temps, s'enrichit d'année en année de perfectionnements nouveaux. L'horlogerie française a beaucoup gagné, en beauté et en précision, depuis quelque temps; parcourons rapidement toutes ses branches.

L'horloge monumentale est devenue plus exacte, par suite de nouveaux organes qu'on y a ajoutés. Un mécanicien, M. *Scwilgué*, a construit à Strasbourg une horloge admirable qui marque le temps moyen, le temps sidéral, l'équation du temps, les heures, les quarts, les minutes, les secondes, les lunes, les saisons, les fêtes religieuses. C'est le plus magnifique ouvrage de ce genre qui existe. Des personnages semblent s'animer, ou paraissent tout à coup pour frapper sur des timbres, et jouer des airs. Mais au-dessous de tels chefs-d'œuvre, au-dessous des horloges de grand prix qui se placent au front des monuments pompeux des grandes villes, il y a les horloges modestes, destinées aux plus humbles

20

villages, aux fabriques, aux écoles publiques, que l'on fait avec une remarquable perfection, et qui se vendent à très-bon marché. Il n'y aura bientôt plus de bourgade qui n'ait son horloge.

La pendule d'appartement, bien faite, ébauchée par d'ingénieuses machines, achevée par d'habiles ouvriers, a également gagné en justesse; les prix ont baissé d'environ quinze pour cent depuis cinq ans. Aussi, les Anglais, aujourd'hui, tirent de France les bonnes pendules achevées. La beauté tout artistique des sujets en bronze doré qui accompagnent les mouvements donne une grande importance aux pendules françaises qui s'exportent sur tout le globe.

La montre commune, celle du peuple, se fait maintenant par des moyens mécaniques si rapides et si puissants, dans des manufactures qui occupent jusqu'à six mille ouvriers, qu'un mouvement complet peut se vendre 4 francs. Aussi, la consommation devient énorme; à la vérité, ces montres ont souvent besoin d'être réglées, et même retouchées, mais le plus humble ouvrier a sa montre, il sait l'heure, et il dirige ses actions en conséquence.

S'il n'y a aucune amélioration notable à signaler dans la montre fine, il est certain du moins que, pour le même prix, on a aujourd'hui des instruments de qualité supérieure, plus justes et plus sûrs. Ce qui se fait à Paris est excellent; les bons horlogers parisiens sont des artistes qui tiennent à leur réputation, et y mettent un légitime amour-propre.

L'Angleterre a longtemps excellé dans les chronomètres; nation essentiellement maritime, il lui fallait de l'horlogerie de précision d'une grande sûreté. Mais elle s'est mise à faire des chronomètres manufacturièrement, et aujourd'hui, sur douze, il s'en trouve un supérieur qui se vend fort cher, tandis que les onze autres sont médiocres. Pendant ce temps-là, les horlogers français ont grandi, ils ont gagné le premier rang; toutes les nations civilisées s'adressent à eux : ce qui est excellent, en France, est infiniment moins cher que les bons instruments anglais.

En 1859, M. *Robert-Houdin* avait exposé des pendules dites mystérieuses, dont le cadran de verre, entouré d'un léger cercle en or et monté sur deux fûts très-minces, ne laissait apercevoir aucun mécanisme. Ces curieux et charmants ouvrages marquaient seulement les heures; ils donnent maintenant les minutes. Des tiges, des leviers d'une délicatesse infinie se cachent dans le support et les colonnes. Le même horloger a exposé des automates, dont les mouvements ont une régularité, une précision qui impressionnent singulièrement le public, toujours ami de jolies merveilles.

EXPOSANTS.

BRÉGUET NEVEU ET COMPAGNIE.

Il y a des maisons qui, dans le nom même de leur chef, portent l'expression la plus avancée du genre d'industrie auquel elles se sont livrées. La maison Bréguet est de ce nombre. Il n'en est pas dont la réputation en horlogerie soit plus grande et plus justement méritée ; c'est à ce point que tous les jeunes gens qui ont passé dans ses ateliers, le jour où ils songent à s'établir, revendiquent avec empressement l'honneur de s'intituler élèves du célèbre industriel, sous les yeux duquel ils ont appris leur métier.

La maison Bréguet a envoyé cette année, à l'exposition de l'Industrie, des montres, des pendules, des horloges marines, des chronomètres, des thermomètres, un thermométrographe ovaire, et un psychromètre. Parmi les montres, nous en avons remarqué une, dite perpétuelle, à répétition, sur les principes des chronomètres, de forme épaisse et du prix de 4,000 francs; une autre, très-petite, simple, à tact, ne s'ouvrant d'aucun côté, toutes les fonctions ayant lieu à l'extérieur, se remontant et se mettant à l'heure sans clef, au moyen d'un bouton moletté qui couronne le pendant. Cette montre, dont la boîte gravée est en or et en couleur, et dont le cadran est d'argent excentrique gravé, blanc mat, s'élève au prix de 4,500 francs; une troisième enfin, très-petite, simple, à fond de jaspe, s'ajustant à volonté dans un cercle de brillants ou dans un cœur en cristal de roche, et enfin dans un étui d'or savonnette, ce qui donne à la montre quatre figures différentes. Cette belle pièce, qui se remonte et se met à l'heure sans clef par le pendant, est du prix de 5,000 francs.

Toutes ces montres, étant des ouvrages extraordinaires, sont cotées à des prix fort élevés; mais la maison Bréguet en a d'autres, dans tous les goûts, à des prix courants, comme partout.

Une petite pendule de voyage et de boudoir a ensuite fixé particulièrement notre attention; commandée par S. E. le prince Anatole de Demidoff, cette pièce, la plus extraordinaire peut-être qu'ait jamais produite l'horlogerie française, tant pour sa belle composition et pour le luxe de sa main-d'œuvre que pour la difficulté de son travail, a coûté 8,000 francs. Faite sur les principes des chronomètres, marchant huit jours, à grande et petite sonnerie, silence, réveil, répétition à volonté, quantième des jours de semaine, date du mois, nom des mois et millésime : sa boîte est de forme carrée à pilastres, en jaspe sanguin, ornée de filets d'or incrustés dans le jaspe et d'appliques en vermeil. Des glaces, posées sur toutes les faces, permettent de voir tout l'ouvrage ; le cadran, en jaspe, indique les heures et les divisions blanches ; enfin, les boutons des deux portes sont en brillants.

La maison Bréguet ne s'est pas moins distinguée dans son horlogerie de précision, et dans la confection des instruments appliqués à la science, que dans son horlogerie ordinaire, si nous devons donner cette qualification à des pièces qui sont autant de merveilles. Ses horloges marines et ses chronomètres de poche, dont le prix varie de 1,200 francs à 2,000, n'ont nulle part été surpassés comme exécution et comme qualité. Rien n'égale non plus la perfection de son appareil à miroir tournant, destiné à faire des expériences et servant à constater le mode de propagation de la lumière. Par une disposition mécanique particulière, la maison Bréguet est parvenue à faire exécuter, à un petit miroir d'un centimètre carré de surface, deux mille quatre cents révolutions dans le court espace d'une seconde de temps ; elle a même été jusqu'à trois mille.

Le compteur à pointage est un instrument destiné aux ingénieurs. Renfermé dans une petite boîte de cuivre, il a un cadran d'émail sur lequel se trouve un cercle divisé en secondes et un autre divisé en minutes : l'aiguille des secondes est en deux parties, dont l'une porte à son extrémité un petit réservoir d'encre, et l'autre, une pointe qui, par un mécanisme placé sous le cadran, traverse le petit réservoir et fait un point sur le cadran chaque fois que l'on pousse avec le doigt un bouton placé sur le bord de la boîte. Par cette disposition on peut faire plusieurs observations de suite sans avoir besoin de regarder son instrument, puisque toutes ces observations restent indiquées sur le cadran. On les relève une fois l'expérience terminée, et on les efface avec un linge fin, pour recommencer de nouveau.

Outre sa destination première, le compteur à pointage peut être encore employé avec succès, non-seulement en astronomie, dans les poudreries du gouvernement et pour les courses de chevaux, mais encore pour une application de l'électro-magnétisme, dans toutes les usines. Dans ce dernier cas, le compteur est placé sur une petite boîte en forme de pupitre, dans laquelle est établi un système d'électro-aimant, au moyen duquel un levier vient appuyer sur le bouton du compteur, chaque fois qu'un courant électrique vient à circuler dans le fil de cuivre entourant les aimants.

Cet instrument étant placé dans le cabinet de l'ingénieur, et des fils métalliques étant conduits du compteur au volant d'une machine à vapeur, sur l'axe duquel serait un commentateur, on ferait passer un courant électrique par les fils à l'instant que l'on voudrait, et aussitôt chaque tour du volant serait indiqué sur le cadran du compteur; le nombre de secondes compris entre deux indications déterminerait la vitesse actuelle de la machine. On aurait de même le temps de la course du piston, par une disposition analogue.

Le thermomètre métallique, connu dans la science sous le nom de *thermomètre Bréguet*, est sous la forme d'un ruban contourné en hélice cylindrique; la largeur du ruban varie d'un millimètre à $0^{m},50$, et son épaisseur va souvent à $0^{m},02$. Il est cependant composé de trois métaux, argent, or et platine, placés dans l'ordre de leur dilatation. Présentant une très-grande surface sous un volume excessivement petit, cet instrument jouit d'une sensibilité extrêmement grande; par des expériences faites par MM. Arago et de Prony, il a été prouvé que ce thermomètre était très-comparable. Les physiciens l'ont appliqué avec succès à l'observation du calorique dégagé par l'électricité, traversant un fil métallique. Quelques-uns l'ont même employé comme rhéomètre, en adoptant que, dans certaines limites, le calorique produit est proportionnel à l'intensité de l'électro-moteur.

Il y a deux sortes de thermométrographes: l'un *ovaire*, l'autre *à bandes de papier*. Tous deux sont des applications nouvelles du thermomètre métallique à la météorologie ; le premier, dont l'exactitude a été prouvée par des observations faites au collége de France, sous la direction d'un habile professeur, M. Régnault, se compose d'un thermomètre métallique roulé en hélice, placé autour d'un axe vertical, portant dans le bas une aiguille en tout semblable à celle du compteur. Au-dessous de l'aiguille est un cadran mobile, sur lequel sont tracés vingt-quatre arcs de cercle divisés. Le cadran avançant, par un mécanisme d'horlogerie, d'une même quantité à chaque heure, un des cercles ci-dessus se trouve ainsi placé à chaque heure au-dessous de l'encrier de l'aiguille, et reçoit une impression qui, par la division et le cercle sur lesquels elle se trouve, indique qu'à telle heure la température était de tant de degrés. On a donc ainsi, au bout de vingt-quatre heures, une courbe par points, qui montre les variations de la température pendant ce laps de temps ; des cadrans imprimés sur papier sont disposés à cet effet, de sorte que tous les jours, en en mettant un nouveau, on se fait un recueil très-intéressant. Un instrument pareil fonctionne depuis environ deux ans au cabinet minéralogique de Kasan, où il a marqué des températures jusqu'à 40° centigrades au-dessous de zéro.

Quant au thermométrographe *à bandes de papier*, il peut enregistrer sur une bande de papier les températures durant tout un mois et plus, sans qu'on s'en occupe ; cela ne dépend que de la longueur de la bande de papier enroulée sur un cylindre. Cette exception faite, sa disposition est la même que celle du thermométrographe *ovaire*.

Le psychromètre sert à faire connaître le degré d'humidité de l'air, au moyen des indications de deux thermomètres métalliques, dont l'un est à l'air libre et donne la température de l'air ; et l'autre, enveloppé d'une mousseline toujours humectée, donne la température due à l'évaporation. Ce principe a déjà été appliqué par Auguste de Berlin, mais avec deux thermomètres à mercure. La maison Bréguet a essayé de se servir de son thermomètre métallique, parce qu'il est d'une très-grande sensibilité, et que, par sa nature même, il permet l'emploi d'une aiguille à réservoir, comme dans les instruments compteurs. Par ce moyen on a, dans une journée, des points faits sur un cadran mobile, d'après lesquels on peut calculer pour chaque heure le degré d'humidité. Avec les psychromètres à mercure, qui ne laissent aucune indication, il faut toujours un observateur, inconvénient auquel remédie l'instrument de la maison Bréguet.

BENOIT ET COMPAGNIE. (VERSAILLES.)

Ces horlogers ont exposé plus de cent montres, toutes françaises, de formes et de prix différents. Les montres en platine leur ont valu un brevet. Avant MM. Benoît, la fabrique française ne s'occupait guère que de l'horlogerie de luxe; par des efforts inouïs et une constance digne d'éloge, ils sont parvenus à affranchir leur patrie de l'impôt qu'elle payait à Genève. Il y a quelques années à peine, que toutes les montres nous venaient de cette dernière ville; on les *repassait* seulement à Paris. Aujourd'hui, cet état de choses s'est beaucoup modifié, et les cent pièces qui composent une montre, occupent en France une foule d'ouvriers qui se sont attachés chacun à une spécialité, comme cela se pratique en Suisse. Un temps viendra où Genève se verra dépossédé de son ancien monopole; les *pièces* françaises hériteront de sa réputation usurpée.

BAVOZET.

Le genre de M. Bavozet est principalement ce qu'on appelle, dans le commerce, la *rocaille*. Parmi les pendules Louis XIV et Louis XV, qu'il a exposées, nous en avons remarqué une entièrement dorée à l'or moulu, supportant trois enfants en bronze, dont la couleur sombre contraste pittoresquement avec la rocaille. Ce fabricant, dans le but sans doute d'accommoder ses produits au goût général, leur donne des ornements qui en rendent la vente facile dans tous les pays; ce sont ainsi des trophées, des faisceaux d'armes et d'instruments de musique, des fleurs artistement groupées, parmi lesquelles sont intercalées des pierres précieuses d'un bel effet.

CALMELS.

M. Calmels a substitué, dans ses pendules admises à l'exposition, un balancier circulaire horizontal, au balancier vertical; son but, dit-il, a été :

1° De prévenir les fréquents dérangements occasionnés par l'usure de la soie qui suspendait l'ancien balancier ; 2° de rendre inutile l'aplomb qui est si difficile à conserver, surtout pour les pendules dites *œils-de-bœuf* et pour les tableaux-horloges ; 3° de dispenser le possesseur de la pendule, de la nécessité de donner une nouvelle impulsion au balancier, chaque fois qu'il la remonte après qu'elle s'est arrêtée ; 4° de fournir des pendules beaucoup mieux réglées que celles qui existent, quelles que soient leur forme et leurs proportions, au moyen d'un ressort égalisé, non par l'*amincissement,* mais par le *rétrécissement de la lame,* qui produit ainsi l'effet de la fusée ; 5° d'obtenir ces résultats, sans rien changer aux pendules ordinaires, puisque toute son invention consiste en une roue de champ ou portion de cette même roue, fixée à la tige de l'ancre et engrenant avec le pignon qui porte le balancier ; 6° enfin, de fournir, par ce système, pour 125 francs, des pendules de voyage qui se vendent 250.

Nous pensons que ce dernier résultat est le plus important de tous, et que si M. Calmels parvient, en effet, à livrer au commerce de bonnes pendules de voyage à un prix aussi réduit, il aura rendu un grand service au public et à l'horlogerie.

GARNIER (Paul).

M. Paul Garnier est un de ces ingénieux fabricants qui ne se contentent pas seulement de beaucoup produire, mais qui s'efforcent sans cesse d'améliorer et de perfectionner les objets qui sortent de leurs ateliers. L'horlogerie est une des branches de l'industrie qui demande peut-être le plus d'étude et le plus de précision dans l'exécution ; et nous ne parlons pas ici seulement de l'horlogerie de luxe et d'utilité générale, mais de celle sollicitée par les besoins de la science et de la navigation. Après tout, qu'une horloge civile ou qu'une simple pendule avance ou retarde de quelques minutes, dans une année, la chose est de peu d'importance ; mais dès qu'il s'agit de ces intruments de précision, qui doivent servir aux calculs de la navigation, à la connaissance des latitudes, on comprend quelles erreurs pourraient être produites par un simple dérangement, qui ne se traduirait pourtant que par quelques secondes de retard.

M. Paul Garnier a exposé cette année : 1° un grand régulateur dont le pendule est à compensation à masses mobiles; 2° un chronomètre à échappement libre, à force constante, dont le balancier décrit toujours des arcs rigoureusement égaux en étendue, quelles que soient d'ailleurs les imperfections des rouages et les inégalités de la force motrice. Ces chronomètres seront livrés au commerce à un prix tel, qu'il ne sera pas permis au capitaine du moindre bâtiment de se passer d'un instrument aussi utile; 3° plusieurs compteurs simples et à horloge simultanée. Un de ces compteurs, servant à enregistrer le nombre de coups de piston d'une machine à vapeur, ou plus généralement le nombre de périodes de mouvement d'une machine quelconque, est mis en rapport avec une horloge qui s'arrête en même temps que le compteur; 4° un indicateur dynanomètre, servant à indiquer le régime de la vapeur dans les cylindres des machines, et constatant aussi le vide obtenu par la condensation; 5° des pendules de voyage, dont l'échappement à repos a été inventé par M. Garnier, en 1830, ingénieux mécanisme qui lui a permis de livrer à un très-bas prix ces pendules autrefois d'un prix très-élevé; 6° un sphygmomètre, instrument qui complète le moyen d'investigation que la science et la pratique mettent à la disposition des médecins, par la propriété qu'il possède de traduire à la vue les phénomènes de la circulation du sang; 6° enfin, une pendule de salon, à secondes fixes obtenues par un nouvel échappement libre à coups perdus. L'aiguille à secondes est concentrique au grand cadran; les heures et minutes sont indiquées sur un cadran excentrique, au milieu duquel se trouve un fond en émail bleu parsemé d'étoiles, percé d'un orifice, par où apparaissent les configurations de la lune, dont l'âge est indiqué sur un troisième cadran concentrique. Les jours de la semaine, les dates et les noms des mois sont indiqués sur une ligne formée par les sections apparentes des trois rouleaux en émail.

Cette pendule est encore un objet d'art par les ornements qui l'accompagnent; elle présente la forme d'un portique de style renaissance, en marbre statuaire; au-dessous du cadran, est un bas-relief représentant des attributs de sciences et d'arts. De chaque côté sont deux pilastres à enroulements sculptés, sur lesquels sont les deux statuettes de Galilée et de Guttemberg, personnifiant, le premier l'astronomie, et le second l'imprimerie.

Les extrémités du monument sont terminées par des consoles avec enroulements ornés de fruits pendants, sculptés avec la plus grande délicatesse. Le fronton est surmonté de trois figures représentant la littérature sous les traits du poëte Shakspeare, la peinture sous ceux du grand artiste Raphaël, la musique sous les traits du compositeur le Palestrine.

Des panneaux en lapis-lazuli et en malachite, encadrés par des ornements ciselés et dorés, sont incrustés dans la base, qui est aussi en marbre blanc. Les armoiries du propriétaire de cette pendule magnifique en occupent le milieu; le bas socle, de style roman, en cuivre ciselé et doré, se compose d'ornements à larges contours, découpés pour laisser entendre une musique placée dans la base. Le monument est coupé par des ornements en bronze ciselé et doré.

GOUTMAKER.

La spécialité de M. Goutmaker, après la pendule, est la fabrication des pièces détachées du *régulateur*, telles que balanciers à compensation, à système, pour l'horlogerie de précision et les balanciers simples, dépourvus de système ou compensateur également applicable aux usages des régulateurs ordinaires, les horloges ou pendules. Il a exposé une pendule-régulateur, balancier à compensation, avec cadran à jour, indiquant les effets du froid et du chaud. Le mouvement est divisé en deux parties par deux cages : dans la première est placé l'échappement; dans la seconde se trouvent les rouages : pièce d'une délicatesse de travail remarquable.

M. Goutmaker a fait une excursion hors du domaine de son art. Frappé des malheurs causés par les incendies et des difficultés qu'éprouve celui qui est surpris par ce fléau, pour se dérober à ses atteintes, il a imaginé et établi une échelle de sauvetage, pouvant se mouvoir avec facilité dans les rues les plus étroites; elle est montée sur un chariot et praticable pour quatre personnes à la fois.

LEROY.

Montres de femmes et d'hommes, à cinq trous, parfaitement établies, à un prix qui dépasse peu celui des montres de Genève ; montres d'or, à échappement et à Dupleix, balanciers compensés, du fini le plus consciencieux ; montres de toutes grandeurs, se montant et se mettant à l'heure, au moyen du poussoir, par un procédé nouveau ; pièces de voyage, ou pendules portatives, d'une marche éprouvée. Cette maison, établie au Palais-Royal, à Paris, depuis plus d'un demi-siècle, a toujours livré au public des produits au moins égaux en qualité à ceux de ses concurrents, et d'un prix éminemment réduit.

LEZÉ.

M. Lezé, digne successeur et émule de M. Blondeau, a exposé, cette année, plusieurs pièces remarquables qui signalent de nouveaux progrès dans l'horlogerie française. Plusieurs régulateurs, dont un, sur piédestal en marbre blanc, à échappement de Graham, des pendules pour voitures de voyage, à échappement à ancre, de la plus grande précision, dont les aiguilles et la sonnerie rétrogradent à volonté, des montres chronométriques, en platine et cuivre doré, des montres de Paris, de tous les modèles, avec échappement à cylindre : tels sont les principaux titres de M. Lezé à l'attention et à l'estime des amateurs.

Plusieurs pièces, qui n'ont pu être terminées à temps, figureront sans doute avec un égal honneur à la prochaine exposition.

WAGNER NEVEU.

Cet exposant a fait sa spécialité de la fabrication des grosses horloges, qu'il établit à très-bas prix, grâce à la simplicité de son mécanisme. Inventeur d'un remontoir à engrenage concentrique, d'un nouveau système de compensateur très-simple, et d'une nouvelle théorie sur les échappements, M. Wagner a fait faire de sensibles progrès à son art, progrès qu'il a dirigés, avec discernement, moins vers le luxe, que vers un but d'utilité publique et d'économie.

WINNERL.

M. Winnerl s'est principalement appliqué, dans le domaine de son art, à produire des horloges propres au service de la marine, aux astronomes et aux observateurs, qui emploient ces instruments pour mesurer le temps de leurs expériences et de leur navigation, avec une exactitude et une précision scrupuleuses. Toute espèce de luxe doit être bannie de ces instruments; le génie de l'artiste ne s'applique, dans leur construction, qu'à arriver à des résultats mathématiques, aussi parfaits qu'il est possible de les atteindre.

Nous avons remarqué, parmi les produits de cet horloger distingué, des chronomètres en boîtes de cuivre, avec cadran de 7 centimètres de diamètre, à échappement sur pierres fines, marchant 56 heures ; ils sont pourvus d'une aiguille supplémentaire indiquant le nombre d'heures qui s'est écoulé depuis que le chronomètre a été remonté. Leur prix est de 1,250 francs. M. Winnerl a exposé aussi des chronomètres portatifs, marchant 38 heures, pourvus également d'une aiguille indicatrice ; leur prix est de 1,200 francs, dans une boîte en argent, et de 1,500 renfermés dans une boîte d'or. Enfin, le chronomètre de poche, du même exposant, de 4 centimètres de diamètre, est un véritable bijou ; comme le précédent, il marche 36 heures, et il est établi sur le même modèle ; mais la délicatesse du travail en a élevé le prix à 2,400 francs.

VIII

DRAPS ET CADIS.

L'art de filer et de tisser la laine pour faire de chauds vêtements est très-ancien; mais jusqu'au dix-neuvième siècle, les étoffes fines n'avaient guère d'autre mérite de fabrication, que l'éclat des couleurs très-voyantes; leur prix élevé ne les mettait à la portée que des personnes riches. Ce qui se vendait à bon marché était d'une grossièreté affreuse. Le grand mouvement industriel qui a créé tant de produits utiles et charmants, depuis un demi-siècle, a complétement transformé les étoffes de laine; de nos jours, un ouvrier économe peut porter du drap plus beau, meilleur, et à plus bas prix, que ne l'était le manteau des princes il y a cent ans.

L'Angleterre et la France ont contribué à peu près également à l'amélioration de cette précieuse étoffe. Les draps anglais ont un peu plus de souplesse et d'élasticité, ce qui tient à quelques perfectionnements particuliers dans la filature. L'élasticité offre l'avantage de mieux mouler le vêtement étroit sur les formes du corps. C'est là le seul mérite des draps anglais aujourd'hui, encore est-il contesté.

Les immenses progrès de la mécanique permettent maintenant de très-bien carder, de très-bien filer les laines : il en résulte une toile plus régulière dans toutes ses parties.

L'art de teindre les laines, depuis le noir le plus foncé jusqu'au rouge le plus vif et au jaune le plus éclatant, a dû subir l'influence bienfaisante de la chimie. Les draps sortant de fabriques honorables sont meilleurs qu'ils ne l'étaient, parce que la teinture altère moins les qualités de la laine. Au point de vue des couleurs, surtout, les draps français l'emportent sur leurs concurrents, parce que ces couleurs sont plus solides : elles résistent à l'action de la lumière, de l'humidité, et conservent leur nuance et leur éclat jusqu'à la fin ; les fabriques de Sédan gardent leur ancienne supériorité dans la couleur noire.

Le feutrage donne au drap cette belle épaisseur, cette fermeté, cette homogénéité, qui le distinguent parmi les tissus, et en font une étoffe chaude et presque imperméable. Lorsque l'on bat, lorsque l'on foule les toiles en laine, les filaments qui les composent s'unissent et s'incorporent intimement les uns aux autres, par une loi physique que la science n'a pu expliquer encore. Depuis quatre ans, le feutrage des draps est meilleur, par suite de l'adoption à peu près générale d'une machine qui malaxe la toile avec plus de régularité. Elle produit aussi de l'économie, en épargnant sur le savon, qui joue son rôle dans l'opération du feutrage pour dégraisser la toile.

Cette toile est d'abord rase. Pour la rendre velue, on la soumet à l'action d'une plante appelée *chardon-cardère*. Les pointes très-acérées, mais élastiques de ce végétal, que l'on cultive dans le midi de la France, tirent les filaments engagés à la surface, et les font sortir de la toile, à longueurs irrégulières. Pour les égaliser, pour les couper tous à la même hauteur, on fait courir sur une pièce bien tendue une ingénieuse machine appelée *tondeuse*, qui tond en effet, avec une justesse presque mathématique. Puis le drap est soumis à une presse pour coucher les poils tous du même côté, comme ceux qui couvrent la peau d'un animal. Lorsque la laine est très-fine, on peut couper le poil très-court. Si la laine est dure et commune, on est toujours forcé de laisser le poil un peu long ; il se rebrousse alors par l'usage, et le drap perd de son brillant. Le grain est d'un joli effet très-délicat et chatoyant, quand on le regarde de près, il résulte d'une coupe habile. Elbeuf et Louviers y excellent dans leurs beaux draps. Cependant le poil très-ras ne produit point cet effet.

L'apprêt se donne avec la vapeur d'eau et la pression combinées. L'apprêt moderne a pour avantage, que des laines moyennes font du drap aussi beau que ce qui se fabriquait en laines fines, il y a vingt ans.

Les draps français se divisent aujourd'hui en sept classes :

1° Draps, dit couleurs fortes, ou couleurs claires, pour meubles, ou pour l'uniforme des troupes. Le prix est toujours un peu élevé, d'abord, parceque c'est une affaire de goût et de caprice ; puis, il y a de grandes difficultés de teinture, pour que la couleur soit parfaitement solide et homogène. Sédan a la supériorité dans les couleurs fortes ;

2° Extra-fins, ou *supra-electissima.* Fabriqués avec les plus belles laines, et avec des soins infinis. Ce sont des étoffes de luxe et tout exceptionnelles ; le prix des plus parfaites ne doit pas dépasser plus de 40 fr. le mètre, en fabrique. Il faut être connaisseur pour les bien juger ;

3° Draps fins. Il ont beaucoup gagné, surtout pour les prix ; ils valent de 20 à 28 fr. le mètre, en fabrique ;

4° Draps intermédiaires. C'est aujourd'hui le vêtement des classes aisées. Il doit être bien feutré, sonore en le pinçant, souple, d'un bon grain. On ne le coupe pas de très-près ; pour juger de l'état de finesse de la laine, on passe la main à contre-poil, et si l'on sent trop de rigidité, c'est que la matière est commune. Le prix varie de 14 à 18 fr. Louviers et Elbeuf font le mieux ces étoffes ;

5° Draps communs ; au-dessous des précédents, mais bons encore et d'un long usage. Le prix est de 10 à 15 fr. Les fabriques du centre et du midi de la France réussissent très-bien dans cette fabrication ;

6° Draps-satin. C'est un drap croisé et satiné, coupé de près, brillant, et convenable pour pantalons d'hiver. Les prix varient suivant la finesse. Les fabriques du Nord y excellent ;

7° Les petits draps, ou étoffes drapées. L'exposition a montré de ces étoffes à 1 fr. 50 c. le mètre, en petite largeur. C'est grossier et d'une couleur sans nom ; mais c'est chaud et solide. De tels produits sont un grand bienfait pour le peuple ; ils ont été admirés et loués universellement.

L'exposition avait très-peu de casimirs, drap croisé très-léger et très-mince, que l'on porte moins maintenant. Elle n'avait qu'un petit nombre de pièces de ce drap très-épais, fort, solide, très-feutré, qu'on nomme cuir de laine; l'usage de cette étoffe paraît diminuer aussi. Sédan fait les plus beaux casimirs; Louviers et Elbeuf les meilleurs cuirs-laine.

Les étoffes, dites de fantaisie, sont de petits draps minces et légers en couleurs claires, pour pantalons. Le tissage produit des lignes variées, des ornements de teintes différentes; c'est, comme le nom l'indique, une affaire de caprice. Le goût français, auquel tous les peuples rendent un amical hommage, répand tous ses charmes sur ces jolis tissus. Sédan, Elbeuf, Louviers, Reims, y excellent; Sédan en particulier.

Un fabricant d'Elbeuf fait une belle étoffe drapée, nommée *barskine*, avec du poil de chèvre de l'Asie Mineure. C'est léger, et cependant épais, à long poil et très-chaud. Le prix est élevé.

En somme, l'exposition des draps a été magnifique. L'abaissement sur les prix, comparés avec ceux de 1839, à qualités et à perfections égales, est au moins de 12 p. 100. C'est un fait capital; car il ouvre un champ plus vaste à l'exposition. Des peuples qui avaient pris l'habitude des draps de fabrique anglaise, commencent à revenir aux draps français, plus avantageux par leur prix, de couleurs plus durables, et égaux, au moins, quant aux autres qualités.

EXPOSANTS.

CUNIN GRIDAINE ET FILS. (Sédan.)

Cette maison, dont le chef est notre Ministre du commerce, a exposé une série de draps dont rien ne peut égaler le luxe et la magnificence. Il y a surtout une pièce, sous la dénomination de supra-électissime, qui surpasse tout ce que l'industrie drapière a produit de plus merveilleux jusqu'à ce jour. A ces draps se trouvent jointes des nouveautés pour pantalons, aussi remarquables par la finesse et la perfection des tissus, que par le choix et le mélange des couleurs.

DELARUE (Augustin). (Elbeuf.)

Les produits de M. Delarue sont particulièrement destinés aux fabricants de billards; sur quatorze billards admis à l'exposition de cette année, douze sont recouverts de draps sortant de sa fabrique, et dont les échantillons ont été également admis dans le palais de l'Industrie. Les draps verts de M. Delarue sont fins, brillants; ils présentent une grande solidité, et leur teinte est très-uniforme : toutes qualités indispensables à leur spécialité.

FLAMANT ET COMPAGNIE. (Elbeuf.)

Cette maison ne s'occupe que de la fabrication des draps à l'usage des officiers de l'armée; tous les régiments y trouvent leurs nuances, et cette année, elle a ajouté à sa collection déjà si riche, les draps blanc, écarlate, orange et jonquille, que jusqu'à présent l'on n'était pas encore parvenu à fabriquer à Elbeuf.

Ses satins royaux et ses cuir-laine rivalisent de finesse et de beauté, avec les qualités exceptionnelles qui ont été admirées au palais de l'Industrie.

FOURÉ (Charles). (Elbeuf.)

Nous citerons principalement, parmi les produits de cette maison, des draps fins, vert-russe, noir et bleu-noir. Ces étoffes sont très-soignées et d'une grande perfection; M. Charles Fouré est un de ces bons fabricants d'Elbeuf dont la réputation est européenne.

JOURDAIN ET FILS. (Louviers.)

L'établissement de MM. Jourdain et fils est peut-être le plus beau et le plus considérable qui existe, sous le rapport des forces hydrauliques, de l'importance et de la variété des produits.

Leur exposition se compose de draps, depuis 8 fr. 50 c. le mètre, jusqu'aux plus hauts prix. Nous avons principalement remarqué leurs draps fabriqués avec les plus belles laines de France, provenant des troupeaux de Naz, tels que : un vert dragon, un bleu de roi, un satin et un cuir-laine garance.

Leurs draps faits avec les laines d'Allemagne, sont : un pain brûlé, un bleu vif, un ourika, un vert à reflet, un blanc anglais et un noir quatre tiers.

Tous ces draps ont un brillant naturel; ils n'ont pas été soumis à l'action de la presse.

JAVAL ET MAY. (Elbeuf.)

Les draps de ce fabricant s'élèvent, depuis le prix de 10 fr. 50 c. le mètre, jusqu'à 16 fr. Ces produits ne sont pas destinés aux classes riches, ils s'adressent aux ouvriers, aux petites fortunes, et ils offrent une véritable richesse industrielle, par la facilité de leur écoulement. Un drap bleu de roi, coté 10 fr. 50 c., nous a paru le type le plus parfait de ce genre d'étoffes; les tartans pour doublures, les étoffes de laine, dites de nouveauté, de MM. Javal et May, se recommandent également par leur bon marché et la beauté de la matière première.

MURET DE BORD ET COMPAGNIE. (Chateauroux.)

MM. Muret de Bord fabriquent, au tissage mécanique, des draps pour l'armée et pour l'administration des douanes. Le tissage à la main est peu à peu abandonné, pour les qualités inférieures, par la plupart des fabricants étrangers, qui le réservent exclusivement pour les draps fins. La draperie française suivra cet exemple, et elle s'en trouvera bien.

ROYER AINÉ. (Aude.)

La fabrique de Carcassonne s'occupe principalement des draps à bas prix. M. Royer aîné a exposé ses produits avec une cote de 7 fr. 10 c.; c'est la dernière limite du bon marché. Carcassonne livre annuellement au commerce vingt à vingt-quatre mille pièces de draps, d'une valeur de 5,000,000 de francs. Les autres exposants de cette ville ont produit des cuir-laine à 9 fr., et quelques qualités supérieures à 15 fr. 50 cent.; mais ces dernières forment une exception.

CADIS.

COURTEY FRÈRES ET BARET. (Périgueux.)

Le *cadis* est une serge de laine que son bas prix a affectée principalement à l'habillement des classes nécessiteuses. Si nous avons des paroles d'admiration pour ces fabricants qui viennent, tous les cinq ans, exposer à nos regards les merveilles de l'industrie drapière, n'oublions pas l'utile manufacturier qui cherche uniquement à résoudre un de ces problèmes de bon marché, par lesquels un peu de bien-être pénètre dans les régions infimes de la société. MM. Courtey frères et Baret, de Périgueux, sont parvenus à fabriquer du cadis, d'un fort tissu, solide de couleur, au prix minime de 1 fr. 50 c. le mètre. Un habillement complet, d'une pareille étoffe, ne coûterait que 9 ou 10 fr. au plus.

IX

CHALES ET TISSUS DE LAINE BROCHÉS.

Ce beau tissu, fabriqué d'abord dans l'Inde septentrionale, avec le poil très-fin d'une chèvre de ces contrées, n'a été connu dans l'Europe occidentale qu'au commencement de ce siècle. Il a été apporté d'Égypte. Il était très-simple alors ; un ornement en deux ou trois couleurs était broché ou brodé aux quatre angles. Les populations les plus riches de l'Orient le portaient en écharpe, en ceinture, et le roulaient en turban sur la tête. Dès qu'on le vit en France, il y fut recherché, malgré son haut prix, à cause de sa finesse et de son éclat, et parce qu'il formait un vêtement chaud, très-élégant. Les industriels français, ne pouvant encore se procurer du duvet de chèvre cachemirienne, essayèrent d'abord d'imiter le châle indien avec des laines fines. Bientôt on demanda aux Indiens de couvrir d'ornements leurs châles un peu nus ; ils prodiguèrent alors et des couleurs et des dessins très-riches, mais confus et bizarres. Lorsqu'enfin le duvet de cachemire vint en France, par la Russie, les imitations du châle indien furent plus praticables ; le haut prix était un puissant encouragement, et les procédés de fabrication non pas plus ingénieux, car le travail indien est admirable; mais les procédés français, plus faciles, plus rapides et moins coûteux, donnèrent un élan incroyable à cette industrie. Les Français sont parvenus à imiter *complétement* les châles indiens; tissu, broderie, couleurs : c'est absolument la même chose, produite fil pour fil, et moitié du prix de l'indien. Ce fait est désormais hors de contestation; comme preuve, on peut affirmer que des châles commandés de Smyrne à Paris, pour turban, sont expédiés en Orient, à des conditions très-avantageuses. La France seule, Paris seul font ces tissus en imitation complète. Ce qui cause encore l'excessive chèreté des châles de l'Inde, c'est la lenteur du travail et l'imperfection misérable des machines; c'est là peut-être une preuve de dextérité et d'intelligence chez les ouvrières de la vallée de Cachemire, mais c'est une cause qui empêche la vente. Déjà la France leur demande moins de modèles.

Il existe un autre châle en tissu de cachemire, et qu'on nomme *châle français*. Il peut offrir une imitation parfaite d'un châle indien du prix de 3 ou 4,000 francs, et ne valoir dans le commerce que 3 ou 400 francs. Cela tient à un procédé de fabrication mécanique extrêmement ingénieux, qu'on nomme *lancé*. Ce châle, aussi beau que l'indien, d'un côté, est découpé à l'envers, et conséquemment moins solide, moins durable; cependant on peut le porter dix années et peut-être plus : tandis que l'indien et l'imitation française, dont il vient d'être parlé, sont encore inusables. La fabrication du châle lancé est énorme; il s'en fait des montagnes, parce que son prix le met à la portée d'un plus grand nombre de consommateurs. Il tuera l'autre qui, déjà, n'est plus porté que par des personnes très-opulentes : cela se conçoit, c'est un simple calcul à faire. On sait qu'un capital à cinq pour cent se double en quatorze ans, par l'intérêt composé. Or, s'il est vrai, et cela est rigoureusement vrai, qu'un châle lancé puisse être aussi beau qu'un indien brodé du prix de 3,000 francs, voici ce qui arrive : quatorze ans après l'achat, le châle indien coûte 6,000 francs à celui qui le porte, et ce châle a vieilli, tandis que pour la même période, deux châles au lancé ne coûteraient pas 1,000 francs, intérêts compris. Il y a donc avec la même jouissance 5,000 francs d'économie, 4 au moins, avec lesquels on peut acheter bien d'autres choses utiles ou seulement de pure satisfaction. Ce raisonnement sera bientôt compris en Orient comme il l'est en Europe.

L'exposition industrielle de cette année a prouvé qu'on ne cesse en France de perfectionner la grande industrie des châles. Un fabricant a fait pour eux ce qu'un industriel lyonnais pratique pour les petits velours : il tisse deux châles à la fois sur le même métier, en couleurs contrariées, et les divise aisément ensuite, ce qui permet de vendre à meilleur marché, mais le produit est un peu moins beau. Nous avons remarqué un châle au lancé, fabriqué avec une laine extrêmement fine et souple, trouvée par hasard dans une ferme française, et dont on multiplie avec succès le beau type, depuis une dizaine d'années. Ce châle a produit une vive sensation. Son effet en couleurs est aussi beau, aussi brillant qu'un châle absolument semblable, mais en duvet de cachemire, placé à côté de lui; la laine est cependant un peu moins douce et moelleuse au toucher; mais quand on considère les progrès qu'ont faits depuis cinq ans, et cette laine indigène et le troupeau qui la donne, on ne peut se défendre d'espérer qu'un jour les plus superbes châles se feront en laine française, et qu'il s'ensuivra un abaissement de prix de vingt-cinq pour cent. Alors, le châle orné, et vraiment beau autant que bon, deviendra un vêtement usuel, la fabrication s'accroîtra dans des proportions énormes. Le gouvernement français protége et encourage le perfectionnement de cette laine précieuse.

Différentes tentatives ont été faites pour améliorer le travail des châles, dans le sens d'une plus grande pureté, dans la teinte des fonds, surtout quand les fonds sont blancs. On conçoit, en effet, que si la chaîne est blanche, lorsque vient le tissage des ornements en rouge, par exemple, cette dernière couleur sera altérée par des points blancs; si la chaîne est rouge, le broché blanc présentera un piqué rouge. Pour éviter ces imperfections, on avait déjà teint en rouge la partie de la chaîne qui est en rapport avec le broché de cette couleur; M. *Paul Godefroy* a beaucoup perfectionné cette méthode dont il use maintenant avec succès. M. *Grillet* de Lyon a suivi un autre procédé, plus coûteux et qui renchérit un peu les châles, mais dont le résultat paraît supérieur au précédent. Il monte deux chaînes, l'une rouge, l'autre blanche, sur le même métier, et par un jeu de mécanique bien connu, il se sert à volonté de l'une ou de l'autre, en sorte que ses couleurs sont d'une pureté admirable.

Un nouveau travail de châles, sans aucune analogie avec la broderie indienne, pas plus qu'avec le *lancé* français, mais ressemblant, dans sa grande finesse, au point de tapisserie, a été produit cette année.

Ce nouveau système donne un châle en duvet de cachemire, sans envers, c'est-à-dire que les fleurs naturelles, les plantes et les arbustes à feuillage élégant, sont également beaux des deux côtés. Les teintes sont magnifiques de fraicheur et de fondus, les contours nets et purs, les effets remplis de grâce et de délicatesse. Sans aucun doute, le nouveau système rajeunira le châle, dont le style indien, confus et incorrect, a vieilli et n'existe encore que parce qu'on n'a pu en produire un autre qui fût acceptable. Un essai de châles sans envers avait déjà été tenté lors de l'exposition de 1827. Une médaille d'argent fut même accordée aux fabricants, MM. Julliérat et Desolme jeune, pour cette découverte, qui porte aujourd'hui ses fruits.

Les filateurs français, de leur côté, sont parvenus à améliorer leur procédé de travail; ils filent aujourd'hui le duvet de cachemire avec une admirable finesse. Aussi, le châle français en imitation de l'Inde, quand on veut le payer un peu plus cher, l'emporte de beaucoup sur son rival de l'Orient, dont le fil est gros, et qui offre presque toujours des défauts dans le tissage.

Les fabriques de Paris font les plus beaux châles; Lyon vient ensuite et vend à plus bas prix; ses châles sont en cachemire pur, ou bien en laine, soie et cachemire, ou bien en soie et laine. Le travail est toujours plus imparfait. Nîmes fait des châles moins beaux encore, pour les classes ouvrières aisées, ou pour l'exportation en Amérique.

On peut placer à côté de l'industrie des châles, et sur la même ligne, un produit magnifique dont la fabrication est établie sur les mêmes principes, et qui prend beaucoup d'importance depuis quelques années. Ce sont les grandes étoffes en laine, brochées de soie, en couleurs claires, pour portières de salons, tapis de table, beaux divans, et rideaux de luxe. Les Vénitiens fabriquaient très-bien ces belles étoffes autrefois; ils en avaient pris l'idée en Asie. Il y a six ans, une maison, l'une des plus habiles dans la partie des châles en cachemire, à Paris, eut l'adresse de refaire ces superbes tentures, et réussit parfaitement. Elle les a beaucoup perfectionnées depuis, dans le tissu même qui devient plus solide, et dans les ornements qui sont aujourd'hui plus riches. D'autres fabriques se sont montées; la consommation devient considérable. On a conservé au broché les caractères de l'ornementation orientale et arabe. Plusieurs pièces, cette année, portaient des dessins dont le cachet est évidemment turc, et qui ont généralement plu par leur élégante simplicité.

EXPOSANTS.

BOAS FRÈRES.

Le tissu et le dessin du châle s'opèrent simultanément sur le métier. C'est ce qui distingue le brochage de la broderie, qui s'exécute sur un tissu uni et à la main. Le brochage se produit par le déplacement de la chaîne, de la manière suivante : Un châle de grandeur ordinaire ne compte pas moins de six mille fils de chaîne; les navettes, portant la trame et les fils de couleurs destinés aux dessins, sont lancées dans toute la largeur du châle, avec cette différence que la première, formant ce qu'on appelle le travail, se croise alternativement et d'une manière toujours uniforme avec la chaîne, tandis que les fils de la chaîne ne se lèvent et ne font place à ceux du dessin, qu'aux endroits précisément où ils doivent faire fleur. Supposons, ainsi, un châle qui offre sur la même ligne dix couleurs différentes; il faut donc lancer, à chaque coup de battant, dix navettes, distribuant dix longueurs; les six mille fils de la chaîne se les distribuent, une seule ressort, et neuf sont perdues. Après la fabrication, on livre le châle à l'appréteur; il dépouille son envers de ces neuf dixièmes de matière perdue, qui chargeaient inutilement et d'une manière désagréable à l'œil, le tissu broché. C'est là ce qui produit l'immense perte de laine qui existe dans la fabrication française; la fabrication des Indes procède tout différemment, car elle ne lance pas, mais broche chaque fleur l'une après l'autre avec de petites navettes.

Un châle français qui nécessite, par conséquent, sept livres de laine de *lancé* pour sa confection, en perd six livres et demie au découpage.

C'est dans ces circonstances qu'on a cherché à fabriquer simultanément deux châles superposés sur le même métier, de manière à ce que le déchet de l'un servît au brochage de l'autre.

Plusieurs essais ont été faits dans ce but, mais nous croyons que MM. Boas frères sont arrivés aux résultats les plus satisfaisants. Pour donner une idée de l'économie obtenue par ce genre de fabrication, supposons encore un châle qui nécessite une quantité de laine pour son brochage, d'une somme de 50 francs; le déchet étant des neuf dixièmes, 45 francs de laine tombent sous le ciseau de l'apprêteur et sont perdus pour le fabricant, qui ne parvient pas toujours à faire payer au public cette quantité de marchandises qu'il ne lui vend pas. Pour deux châles semblables, la perte est de 90 francs. Or, en les établissant sur le même métier, d'après les procédés de MM. Boas frères, ces deux châles ne demandent, pour leur brochage, que 50 francs de laine, et le déchet n'est plus que de 40 francs pour les deux, au lieu de 90 francs!

Mais il ne s'agissait pas seulement de fabriquer le châle double, il fallait encore le séparer, et c'était là une délicate opération. La machine employée par MM. Boas se compose d'environ deux mille paires de ciseaux, fonctionnant avec une grande précision dans une ligne droite, de deux mètres.

Les produits exposés cette année par MM. Boas frères, et provenant de leur nouveau procédé, laissaient encore quelque chose à désirer comme tissus; mais ces fabricants sont dans une bonne voie, et, avec le temps, ils arriveront sans doute à d'heureux résultats.

BARBE, PROYART ET BOSQUET.

Voici encore des châles fabriqués avec une grande économie de matière, par le même procédé dont nous avons parlé dans l'article précédent; mais MM. Barbé, Proyart et Bosquet exposent, en outre, la machine qui a servi à les créer. C'est un métier à la Jacquart, modifié de telle manière, qu'avec un seul métier, un seul dessin, une seule mise en carte et un seul jeu de carton, on obtient en même temps deux châles identiquement pareils. Fabriquer un tissu double, en utilisant au brochage de l'un le déchet du brochage de l'autre, c'était là certainement une amélioration importante dans la fabrication des tissus; mais du moment que, pour l'obtenir, il fallait deux mécaniques, deux mises en cartes, ce n'était plus que la matière que l'on économisait ; avec le métier de MM. Barbé, Proyart et Bosquet, le fabricant gagne encore sur la main-d'œuvre. Dans son rapport sur l'exposition de cette année, M. le baron Thénard a cité ce métier comme une des plus intéressantes machines admises dans le palais de l'Industrie, et une médaille d'argent est venue confirmer ce jugement, auquel nous nous empressons de nous associer.

CURNIER ET COMPAGNIE. (Nîmes.)

Les châles rayés et à carreaux, de MM. Curnier, sont d'un bon goût ; ses châles longs, verts, célestes et bleus de France, sont remarquables par la bonne combinaison de leurs nuances ; il en est de même de ses châles indous tapis.

DAMIRON FRÈRES. (Lyon.)

Premiers fabricants de Lyon pour les châles indous, MM. Damiron frères établissent également un nombre considérable de châles et d'écharpes à bas prix, destinés aux petites villes de province. Ces produits ne sont pas de ceux qui fixent l'attention publique dans une exposition, mais ils n'en sont pas moins intéressants au point de vue industriel.

DUCHÉ AINÉ ET COMPAGNIE.

M. Duché a essayé de marier les effets des châles indiens et persans. On a surtout admiré un dessin, dont les couleurs sont habilement disposées et nuancées, de manière à reproduire presque les teintes de l'arc-en-ciel, en se fondant les unes avec les autres insensiblement.

DEVÈZE FILS ET COMPAGNIE. (Nîmes.)

Les châles longs rayés, de MM. Devèze, sont destinés à la consommation du Levant; le commerce de Smyrne lui adresse de fréquentes demandes; ils en expédient aussi un grand nombre dans les républiques de l'Amérique du Sud. Dans la fabrication des châles pour ces derniers États, MM. Devèze ont dû interdire deux couleurs : le bleu et le vert, qui ont, dans cette partie du nouveau monde, une signification politique contraire au gouvernement; aussi ces châles ont-ils une monotonie de nuances qu'il faudrait bien se garder d'imputer aux fabricants.

FORTIER.

Le châle de M. Fortier, qui semble au premier aspect avoir été fabriqué avec du duvet de cachemire, est tout simplement tissé avec de la laine d'un troupeau français. Ce troupeau appartient à M. Graux, cultivateur du département de l'Aisne, et il est dû à un agneau, né en 1828, dont la laine attira l'attention de l'éleveur, par sa longueur étonnante et sa grande finesse. Le prix de cette laine est de trente pour cent plus bas que celui du duvet de cachemire, elle se file mieux et se tisse aussi facilement que ce dernier. Le troupeau de M. Graux, qui est ainsi une véritable conquête nationale, se compose aujourd'hui de cinq cents têtes.

Le luxe des portières nous est venu de l'Orient; M. Fortier fut le premier qui fabriqua, pour cet usage, des étoffes moitié laine et moitié soie; mais elles avaient un envers. M. Fortier expose aujourd'hui ces mêmes étoffes, sans envers, et offrant de chaque côté un dessin différent, d'une grande délicatesse et d'une vivacité de couleurs admirable. Les portières de cet exposant ont l'aspect riche et majestueux, l'ampleur qui conviennent à un objet pareil qui ne souffre pas la médiocrité, puisque le *confort* seul en prescrit l'usage.

GRILLET AINÉ. (Lyon.)

Les châles de Lyon n'ont pas et ne méritent pas en général la réputation des châles de Paris; c'est à Paris seulement que se font, chaque année, les modes de la saison, et la capitale a su se conserver encore, non-seulement le monopole de la nouveauté, qu'elle fabrique supérieurement, mais encore celui des châles de prix qui échappent au caprice et à la fantaisie. M. Grillet aîné, de Lyon, cependant, s'est élevé à la hauteur des meilleurs fabricants de Paris, si même il n'en a pas dépassé quelques-uns. Toutes les voix ont été unanimes pour reconnaître sa supériorité sur toutes les autres maisons du Rhône; comme goût, à la fois, et comme travail, ses châles peuvent se produire avantageusement à côté des plus beaux cachemires français.

HÉBERT.

M. Hébert s'attache, principalement, dans ses châles, à reproduire le type primitif des indous; la dernière limite de l'imitation des produits de l'Inde a été atteinte, cette année, par ce fabricant, qui, fidèle depuis dix ans à sa spécialité, laisse à d'autres le soin de donner à la fabrication française un caractère original.

HEUZEY ET MARCEL.

MM. Heuzey et Marcel, successeurs de M. Deneirousse, ont exposé un châle, cachemire pur, complétement blanc et broché, sans envers, en fleurs naturelles. Ce genre de travail enveloppe la chaîne, et donne au dessin un relief qui procure aux couleurs beaucoup de vivacité et de velouté; ce dessin est tout à fait nouveau. On a remarqué, à côté de ce châle, le même dessin sur un châle travaillé sur le métier de l'Inde, avec les procédés primitifs. Tous ces châles sont expédiés à Constantinople, et font aux tissus de l'Orient une heureuse concurrence sur les marchés du Levant.

JUNOT ET COMPAGNIE.

Châles longs, riches, à grandes palmes; châle carré à galerie, dit un-quart; châle long à galerie, uni seulement. Ce fabricant a obtenu un brevet pour un châle, qu'il appelle du nom un peu barbare de Triface;

lorsqu'on le plie de trois manières différentes, il offre, en effet, par de nouvelles combinaisons, l'apparence de trois châles différents.

TISSUS DE LAINE BROCHÉS EN VERRE.

DEBUS ET COMPAGNIE.

Il y a quelques années à peine que l'on parvint, pour la première fois, à assouplir les fils de verre à un tel point, qu'ils purent se tisser et offrir une brillante étoffe, pour tentures et tapisseries; aujourd'hui cette industrie a atteint un grand degré de perfection. Les tissus de verre de MM. Debus et Cie, pour meubles, rivalisent, non-seulement avec les brocarts d'or et d'argent, mais encore ils les effacent par leur éclat. Les monuments publics, les salles de grandes réceptions, peuvent être heureusement ornés, dans les solennités civiles ou religieuses, par ces magnifiques tentures, dont les plis et les draperies chatoient et produisent le plus brillant effet.

Nous dirons, pour les quelques personnes qui pourraient l'ignorer, que ce que nous appelons *tissus de verre*, pour nous conformer à la locution communément adoptée, n'est qu'une étoffe de laine, sur laquelle la navette du brocheur a lancé des fils de verre qui y forment des fleurs, des palmes ou des arabesques, absolument comme dans les tissus de laine ordinaire, lancés en cachemire ou en soie.

X

TISSUS IMPRIMÉS ET STORES.

Les broderies à la main et à l'aiguille, en différentes couleurs, constituent un travail très-long et très-coûteux, qui a amené le broché, ou broderie mécanique, se fabriquant avec le tissu même et dans une seule opération. Mais le broché, qui ne se fait guère que sur les beaux châles et les riches étoffes de soie pour robes parées, pour meubles et grandes tentures de luxe, est encore trop cher quand il s'agit de vêtements usuels ou de tentures pour la grande consommation.

On a donc essayé, en Suisse, vers l'année 1740, d'appliquer sur les tissus de coton, et à l'aide de planches gravées en relief, de petits ornements d'une seule couleur. Cette industrie, d'abord très-grossière et imparfaite, passa bientôt en France, où depuis une centaine d'années, dessinateurs, graveurs, chimistes et mécaniciens, lui ont consacré leur génie ; la voici enfin parvenue à un degré de perfection, de richesse et de beauté, qui la place aux premiers rangs. Mulhouse, Paris et Rouen, sont en France les trois quartiers généraux de l'armée innombrable de travailleurs qui impriment sur coton, sur laine et sur soie, pour le monde entier.

L'Angleterre a de grandes fabriques d'impressions sur tissus, mais ses dessinateurs ne sont pas doués d'une richesse d'imagination inépuisable, et d'un goût pur et élégant comme les artistes français qu'ils imitent, et dont ils copient les ouvrages. Cela est avoué en Angleterre même.

Il y a trois systèmes d'impression sur tissus : la planche, le rouleau et la perrotine.

1° La planche. On grave sur bois de poirier, et l'on dispose ainsi autant de planches qu'il y a de couleurs dans un dessin; puis l'imprimeur prend chaque couleur avec la planche spéciale, et quand il a posé une couleur sur toute l'étendue de la pièce d'étoffe, il recommence avec la planche de seconde couleur, puis avec la troisième, ainsi de suite.

2° Le rouleau est un cylindre de cuivre gravé en creux, à la molette. En tournant sur un axe, il baigne d'un côté dans la couleur qu'il dépose ensuite sur le tissu par un autre point de la circonférence. C'est ainsi que deux, trois, quatre cylindres, peuvent imprimer autant de couleurs à la fois, en petits dessins, ou bien en lignes prolongées.

3° La perrotine est une machine extrêmement ingénieuse, mais très-compliquée; elle agit avec tant de précision et de sûreté, qu'on peut la comparer à une main artificielle, qui poserait avec délicatesse et intelligence des ornements sur une étoffe.

Les plus belles impressions sur coton se font à Mulhouse; Rouen imprime les cotonnades vulgaires de grande consommation. Mulhouse et Rouen font aussi, à divers degrés de beauté, les étoffes de coton glacées, dites toiles *perses*, pour meubles. Rouen et Paris impriment avec un égal succès et la plus rare élégance une foule d'étoffes claires en coton, en soie et coton, dites *balzorines*, qui se couvrent de gracieux dessins et de charmants caprices : travail très-délicat de main-d'œuvre, qui exige des ouvriers habiles et expérimentés.

L'impression sur toile, dite mousseline de laine, est la plus importante par les difficultés qu'elle offre dans la composition et la fixation des *réserves* (parties qui ne prennent point la teinture donnée à l'étoffe), à l'aide desquelles on obtient de si beaux effets. La science chimique a enfanté des prodiges dans cette spécialité, et aucune industrie ne lui doit plus que celle-là. L'un des plus magnifiques effets d'impression, le *fondu,* a ouvert une voie immense à la décoration des étoffes. On nomme fondu, les dégradations de teintes foncées qui s'adoucissent et passent gracieusement aux tons les plus clairs. C'est à M. *Sparlin,* de l'Alsace, que l'on doit cette belle découverte dont on tire un parti immense, surtout dans l'impression des étoffes de laine, vêtement général aujourd'hui dans toute l'Europe, et qui a fait tort depuis quinze ans aux cotonnades. La maison *Blech* de Mulhouse paraît avoir eu les honneurs de l'exposition pour les mousselines, laines imprimées avec bleus fondus. La maison *Paul Godefroy,* de Paris, a exposé les plus magnifiques teintes violet-fondu. La grande fabrique de Wesserling, dans la haute Alsace, et MM. *Dolfus Mieg,* de Mulhouse, semblent l'emporter également pour les étoffes très-légères, en teintes brillantes.

On imprime beaucoup moins, en beaux ouvrages, sur la soie; l'exposition n'a offert de bien remarquable, en ce genre, qu'une magnifique étoffe pour tenture, présentée par M. Paul Godefroy, de Paris. C'est un décor couvert de riches ornements avec personnages représentant une chasse. C'est léger, de très-bon goût, et d'une exécution fort brillante.

L'impression sur drap de laine fond blanc, soit à plat, soit en saillie, paraît avoir diminué d'importance depuis quelques années. On ne fait plus en ce genre que des tapis de table, ou des tapis pour couvrir les pianos. C'est un goût qui passe. L'exposition n'a montré de remarquable, dans cette industrie, que des impressions assez brillantes sur feutre fabriqué en grand par la maison *Stéhélin* d'Alsace. Le feutre, travaillé ainsi, dans des épaisseurs variées, s'emploie pour couvrir des fauteuils et divans, pour des portières de salon, et pour de grands rideaux.

Des gens remplis de mauvaise foi trompent beaucoup, à l'étranger, en vendant des tissus mal imprimés qu'ils donnent pour produits français. Quelques industriels, d'une nation voisine de la France, ont l'indignité d'acheter nos étoffes imprimées, et d'y apposer leurs marques de fabrique. Ce sont de vils moyens qui déshonorent ceux qui les emploient, et qui doivent déterminer les négociants étrangers, honnêtes, à s'adresser directement à la France, pour leurs acquisitions.

Les stores forment une famille à part parmi les tissus imprimés. Ce sont de véritables rideaux décorés richement, et qui se tendent sans aucun pli sur les fenêtres vitrées, pour adoucir l'éclat d'une lumière trop vive, et intercepter les rayons du soleil ardent. L'effet des jours, des ombres, des reliefs, est calculé sur la transparence qui doit avoir un éclat tempéré, doux et velouté, en quelque sorte, pour plaire à l'œil sans le fatiguer. Jusqu'ici, on avait entassé les ornements et les motifs confus, des arbres, des montagnes, des cascades, sans plans, sans perspective calculée, sans aucun charme, et trop souvent avec des tons crus et verdâtres. L'exposition de cette année prouve un grand progrès dans le goût et le dessin pour ce genre d'ameublement. De jolis tableaux, de beaux paysages, et surtout de charmants intérieurs d'édifices ont été bien imités et rendus. Les maisons *Bach-Perès*, *Girard*, *Audry* et *Gonzola*, ont présenté des stores dignes d'être placés dans les habitations où l'on cherche en toute chose de luxe, de quoi flatter le goût et la raison bien plus encore que la vanité.

EXPOSANTS.

BATAILLE.

Les produits exposés par M. Bataille sont dus à plusieurs systèmes de machines dont l'indication sommaire nous paraît devoir intéresser tous les industriels qui s'occupent de la même partie. Disons, avant tout, qu'il sort annuellement de cette fabrique, 500,000 mètres d'indienne, dont les trois quarts sont employés par l'exportation.

A côté du mode d'impression par les planches à main, deux machines, dites *rouleaux*, fonctionnent dans les ateliers de M. Bataille ; elles impriment en une ou deux couleurs, avec des cylindres en cuivre, des châles de 3/4, 4/4, et 5/4 de large. A chaque évolution, qui dure une minute, soixante châles sont imprimés avec la plus grande netteté. M. Bataille a emprunté aux fabriques anglaises une autre machine qui peut imprimer des étoffes de 1 à 2 mètres de large. Il n'en existe qu'une seule semblable, de l'autre côté du détroit. L'atelier le plus remarquable de la fabrique dont nous nous occupons, est celui où fonctionnent sept machines d'un mécanisme admirable, imprimant trois châles à la minute, en toute largeur, et faisant sur soie, sur coton et tissus façon Huttenhem, ces belles lithographies, ces charmants dessins que tout le monde a remarqués à l'exposition, et dont la planche ne coûte pas moins de 4 à 500 francs la pièce. Cette industrie a pris un tel développement, et s'opère aujourd'hui par des moyens si économiques, que la douzaine de foulards de coton, qui valait encore, en 1830, de 18 à 21 francs, est livrée aujourd'hui, par M. Bataille, en magnifiques qualités, à 6, 7 et 7 francs 50 centimes. Nous terminerons cette notice, en citant le nouveau système de blanchiment adopté par cet établissement, par l'application du vide obtenu au moyen de la vapeur. Ce système procure par pièce une économie de 50 centimes, et il opère, en neuf heures, ce que tous les autres systèmes n'obtiennent qu'après trois jours entiers.

BLUET (Charles). (Rouen.)

Les tissus de coton de M. Charles Bluet, connus dans le commerce sous le nom de *rouenneries*, se recommandent par deux précieuses qualités : leur solidité, et la beauté de la teinture. Ce fabricant n'emploie que des couleurs qui peuvent résister aux épreuves de la lessive et des acides ; le grain de ses étoffes est d'un bel aspect ; tous ces produits sont doux au toucher, souples et élastiques. Ce sont là de ces articles qui ne font pas la gloire de l'industrie, mais qui concourent utilement à sa richesse.

CHARVET ET FEVEZ. (Lille.)

L'établissement de MM. André Charvet et Fevez fut fondé quelque temps après la séparation de la France et de la Belgique, dans le but de produire les indiennes de qualité ordinaire, que ce dernier pays avait seul fournies jusque-là ; aujourd'hui, cet établissement a étendu le cercle de ses produits, il livre à la consommation des impressions de tous les genres de tissus coton, laine ou soie.

JAPUIS FRÈRES. (Claye.)

Les calicots imprimés de MM. Japuis, pour meubles, sont d'un aussi bel effet que certaines étoffes de soie. Dans les prix moyens, de 2 francs à 2 francs 50 centimes le mètre, ces calicots offrent une tenture fort gracieuse pour boudoirs. MM. Japuis ont porté jusqu'à la dernière perfection l'apprêt et l'impression de ces sortes d'étoffes.

TRICOT JEUNE. (Rouen.)

Les produits de ce fabricant sont des pagnes destinés au Sénégal et à la côte d'Afrique. C'est là un excellent article de pacotillage pour les bâtiments qui fréquentent ces parages. Un autre tissu broché, dit dampis, également destiné aux exportations pour le Sénégal, offre une telle limpidité de tons, une telle vivacité de couleurs, qu'il semble, au premier abord, imprimé en fil. On se sert beaucoup de ces étoffes, pour faire des hamacs ; leurs prix modiques les rendent accessibles à toutes les classes. Les tissus écossais, pour robe de chambre et pour robes de dames, exposés par MM. Tricot, sont d'un bon goût, et cotés aussi à des prix très-modérés.

XI

LINGE DAMASSÉ.

Cette belle industrie, que l'Allemagne pratique depuis plusieurs siècles, n'a été introduite en France que vers 1825. Le goût français l'a bientôt élevée à un degré de perfection qui dépasse assurément ce qui se fait en Allemagne, où le dessin manque de grâce et de légèreté. L'Allemagne fabrique de très-bon linge, mais elle le couvre en général d'ornements dont la dimension est trop étendue. La multitude de petits objets qui se placent sur une table brise ces grands motifs, et en détruit nécessairement toute l'harmonie. L'Angleterre produit à bon marché; c'est son unique pensée : la perfection dans le délicat travail des satinés, et la grâce dans le dessin, ne sont pour elle qu'une question secondaire. Pour les Français, en toute chose, et comme conséquence du caractère national très-artistique, cette perfection est un besoin irrésistible.

Les ornements pleins d'éclat qui se jettent sur le linge de table sont blancs sur blanc; c'est du satin qui brille et ressort sur le blanc mat, le soir surtout à la lumière des lampes ou des bougies. Ce qui produit ce satin, c'est que, pour former les ornements, on fait passer un ou plusieurs fils de la trame sur plusieurs fils de la chaîne. Si on ne passe que sur cinq fils de chaîne, l'effet est médiocre, et cela a lieu dans les étoffes un peu grosses. Si on passe sur huit fils, le satin est éclatant de beauté. Lorsque plusieurs fils de trame passent du même coup, les contours du dessin sont roides et dentelés comme une scie; quand on passe un seul fil à la fois, les contours sont souples, purs, bien arrondis. Voilà les deux caractères qu'il faut observer et saisir avec soin quand on a à faire le choix d'un service de table. On ne satine *par huit*, on ne découpe *par un*, que les linges damassés bien fournis en matière, fins, à dessin de quelque mérite, et d'un prix élevé. Ces prix ont beaucoup baissé en France depuis quelques années, et, comme perfection de travail, les beaux damassés français ne souffrent aucune comparaison.

M. *Féray* de Paris, MM *Duhamel* de Paris et de Lille, ont contribué au perfectionnement de cette industrie élégante. MM. Duhamel ont présenté cette année une innovation très-remarquable, et qui aura les conséquences les plus heureuses pour l'embellissement de ces beaux tissus A l'aide de points satinés plus grands et plus petits, ils sont parvenus à dégrader, à fondre leur teinte blanche, en sorte que les dessins se détachent merveilleusement sur le fond, et prennent un véritable relief sous l'action de la lumière. C'est là une pensée d'artiste.

L'apprêt gagne en France; c'est une question importante pour le damassé, qui, s'il est plucheux, est en même temps désagréable aux lèvres. Le blanchiment offre aussi de notables progrès. Il s'en faut de bien peu que les blanchisseries françaises n'atteignent la perfection de l'Irlande; elles y viendront.

Les damassés écrus ou de couleur, c'est-à-dire à fond non blanchi, ou teint en rose ou en jaune pâle, avec satin très-blanc, sont une mode anglaise d'assez mauvais goût que l'on n'aime pas en France, parce que l'aspect a quelque chose de sale ou de bizarre. Le blanc seul est le signe élégant d'une propreté vraiment idéale, pour la table surtout, où la propreté exquise est le premier besoin! On fait donc très-peu de damassés écrus pour linge de table en France. Mais on en fabrique beaucoup pour couvrir et préserver les fauteuils et les divans, ou bien pour envelopper les matelas qui, jusqu'à présent, n'étaient couverts que d'une toile quadrillée, grossière et presque ridicule, ou tout au plus d'un coutil à longues raies bleus ou vertes. Ce linge écru et légèrement orné revient à des prix fort avantageux ; les maisons élégantes l'ont pris en grande faveur ; on commence à en fabriquer énormément pour l'exportation.

EXPOSANTS.

BEGUÉ. (PAU.)

L'importante fabrique de M. Begué, établie à Paris, produit : toiles unies, depuis les grosses toiles pour usages ménagers, jusqu'aux toiles destinées aux linge de corps, mouchoirs blancs, linge de table ouvré, moiré, damassé. L'*ouvré* est principalement destiné au midi de la France et à l'Espagne, qui l'emploie beaucoup. Le *moiré* présente le même effet des deux côtés, son prix est peu élevé. Le *damassé* est un objet de luxe en belle qualité. Les services de table, damassés, qui nous viennent de Silésie et qui jouissent d'une grande réputation, ne sont pas plus beaux que ceux qui sortent de la fabrique de M. Begué, et sont pourtant d'un prix plus élevé ; ainsi, la *Silésie* vend, sur les lieux, au prix de 55 francs, un service composé d'une nappe et de douze serviettes : pour 70 francs, la nappe de 2 mètres 10 sur 2 mètres 40, se décomposant en six serviettes, le service présente donc une surface totale de dix-neuf serviettes, soit 2 francs 90 centimes l'une. Le service Begué, de 60 francs, se compose d'une nappe de 2 mètres 10 sur 3 mètres, équivalant à sept serviettes un cinquième, d'unc surnappe de deux serviettes un cinquième, et de douze serviettes, soit vingt et une serviettes deux cinquièmes : chaque serviette ne revient donc qu'à 2 francs 80 centimes. C'est 10 centimes de moins, par serviette, que le silésie. C'est là un résultat à constater ; l'époque n'est pas loin où le damassé français ne souffrira plus aucune concurrence.

DECOSTER. (LILLE.)

Le tissage damassé, qui présente de grandes difficultés, est irréprochable sur les métiers de M. Decoster. Son linge de table damassé est d'une remarquable perfection, et cette spécialité lui a valu les suffrages de tous les connaisseurs.

FOURNEL (Victor). (Lyon.)

M. Victor Fournel a exposé un magnifique service de table en soie damassée. C'est beau ; mais nous croyons que cette innovation n'aura pas un grand succès; le linge de fil conservera toujours sa spécialité, pour le service de table, même quand il s'agira de satisfaire les exigences du luxe le plus raffiné; la soie est peu commode, d'ailleurs, pour l'usage auquel M. Fournel a essayé de l'appliquer.

XII

TAPIS

Un appartement, un mobilier ne sont pas complets, lorsqu'il y manque des tapis ; on peut dire, sensualité à part, que c'est un objet indispensable dans les climats même tempérés, et que, partout, c'est un des ornements les plus gracieux de nos demeures. Malheureusement, l'indispensable manque en France, tout autant que le commode, sous ce rapport. Il y avait à l'exposition industrielle des tapis de la plus rare magnificence, auxquels les fortunes opulentes peuvent seules atteindre ; mais ceux qui devraient être de consommation courante et à peu près générale chez un peuple aisé, sont encore trop chers ou d'une qualité inférieure, qui n'atteint pas le but. De toutes les nations civilisées, la France est celle qui consomme le moins de tapis et de plus mauvaise qualité, et c'est elle qui produit incontestablement les plus beaux tapis du monde ! Le dernier fait s'explique par la perfection du goût français ; le premier tient à ce qu'en France les laines sont excessivement chères, question économique dont la discussion serait déplacée ici. A ce malheur, vient se joindre la taxe exagérée qui frappe les tapis du dehors. L'Orient, par exemple, produit des tapis veloutés dont le dessin n'est pas irréprochable, sans doute, mais dont la qualité est excellente, et qui se vendent à des prix très-accessibles. Mais une pièce de ce genre, qu'on achèterait 200 francs en Orient, serait grevée d'un droit triple de sa valeur, à la douane de Marseille. Aussi, la France se passe de bons tapis, et même de tapis tout simplement, et c'est bien un malheur pour nous tous.

Le tapis ras, l'écossais, le jaspé, la moquette, le velouté, la mosaïque : telles sont les six espèces exposées.

Le tapis ras peut être un objet de haut luxe ; il y en avait d'admirables à l'exposition, dessins, couleurs, travail et lainage. Mais c'est froid, sous les pieds, et cela s'use très-rapidement. La chaîne, ordinairement en fil, paraît alors, et la belle, la coûteuse pièce est perdue. C'est donc un détestable genre.

L'écossais rouge et noir invariablement est plus détestable encore, et plus vite usé : industrie misérable en elle-même, et ruineuse pour les très-petites fortunes qui forment sa clientèle.

Le jaspé est rarement bon, il est encore plus rarement beau. C'est terne et triste ; c'est aussi ruineux que le ras et l'écossais.

La moquette, velours de laine très-bas, coupé très-court, est charmante quand elle est faite avec soin et goût. L'exposition en avait de délicieuses, mais d'un prix trop élevé, on a vu pourquoi.

Le tapis velours, ou haute laine, est le seul qui soit réellement tapis ; c'est-à-dire chaud, bon, beau, économique, si le prix est abordable ; et il devrait l'être, si les lois qui régissent l'échange entre les peuples le voulaient bien.

Le tapis mosaïque est une curieuse nouveauté industrielle, inventée à Berlin, et récemment introduite en France. Supposez que chaque fil d'un tapis velouté se prolonge indéfiniment, toujours associé, quant à la couleur qui lui est propre, et à l'effet qu'il doit produire, avec tous ceux qui l'avoisinent. Une fois chacun de ces fils engagé dans les mailles d'une toile métallique, on les saisit à l'aide d'un cadre, on les serre, on les tire, on rase la surface, on la colle à l'aide d'un enduit solide, de gomme ou de caoutchouc, et, quand l'enduit est sec, on coupe à la hauteur voulue. En tirant encore les fils qui passent et sont maintenus par le tissu métallique, on recommence l'opération, tant qu'il y a du fil. Le tapis est toujours et mathématiquement le même. C'est encore cher, parce qu'il y a brevet; mais, ce qui est pire, c'est l'absence de solidité. Un tel produit est donc simplement curieux.

Un essai de tapis peluche paraît avoir peu de chances de réussite. La laine, seule, possède l'élasticité résistante ; la soie se couche sous la pression du pied, fréquente et continue.

EXPOSANTS.

BELLANGER PÈRE ET COMPAGNIE. (Tours.)

Avec rien faire quelque chose : tel est à peu près le problème que s'est constamment imposé M. Bellanger. Ce problème, il l'a résolu, vingt années ont constaté son succès. A l'époque où il fonda son établissement à Tours, on ne tirait aucun parti du poil de bœuf, et l'on utilisait à peine, si ce n'est pour les colliers de chevaux, les banquettes, etc, le poil de veau et le poil de cabri.

M. Bellanger imagina d'en faire des couvertures et des tapis. Les difficultés étaient grandes, elles ne l'effrayèrent pas ; les sacrifices à faire devaient être considérables, ils n'arrêtèrent en aucune façon son élan. Il se mit à l'œuvre, et, doué d'une patience à toute épreuve et d'une habileté en sa partie peu commune, il arriva au but de ses désirs.

Les poils de bœuf, de veau, et même de cabri, sont d'une nature des plus ingrates ; il était donc non-seulement difficile de les teindre, mais encore de les filer. Ces matières premières tiennent du crin et s'imprègnent difficilement des couleurs qu'on veut leur donner, de même elles sont tellement courtes, qu'il est pour ainsi dire impossible de leur départir une liaison suffisante. A force de soins et de persévérance, M. Bellanger y est parvenu. Il a réussi à faire des tapis et des couvertures qui rivalisent pour les couleurs, le tissage et la durée avec les plus beaux tapis en laine, et qui ont surtout l'inappréciable avantage de coûter plus de moitié moins cher.

Ce premier pas fait, M. Bellanger ne s'arrêta pas en si beau chemin ; avec son imagination mobile et investigatrice il alla à la recherche de nouvelles matières, qui, reconnues inutiles, pussent exercer ses laborieuses combinaisons. Son attention se fixa sur les courtes, c'est-à-dire le déchet des cocons de vers à soie. Les courtes ont beaucoup de rapport avec la filasse, c'est, pour ainsi dire, du chanvre à peine dégrossi.

Les rendre aptes à être fabriquées n'était pas seulement sans difficulté, c'était, pour ainsi dire, une impossibilité matérielle. Les premières tentatives de M. Bellanger furent infructueuses; il parvenait à faire débouillir ses courtes, mais il ne pouvait les filer. Beaucoup d'autres peut-être à sa place y eussent renoncé : il persista. Sa persévérance fut récompensée. Il réussit à faire, des courtes, ce qu'il avait précédemment fait des poils de vache et de cabri.

A côté de ces produits, si intéressants par eux-mêmes, lorsqu'on en connaît l'origine, M. Bellanger a entrepris, pour obéir au mouvement imprimé à notre industrie manufacturière, de fabriquer des tapis haute laine. Ces tapis sont connus depuis longtemps; aussi M. Bellanger ne voulait-il pas seulement marcher sur les traces de ses confrères, il voulait, si cela se pouvait, les devancer. Jusqu'à présent les manufactures s'étaient bornées à livrer à la consommation des tapis haute laine en descente de lit. M. Bellanger en a fabriqué un de grande dimension. Ce tapis n'a pas moins de 2 mètres 75 centimètres, sur 3 mètres 55 centimètres : dimension énorme, quand on considère les obstacles qu'elle présentait, le temps et les frais considérables qu'elle a exigés.

M. Bellanger a successivement obtenu une médaille de bronze et une d'argent.

COUMERT-CARRETON ET CHARDONNAUD. (Nîmes.)

Ces fabricants livrent au commerce une sorte d'étoffe imitant les tapis d'Aubusson, et faite sur des métiers ordinaires, au lieu d'être le produit de la haute lisse. La chaîne et la trame présentent tous deux une grande solidité ; le broché, relié à l'envers, la renforce beaucoup et dispense tout à fait des thibaudes. Ils établissent également des étoffes damas de soie avec un mélange de schiappe et de laine de Picardie. Les effets en sont brillants et chatoyants.

ROUSSEL-REQUILLARD ET CHOCQUEREL. (TURCOING.)

L'industrieuse ville de Turcoing s'occupe, entre autres travaux, de la fabrication des tapis ; deux établissements, occupant sept cents ouvriers et faisant fonctionner cent trente-cinq métiers, y sont établis ; celui de MM. Roussel-Requillard est le plus considérable, puisqu'il fournit à lui seul les quatre cinquièmes des produits. Cette fabrique file et teint elle-même ses laines, et livre au commerce pour plus de 800,000 francs de tapis. Les articles exposés par MM Roussel-Requillard nous ont paru d'une belle qualité et très-convenables pour l'exportation.

SALLANDROUZE (ALEXIS). (AUBUSSON.)

M. Sallandrouze est le premier qui ait fondé à Aubusson (département de la Creuse) un vaste établissement de filature mécanique. Il expose cette année une reproduction, un tapis ras, d'un dessin remarquable ; des tapis jaspés, écossais, etc., foyers haute laine et foyers moquettes. Cette maison, laissant à d'autres fabricants les produits spécialement destinés au luxe, s'attache principalement à répandre et à populariser l'usage des tapis, en mettant les objets qui sortent de ses mécaniques à la portée des classes moyennes.

XIII

MOUSSELINES. — BRODERIES. — DENTELLES.

La mousseline, ce tissu délicat et léger, fin et transparent, est originaire de l'Inde. L'Europe en a fait la conquête, et, grâce à son génie dans la mécanique, elle file aujourd'hui et tisse le coton de manière à pouvoir porter des mousselines dans l'Inde même. La mousseline de l'Inde qui se vend encore en Europe n'est qu'une fable grossière pour duper les ignorants ou les incrédules, qui payent à des industriels effrontés 30 francs pour un mètre de mousseline qui ne vaut que 4 francs en France ou en Angleterre, ses vraies patries actuelles. Les Anglais filent le coton plus fin, mais la France tisse mieux cette étoffe, et s'entend mieux surtout à l'orner de légères broderies. Saint-Quentin fabrique les mousselines communes, les gazes, les organdis, les balzorines, tout ce qui, en ce genre, est de grande consommation. Tarare, près de Lyon, travaille plus délicatement, les jolies étoffes claires de coton pour robes, pour tentures d'appartement de dames, pour rideaux et stores brochés. Le progrès dans ce genre d'article n'offre rien de bien remarquable, qu'un abaissement de prix et plus de perfection dans le travail des broderies à jour, qui deviennent plus riches et plus élégantes. On peut avoir aujourd'hui à 4 francs 50 centimes le mètre, des rideaux brochés d'une élégance parfaite, et pour 150 francs, des stores couverts des plus riches ornements, d'une richesse même exagérée, ou l'or ne se mêle pas toujours avec assez de goût au blanc mat et pâle de la décoration principale. Pour 20 francs une dame peut posséder une robe en gaze damassée, avec de charmants effets de mousseline.

L'objet qui a frappé le plus l'attention, en ce qu'il est le produit d'un travail neuf et de bon goût, est un grand store en mousseline brochée avec fleurs, fruits, ornements, enfants, avec des effets d'ombre qui détachent tous ces motifs et leur donnent du relief. C'est un véritable progrès qui est dû à la maison *Daudeville* de Saint-Quentin et de Paris.

Les tulles de M. *Lecoq-Guibé*, d'Alençon, brodés *en reprise*, sont plus légers que la broderie au crochet, et offrent un ensemble fort gracieux.

L'étoffe la plus fine et la plus délicate en coton, c'est la mousseline; pour le lin, c'est la batiste, toile fraîche et douce, d'une suprême beauté, parce qu'à sa merveilleuse finesse, vient encore se joindre une blancheur éclatante que le coton ne saurait atteindre. Cette toile de lin ne prend pas bien la teinture, elle se refuse aux impressions brillantes qui s'harmonisent si parfaitement avec la nature même de la soie, et de la laine surtout; on ne songerait pas à brocher la batiste par les moyens mécaniques : elle est trop délicate, elle en souffrirait. Pour l'orner, on a donc recours aux broderies à la main, soit en blanc, soit en couleur. Ce dernier mode produit des effets d'un goût médiocre. On a exposé cette année des broderies de couleur, des ornements appliqués en pailles brillantes, ou ailes vertes d'insectes bronzés, et autres enfantillages semblables, dont tout le mérite est d'être curieux et de difficile exécution. Il n'y a de vraiment beau, en broderie sur batiste, que les dessins en coton très-fin et très-blanc, en points très-variés, et avec des jours ménagés à l'aiguille et qui forment de délicieux effets de dentelles. Une belle personne vêtue ainsi, a certainement le costume le plus véritablement riche et magnifique, et de l'élégance la plus achevée qui se puisse voir. Ni l'or, ni les pierreries ne la parent avec autant de séduction. La France n'a point de rivales dans les belles broderies ; Nancy et Paris surtout ont des broderies d'un incomparable talent. Nous avons vu des robes dont le goût et la perfection ont été admirés par les dames les plus éminentes et les plus difficiles.

La dentelle est presque une science dans la toilette des femmes. Ces légers tissus forment des genres, des espèces qui ont leurs variétés et sous-variétés distinctes. Venise, Florence, Gênes, autrefois, faisaient des points admirables de finesse et d'élégance. L'Angleterre a fait de beaux points, et n'en fait plus, bien que le nom de *point d'Angleterre* soit demeuré à une broderie spéciale, où la Belgique réussit le mieux, et qui est connue généralement aujourd'hui sous le nom belge de *point de Bruxelles*. En France, Valenciennes a donné son nom à une dentelle extrêmement fine et délicate, dont la solidité pourtant égale la grâce toute charmante. La ville d'Alençon est devenue célèbre par une dentelle un peu lourde peut-être, mais d'une richesse infinie, qui porte aussi son nom historique, et que l'on fait plus légère maintenant. Le Puy, enfin, fabrique, de temps immémorial, des dentelles populaires à très-bon marché. Un exposant de cette ville, M. *Robert Faure,* fait des dentelles élégantes ; le goût, la perfection de ses pièces ont séduit les princesses françaises, qui lui ont beaucoup acheté. Mirecourt, en Lorraine, et Bayeux, en Normandie, ont envoyé à l'exposition des dentelles d'une grande perfection.

Près de la dentelle, petite étoffe à jour, ordinairement étroite, et fabriquée à la main, au fuseau, avec du fil de lin d'une finesse fabuleuse, et très-chère par conséquent, se placent le tulle, qui se fait avec du fil de coton, et la blonde, qui est une dentelle de soie. En fait de tulle façonné à la mécanique, la maison *Tofflin-Martho*, de Caudry, petit pays du département du Nord, a présenté de très-jolies choses à bon marché, qu'on n'aurait pu produire il y a cinq ans. C'est un progrès d'une certaine importance ; car, quelle femme n'orne sa coiffure de ces petits et élégants tissus ? Fabriqués en toute largeur, ils peuvent faire des robes, dont une dame riche ne dédaignerait pas de se parer dans un bal.

La blonde a un peu perdu de sa faveur ; la maison *Violard*, de Paris, en a cependant exposé de très-belles, et surtout d'une finesse merveilleuse, à côté de ses beaux châles, de ses magnifiques robes en application de Bruxelles.

Donc, à l'exception de la valencienne, où la Belgique réussit le mieux, on peut dire qu'aujourd'hui la France l'emporte sur toutes les nations dans l'industrie des dentelles : depuis la petite dentelle à 10 cent. le mètre, jusqu'aux difficiles applications, aux riches guipures, aux blondes brillantes, aux *points* de grand luxe, dont le prix par mètre peut s'élever à plusieurs milliers de francs.

EXPOSANT.

DREUILLE.

La broderie blanche sur tissus légers, tels que batistes, mousselines, tulles, etc., s'est traînée longtemps dans une routine complétement étrangère aux beaux-arts. En 1835, un peintre distingué, M. Dreuille, résolut de la faire sortir de cet état dégradant, et il créa une fabrique de broderies, au service de laquelle il mit ses connaissances et son talent d'artiste. Bientôt la fabrique française se réveilla et suivit tout entière cette voie, et la mode dut, à une noble émulation, des produits d'une richesse et d'un goût exquis.

Nous ne saurions énumérer ici tous les articles exposés par M. Dreuille, et dont l'industrie nationale a le droit de s'enorgueillir; nous citerons seulement ses mouchoirs brodés, qui s'élèvent depuis le prix de 70 fr. jusqu'à celui de 300 fr. La Reine des Français a honoré M. Dreuille d'achats considérables, et la haute société n'a pas manqué de suivre cet exemple.

XIV

PRODUITS CHIMIQUES.

La partie de la grande salle des machines, où se trouvaient rangés dans un ordre superbe les produits chimiques, a été l'une des plus brillantes de l'exposition, celle dont la France peut s'enorgueillir au-dessus de tout ; car, selon le témoignage des étrangers eux-mêmes, aucune industrie n'a prouvé des progrès plus manifestes ; aucune nation civilisée n'a pu atteindre, jusqu'à présent, dans ce magnifique travail, une supériorité aussi incontestable.

Quelle science ! Après avoir longtemps et obscurément cherché des liqueurs qui prolongeassent la vie de l'homme, après s'être épuisée en vains efforts pour changer les métaux en or, que l'on prenait jadis pour la richesse absolue, tout à coup, à la fin du dernier siècle, la chimie trouve beaucoup mieux que cela : elle analyse l'air et l'eau ; elle réduit les corps à leur simplicité absolue ; elle décompose et associe les véritables éléments de toutes choses, se fait science complète, et marche de découvertes en découvertes, au profit de l'art médical, de l'industrie et des beaux-arts. Si les produits qu'elle a enfantés en soixante-quinze ans donnent la mesure de ce qu'elle est appelée à créer dans l'avenir, quelles seront donc les œuvres de sa virilité? Que produira-t-elle dans les âges futurs?

Au point de vue médical ou pharmaceutique, l'exposition a offert une substance extraite de la laitue, le *lactucarium*, que l'on connaissait déjà, mais qu'on n'avait pas encore obtenu à ce degré de pureté, c'est-à-dire de puissance : suc bien précieux, en effet, puisqu'il possède à peu près les propriétés calmantes et sédatives de l'opium, sans en avoir les graves inconvénients. On sait que les découvertes de la chimie permettent, depuis quelques années, de lever le voile jusqu'ici impénétrable qui couvrait le crime lâche et affreux des empoisonnements; mais les manipulations solennelles de la médecine légale ne peuvent avoir ni précision, ni certitude, si leur merveilleuse délicatesse n'est secondée par la pureté des corps employés. L'exposition des produits chimiques donne la preuve rassurante que, si cette pureté n'a pas toujours été absolue, elle marche rapidement à le devenir, et que les erreurs de la science ne pourront bientôt plus, ou sauver un coupable, ou, ce qui serait plus douloureux encore, compromettre l'innocence accusée. Ainsi donc, plus de pureté, en général, et conséquemment une beauté parfaite dans les produits, en les rendant plus propres à leur emploi : tel est le progrès que nous constatons. Il est dû à l'émulation qui anime les fabricants; beaucoup de jeunes gens très-instruits, en effet, se sont jetés récemment dans l'industrie des produits chimiques, y rivalisent de talent, et sont l'honneur de leur pays.

La chimie n'est point demeurée indifférente aux besoins des beaux-arts; elle a singulièrement perfectionné les vernis, encore inférieurs, en beauté peut-être, à ce que produit une partie de l'Allemagne (1), mais plus solides, assurément, et plus durables. Le blanc d'antimoine se présente pour remplacer la céruse qui tue les ouvriers prépaaateurs. Quelques couleurs se font mieux et plus belles; l'hyposulfite de soude, pour le daguerréotype, se produit avec un succès qui doit améliorer la pratique de cet art nouveau et si précieux.

Pour ce qui est de l'industrie dans toutes ses branches, il n'en est pas

(1) Le Brunswick, surtout.

une peut-être qui n'ait contracté de nouvelles obligations envers la chimie. A propos de l'orfévrerie, nous avons parlé de la dorure qui se fait aujourd'hui sans danger pour le travailleur. Mais quels services la science ne rend-elle pas aux tissus ! Sans elle, sans les mordants et les matières colorantes qu'elle leur prépare, ils seraient dans un véritable état de nudité, au lieu de ces charmants dessins, de ces gracieuses et élégantes fantaisies qui embellissent jusqu'aux vêtements du peuple, à des prix si bas, qu'il y a dix ans encore leur annonce eût paru une fable ridicule.

Plus de salubrité introduite dans la fabrication de l'acide sulfurique, et l'application ingénieuse et économique du vide pour cette industrie si importante ; les cristallisations de prussiate rouge de potasse ; les extraits de bois de teinture qui épargnent des frais considérables de transport ; l'extraction du principe colorant de la garance, dégagé des corps neutres qui l'altèrent dans l'état naturel ; plus d'éclat, plus de fixité donnés au bleu que produit le prussiate de potasse, et son application plus étendue ; les notables perfectionnements introduits dans les produits ammoniacaux, sont autant de riches conquêtes signalées et démontrées par l'exposition de 1844.

L'agriculture a sa part dans ce progrès ; les glucoses, ou sucre de pommes de terre, si utile à la vinification, dans les années défavorables, pour sauver des récoltes, que l'absence de matière sucrée réduit à une valeur infime, les glucoses se produisent plus pures et à plus bas prix de jour en jour. Comme le sucre de betterave est identique au sucre de canne, la glucose est parfaitement le même sucre que celui de raisin, incristallisable comme lui, et pourvu des mêmes propriétés. Des travaux très-importants sur les engrais, donnent l'espoir que bientôt, non-seulement l'agriculture aura d'amples moyens pour fixer dans ses engrais la richesse fécondante qui se perd aujourd'hui par la volatilisation, mais encore qu'on arrivera pour elle à la solution d'un problème plus important encore, s'il est possible, savoir : la mesure facilement praticable de cette richesse fécondante, dans quelque état, dans quelque situation que se trouve l'engrais. Arrivés à ce point, les chimistes pourront être légitimement glorieux des services qu'ils auront rendus à l'humanité.

EXPOSANTS.

CLOUET ET COMPAGNIE.

La glu marine rigide ou élastique, suivant la manière de la préparer, est complétement insoluble dans l'eau; sa force adhérente est très-grande; elle fait corps avec la pierre, le bois, le fer, le cuivre et le zinc, qu'elle préserve de toute oxydation. Les applications industrielles de la glu marine sont infinies : le calfeutrage et le doublage des navires peuvent emprunter son secours. Liquide, elle sert d'enduits aux prélats, bâches, toiles, cordages, qui conservent toute leur élasticité; appliquée à chaud, elle préserve de toute humidité les cartonnages, les tissus, les traverses de chemins de fer, les poteaux, les échalas, enfin tous les objets qui sont continuellement ou accidentellement exposés aux intempéries de l'atmosphère.

DEMARSOU ET COMPAGNIE.

Nous devons à ces fabricants une mention honorable pour leurs savons de benjoin et leurs savons dits de Windsor. La parfumerie française doit à cette maison une grande partie de son éclat, et les produits qui sortent de chez elle jouissent à l'étranger d'une réputation méritée; l'exportation leur demande un grand nombre d'articles de toilette.

FÈVRE.

Dans certaines contrées, à certaines époques de l'année, les eaux, naturellement ou accidentellement malsaines, engendrent des maladies chroniques, ou seulement des fièvres aiguës qui ne sont pas sans danger. La poudre, dite de Seltz, rend, dans ces occasions, un grand service à la santé publique. M. Fèvre, fabricant d'eaux minérales factices, est parvenu à livrer à la consommation cette poudre en bonne qualité, à cinq centimes la bouteille. Ses poudres, pour limonades gazeuses et pour vin de Champagne, au même prix, offrent une boisson agréable et peu coûteuse.

KULHMANN. (Lille.)

La fabrication de l'acide sulfurique exigeait, autrefois, des récipients de platine, seul métal qu'elle n'attaquait pas, quand elle se trouvait portée, pour la concentration, à une haute température ; or, le platine est un métal aussi cher que l'or. M. Kulhmann, qui, sans contredit, est un de nos plus habiles chimistes, a remplacé le platine par le plomb ; il opère alors son évaporation dans le vide, et l'acide se concentre, sans qu'il soit besoin de recourir à une haute température.

POIZAT ONCLE ET COMPAGNIE.

La chimie est inépuisable dans son application à l'industrie. L'art du teinturier, seul, lui offre un vaste champ où il lui restera toujours quelques stades à parcourir. On sait que les couleurs ont besoin d'un mordant, pour se fixer sur les tissus, et l'alun sert communément à cet emploi. Mais dans l'alun, il se trouve une base de potasse inutile, et l'alumine qu'il contient est seule utile dans la teinturerie. MM. Poizat ont imaginé alors d'employer le sulfite d'alumine, et non-seulement ils sont parvenus à produire des masses considérables de cette substance, mais ils extraient en assez grande quantité l'alumine pure.

L. T. PIVER.

Depuis une trentaine d'années, la fabrication des savons de toilette a fait d'immenses progrès en France. L'alcali, qui fait la base du savon, possède des qualités caustiques qui rendaient son emploi fâcheux pour la peau. On avait alors imaginé des préparations et des crèmes composées de trois parties d'huile et d'une partie seulement de savon, dans le but d'atténuer les phénomènes produits par l'alcali. Ce mélange, fait à froid, se décomposait dans l'eau indispensable pour son emploi ; alors l'alcali, masqué seulement pas l'excès d'huile, agissait directement, tandis que l'huile elle-même, provenant de cette décomposition, laissait sur la peau des matières grasses, au lieu de dissoudre celles qui s'y forment naturellement. Les savons d'albumine de M. Piver n'offrent aucun de ces inconvénients; ils ne causent aucune de ces érosions et de ces irritations cutanées provenant de l'emploi des savons ordinaires. L'albumine, qui entre dans leur composition, prévient ou neutralise aussitôt les phénomènes de l'alcali, et restitue à la peau, par une double décomposition chimique, l'imperceptible substance que ce caustique lui a enlevée; on sait, en effet, que l'albumine forme la base de la peau humaine. M. Piver nous a encore offert d'autres produits destinés à la toilette, tels que : *eau de Cologne des princes, eau-de-vie de lavande ambrée*, etc., etc. Ce fabricant a exposé, en outre, une machine de son invention, composée de deux énormes cylindres de granit à rotations inégales, propres à broyer et à préparer ses savons; ce travail se faisait autrefois d'une manière imparfaite et très-coûteuse, à bras et dans de simples pilons.

J. SICHEL-JAVAL.

M. J. Sichel-Javal est à la tête du plus ancien établissement de parfumerie qui existe à Paris, fondé, en 1756, par M. Laugier. Ce fabricant, qui excelle dans toutes les parties de son industrie, a principalement dirigé ses soins, depuis quelque temps, sur les savons de toilette. Cet article, par la grande quantité d'alcali qu'on y laissait autrefois, irritait la peau et lui enlevait son velouté. La maison Sichel-Javal inventa alors le savon mou et transparent, dit Oléophane, qui sert à la fois pour la barbe et pour les mains. A côté de ces savons, nous avons encore remarqué les savons à la neige parfumés, pour bains, des pommades, des crèmes d'amandes, extraits d'odeurs, eau de Cologne et eau dentifrice, de qualités supérieures, et propres à l'exportation.

XV

PATES CÉRAMIQUES. — PORCELAINES. — TERRE DE PIPE. — GRÈS. — POTERIE.

Les anciens nous ont laissé, sous le nom de *vases étrusques*, des produits admirables de l'art du potier. Les Chinois ont été nos maîtres en ce qui concerne la porcelaine : faïence fine et transparente qui se fabrique avec le kaolin, la plus belle des argiles. La France, il faut l'avouer, ne tient pas le premier rang dans ces industries si utiles ; elle est inférieure à l'Allemagne et à l'Angleterre, sous le rapport du prix et de la beauté des pâtes; car il ne faut pas parler de la manufacture royale de Sèvres, entretenue aux frais du gouvernement, et qui donne des produits exceptionnels d'une beauté incomparable. La réputation de goût et d'élégance que l'industrie française s'est acquise, est si fortement établie, que les étrangers nous demandent encore des produits céramiques, pour les copier, bien que les choses ne méritent pas toujours tant d'honneur.

Cette exposition prouve que la porcelaine a peu gagné, comme pâte, comme solidité, comme émail, comme forme générale et dessin. Deux progrès seuls sont bien réels : un abaissement de dix pour cent dans le prix, et la coloration qui se fait plus complète et meilleure. Le goût rocaille est de mode; il est fort extravagant, cela n'empêche pas la porcelaine de se vendre. De jolies choses ont été présentées : des fleurs légères et très-bien exécutées, par exemple; puis des imitations fort bonnes de sculpture sur ivoire, et un petit nombre de grands vases montés en bronze, d'une excellente forme.

Deux maisons travaillent la porcelaine de manière à ce que, durcie à la cuisson, elle puisse aller au feu sans se fendre. C'est une utile et excellente industrie pour les usages domestiques, et pour les laboratoires de chimie qui consomment beaucoup de ces articles très-intéressants. Deux vastes capsules de 50 centimètres de diamètre, exposées par madame veuve *Langlois*, de Bayeux, sont des pièces magnifiques.

Une porcelaine de fantaisie, dite *émail ombrant*, produit d'assez jolis effets. On imprime en creux, lorsque la pâte est encore molle, puis on coule dans les creux un émail de couleur. Après la cuisson, les épaisseurs offrent une teinte foncée et graduée qui donne un relief apparent. Cette combinaison est ingénieuse.

En mélangeant une portion de kaolin avec l'argile blanche dite *terre de pipe*, mot qui s'explique de lui-même, on obtient une belle faïence qu'on nomme porcelaine opaque. Elle forme des assiettes, des plats, des vases usuels à bon marché et très-propres. Les fabriques de Sarreguemines font, avec cette pâte colorée, de très-bonnes imitations de marbre et de porphyre.

La faïence, proprement dite, se fait avec de l'argile grossière revêtue d'une couche d'émail. Le malheur de cette humble industrie, c'est que la dilatation de la pâte ne peut se mettre en accord avec celle de l'émail, qui cède alors, et se fendille d'une manière désagréable. On a tenté les grandes pièces cette année, elles ont bien réussi; un fabricant établit de superbes planches pour garnir les foyers, et des baignoires très-hardies de 165 centimètres de longueur. Cela seul constitue un progrès important.

La poterie en grès devient meilleure et plus belle. C'est un genre susceptible de prendre les plus riches ornements. Quelques vases de forme byzantine fort pure et bien comprise ont été exposés. On a remarqué une gourde pouvant contenir deux litres de liquide, et cependant d'une légèreté extrême. La coloration des grès a encore beaucoup de progrès à faire, pour devenir parfaite ; les tons ont trop souvent un aspect sale, et il est rare qu'ils soient agréables à l'œil.

La grosse poterie de ménage, en couleur sombre et bien vernissée, si utile au peuple, s'est présentée avec honneur à l'exposition industrielle. On a remarqué sa solidité, et des formes moins grossières que ce qui s'était vu jusque-là. Cette industrie mérite qu'on l'encourage.

Depuis quelques années, un industriel de Paris, très-intelligent, fait, avec la terre cuite très-fine, très-épurée, et sans aucun émail ni couverte, une poterie de décoration qui a beaucoup de succès. Ce sont des vases de toutes les dimensions, de tous les styles, modelés en général avec une remarquable perfection et un goût excellent. De charmants lustres se suspendent dans les vestibules, les salles de billard, les serres chaudes et tempérées; on y place des plantes en fleur. Le soir, surtout, aux lumières, l'effet est délicieux. Ce genre d'industrie prend de l'accroissement : il est peu de maisons de campagne et de châteaux, qui ne soient ornés de ces beaux ouvrages; on commence à en exporter beaucoup à l'étranger, jusque dans les deux Amériques.

EXPOSANTS.

CORBIN.

La faïence anglaise faisait une ruineuse concurrence aux produits de la manufacture française, sur tous les marchés des deux mondes; celle-ci avait même déjà renoncé à l'exportation pour l'Amérique; lorsqu'un fabricant est venu à son tour porter le plus rude coup à la manufacture anglaise, et lui enlever peut-être la plupart de ses débouchés. M. Corbin a résolu un problème étonnant de bon marché : il livre au commerce des porcelaines dorées, *au prix de la faïence anglaise.* Il s'est pourtant présenté avec modestie à l'exposition. Son étalage se composait d'une douzaine d'assiettes de porcelaine, solidement dorées, cotées 5 *francs la douzaine*; d'une autre douzaine, avec fleurs très-bien exécutées, à 5 fr. 50 c.; d'un pot à eau et de sa cuvette, marqués 3 fr. 50 c., et d'une tasse avec sa soucoupe, toujours dorées et de belle qualité, à *un franc!* Ces chiffres disent tout haut la révolution que M. Corbin a opérée dans la manufacture; grâce à lui, l'exportation va prendre un essor nouveau, déjà les marchés lointains se disputent ses produits, et nous savons que cet exposant a fait, depuis l'exposition, plusieurs expéditions pour Constantinople, en objets spécialement établis pour les besoins et les mœurs du pays.

DU TREMBLAY. (Rubelles.)

Cet exposant applique ses émaux à la décoration architecturale; nous avons remarqué parmi les produits de sa fabrique, des rosaces pour plafonds, des revêtements pour cheminées et pour poêles, des lettres et des chiffres pour le commerce, d'un grand éclat et tout à fait inaltérables; la vapeur du gaz, la fumée ne les attaquent jamais, et il suffit d'un coup d'éponge pour les entretenir dans tout leur éclat. On décore très-bien encore, avec les émaux de M. du Tremblay, les passages de portes, les boutiques, les salles de bains, et en général tous les murs sujets à être altérés par l'humidité.

DESFOSSÉ FRÈRES.

L'art céramique et la peinture sur porcelaine ont dû quelques progrès à MM. Desfossé frères, dont l'exposition se compose de tableaux, de palettes, et de divers objets coloriés avec leurs couleurs vitrifiables.

Avant l'année 1832, les couleurs propres à être appliquées sur la porcelaine dure étaient d'un prix si élevé, que les fabricants en restreignaient beaucoup l'emploi. MM. Desfossé frères les vendent aujourd'hui moitié moins chers qu'à cette époque, et d'une qualité au moins supérieure.

On n'est point encore parvenu à appliquer, sur porcelaine dure, le bleu turquoise que la porcelaine tendre reçoit si bien. Ces fabricants ont découvert et fabriquent, pour combler cette lacune, une nuance qui imite et peut remplacer, pour les pâtes dures, ce bleu turquoise qui donne tant de prix aux porcelaines tendres dites *vieux-Sèvres*. On l'emploie soit au feu de moufle ordinaire, soit au grand feu. Les couleurs de fond, sur lesquelles on applique l'or poli, ont également reçu de notables améliorations dans les ateliers de ces exposants. Ils ont perfectionné les verts de chrôme, couleurs découvertes, quant à leur emploi dans les arts céramiques, par leur père et par M. Brongniart, directeur de la célèbre manufacture de Sèvres ; enfin, ils ont, les premiers, appliqué les couleurs vitrifiables sur le grès plammite que l'on extrait des carrières de Passavant, dans les Vosges. Ce grès étant d'un prix très-minime, on pourrait l'employer à bâtir des monuments pareils à la célèbre tour de Nankin.

MM. Desfossé frères, au moyen d'un moulin dont ils sont les inventeurs, livrent au commerce des émaux-couleurs tout broyés.

FOLLET.

Le fabricant qui, sans contredit, s'est fait le plus remarquer dans l'alliance heureuse de la terre cuite et de l'horticulture, est M. Follet. — Rien de plus riche et de plus charmant à la vue, que l'assortiment qu'il a présenté cette année à l'exposition ; ses sculptures, ses vases, ses coupes, ses corbeilles sont délicieuses de composition ; mais ce qu'on a regardé avec le plus de plaisir, ce sont ses lustres d'été, d'où les feuilles pendent si gracieusement et qui conviennent surtout aux plantes grasses.

GILLE.

Après de nombreuses recherches, après des sacrifices énormes, M. Gille, à qui l'industrie est redevable de beaucoup d'essais, a songé à donner un rôle à la porcelaine dans les grandes décorations d'appartements et d'établissements publics. Il substitue, aux peintures sur mur, ou sur panneaux de bois, des peintures sur plaques de porcelaine de toutes dimensions et applicables au moyen de vis et d'écrous. Rien n'est plus élégant, rien n'est plus gracieux que le modèle de panneau qu'il a exposé. Cette décoration est fraîche et suave; les couleurs tendres et argentines de la peinture sur porcelaine s'harmonisent d'une façon charmante avec les filets d'or et les tons gris des panneaux. Ces tableaux sur porcelaine peuvent convenir à toutes les bourses, leurs prix varient de 10 francs à 300 francs, selon la grandeur et l'habileté du peintre.

Outre ses tableaux, M. Gille a encore fait fabriquer des cheminées en porcelaine peinte et dorée, d'un goût admirable, depuis 200 francs jusqu'à 800 francs.

HONORÉ (Édouard).

Les produits de cet exposant doivent à quelques circonstances toutes particulières de pouvoir être livrés au commerce à un prix souvent au-dessous du cours; dans la localité où se trouve située leur manufacture (département de l'Allier), la main-d'œuvre est presque pour rien, et un cours d'eau est le moteur économique de leur machine à broyer les matières premières. Inutile d'ajouter que l'atelier de sculpture, qui confectionne les modèles, est établi à Paris; hors de la capitale, tout ce qui tient aux beaux-arts manque ordinairement de goût et de grâce; la dorure et la peinture des vases, etc., s'opèrent également à Paris.

Depuis environ trente années, M. Édouard Honoré fait de nombreuses exportations de ses produits dans le Levant; il a fabriqué pour ce pays des vases d'une forme toute particulière et ornés de peintures suivant le goût et les mœurs de la Turquie. A Constantinople, sa maison est aussi connue qu'à Paris; il exécute principalement, pour l'usage de cette succursale, de belles cruches d'une grande dimension, ornées de fleurs, de fruits, d'attributs, d'oiseaux, peints ou sculptés; des *bardaks*, des *surays*, des *jahans*, et des *narguilliers*.

Entre autres objets dignes de l'attention publique, nous avons remarqué, dans l'exposition de M. Édouard Honoré, un beau service de table blanc, décoré et doré, garni d'une galerie à jour d'un travail excessivement fin et léger; des vases chinois admirablement bien traités; des vases persans du style oriental le plus pur. Deux vases, à fond noir, imitent à s'y méprendre les jolis émaux en relief du seizième siècle.

Tout en travaillant pour les classes riches, M. Honoré s'est rappelé que les petits consommateurs ont des droits au souvenir du manufacturier, dont ils font quelquefois la fortune. Ses porcelaines blanches unies sont d'une belle et pure pâte et d'un prix très-modéré. Plusieurs de ces pièces sont faites avec du kaolin et du feldspath du département de l'Allier, d'une blancheur presque égale aux matières du Limousin. Enfin, M. Honoré a évité la contagion de l'excentricité, tout en exposant d'élégants, de riches et de brillants produits, il n'est pas tombé, comme quelques-uns de ses confrères, dans le beau inutile, et dans le bizarre.

Ce fabricant est encore l'inventeur d'un procédé mécanique pour l'ornementation, procédé qui lui permet d'opérer, sur le prix du décor, un rabais de soixante-quinze pour cent.

PICHENOT.

M. Pichenot, par l'emploi de certaines terres et leur combinaison, est arrivé à produire de la faïence ingerçable ; il est aussi parvenu à établir des pièces vraiment phénoménales par leur grandeur. Sa baignoire en faïence, de 1 mètre 70 centimètres de longueur, sur 54 de large et de hauteur, émaillée extérieurement et sur les parois intérieures, est une chose fort curieuse, et qui a valu à ce fabricant une médaille de platine, décernée par la société d'encouragement.

VIREBENT FRÈRES. (Toulouse.)

Nous savons avec quelle patience et quelle délicatesse les architectes du moyen âge travaillaient la pierre ; nos édifices gothiques nous offrent souvent de véritables dentelles ; aussi la réparation de ces édifices coûte-t-elle des sommes énormes, quand il faut demander à la sculpture quelques-unes de ces rosaces ou de ces ogives aux mille arêtes. MM. Virebent frères ont rendu à la science un véritable service, en appliquant l'argile à l'exécution des ornements d'architecture. Nous avons remarqué, parmi les objets exposés par ces artistes, une fenêtre de cathédrale, un chapiteau style byzantin, quelques dais, une console et des fragments de balustrades. Les monuments historiques pourront, grâce à eux, être restaurés désormais avec économie et avec une grande exactitude.

UTZSCHNEIDER ET COMPAGNIE. (Sarreguemines.)

Les grès fins de MM. Utzschneider et Cie imitent parfaitement le jaspe, le porphyre ; ils ont la dureté et le poli de ces pierres ; l'acier ne peut les rayer, et sous le briquet ils donnent du feu comme le silex. Des candélabres, des vases d'une grande délicatesse, ont été exposés par cet ingénieux fabricant, qui, depuis l'exposition de 1801, consacre tous ses efforts au perfectionnement de son intéressante industrie.

XVI

VERRES. — CRISTAUX. — GLACES. — VITRAUX.

On peut dire que l'industrie du verre est complète, en ce sens que l'emploi des matières premières et les procédés de fabrication donnent aujourd'hui une substance homogène, résistante, parfaitement translucide, et d'un prix à la portée des plus humbles consommateurs, pour les usages les plus vulgaires. Que de services cette belle industrie rend à l'homme ! Il est impossible d'y arrêter son esprit et d'énumérer les emplois si multipliés du cristal et du verre, sans être pénétré de reconnaissance pour ses inventeurs, dont l'histoire ne nous a pas même conservé le nom, pour les fabricants et ouvriers qui travaillent sans relâche à nous fournir cette ingénieuse substance. La Bohême s'est fait une grande et légitime réputation dans l'industrie du verre, qu'elle a magnifiquement agrandie. La France a atteint la même perfection, et l'a dépassée même sous quelques rapports, entre autres, *la forme;* la France a récemment emprunté, aux Bohêmes, le moulage en bois qui donne plus de facilité dans le travail, et permet de produire les grandes pièces avec sûreté et pureté. Si le dessin est meilleur dans les ouvrages français, on peut cependant désirer quelque chose de mieux encore, aussi bien que dans les bronzes, médiocres en général, qui ornent quelquefois les grandes pièces.

Le sable siliceux, en qualité commune, fondu à grand feu avec la potasse, donne le verre à bouteille, le verre inférieur. La teinte verdâtre, bleuâtre, jaunâtre, est le produit des oxydes métalliques qui se trouvent en combinaison naturelle avec le sable. Plus pur, et fondu avec la soude, il fait les beaux verres pour miroirs, vitres, gobelets, carafes, flacons, etc. Le cristal se fabrique avec un minéral vitrifié, nommé *quartz*, et l'oxyde de plomb, plus ou moins pur, plus ou moins bien traité, et en proportions variables. C'est cet agent chimique qui donne au cristal tout son merveilleux éclat, et sa vive puissance de réfraction. Le quartz trouvé dans un bel état de pureté, quand les morceaux ont assez de volume, se taille, et prend le nom de *cristal de roche*. La Bohême est très-riche en quartz pur et abondant ; ce fait explique comment le verre de Bohême a longtemps régné dans le monde. Chez elle, la potasse, le combustible, la main-d'œuvre sont à bas prix. La France compense ces avantages par une meilleure entente dans le travail, et une plus habile direction industrielle. Les cristaux de Bohême sont plus incolores, les nôtres plus brillants ; nous aimons à leur donner une légère teinte bleuâtre qui produit un meilleur effet aux lumières. Nous taillons mieux, plus économiquement et avec plus de goût, ce qui fait que nous exportons même en Allemagne. L'ornementation de nos verres *moulés* est en général fort élégante ; mais ce genre offre des difficultés pour le nettoyage domestique ; aussi la faveur commence à s'éloigner des verres ornés par le moulage : les gens de goût préfèrent une belle simplicité, même dans la taille. La cristallerie de Lyon a présenté des gobelets simples, communs, non dégrossis, et tels qu'ils sortent du moule, d'une limpidité, d'un éclat incomparables.

La Bohême n'ayant pu obtenir, pour ses verres et cristaux, le brillant des nôtres, a eu l'heureuse idée de donner des teintes colorées aux siens, à l'aide de divers oxydes métalliques. La France a bientôt adopté ce genre d'ornement, qui, dans les deux contrées, a produit des choses charmantes. Cependant, toutes les nuances ne sont pas franches et belles, et on a fait abus de la couleur; les ouvrages sont devenus fades et maniérés, et souvent, dans les verres à boire, le liquide a pris des teintes livides. Il est donc très-difficile de choisir les verres et cristaux colorés : il faut pour cela être pourvu d'études sur la matière, et d'un goût exercé.

La verrerie à bouteilles n'a rien présenté de bien remarquable à l'exposition ; la forme seule est un peu plus pure et correcte que par le passé. La gobeletterie a offert de jolis verres très-fins, très-minces, et très-élégants ; des carafes d'un fort bon dessin, des vases pour les fruits crus et cuits, prouvent que l'on améliore la forme de ces objets usuels. Dans ces grands vases opales, pour fleurs, ce qui a été remarqué, c'est le volume considérable qu'on parvient à leur donner. Deux espèces de verreries ont fait de grands progrès : ce sont les verres à vitres aussi parfaits maintenant que les vitres de Bohême que, dans le vulgaire, on s'opiniâtre encore à citer ; puis les appareils de chimie, tubes, cornues, flacons, matras, capsules, ballons, etc. Ce sont des articles d'une grande importance, aujourd'hui que la science chimique, science qui enfante des prodiges, est si généralement cultivée. On est parvenu à donner, aux appareils en verre, des dimensions considérables. Un fabricant en expose d'énormes, mais ce n'est point en cela que réside leur premier mérite. Il faut avant tout qu'ils soient solides, et ne se brisent pas au moindre choc. Cette solidité, ou plutôt cette élasticité désirable, s'obtient par un bon *recuit* : terme de fabrique qui signifie refroidissement habile et gradué.

Il n'y a point de progrès sensible dans les glaces ; la France les coule, les polit et les étame depuis longtemps avec une grande perfection. Elle leur donne les dimensions les plus considérables, et les encadre avec un goût exquis.

Pour ce qui est des cristaux, ce qu'on a le plus admiré à l'exposition, ce sont de grands plateaux, des vases taillés, des lustres surtout, d'un éclat éblouissant et de formes les plus élégantes.

Si la Bohême a appliqué la première la coloration des verres et des cristaux aux objets usuels, elle n'a point inventé cette coloration qui est fort ancienne. Les cristaux, colorés avec une perfection admirable, se taillent depuis longtemps pour imiter les pierres précieuses, et pour construire les grandes fenêtres, et les vitraux, ou verrières des temples. L'exposition a présenté des pierreries fausses d'une remarquable beauté ;

jamais on n'avait produit du strass en imitation de diamant, aussi pur, d'une dureté aussi parfaite, d'un éclat aussi vif, aussi bien taillé et monté.

La peinture sur vitraux se perfectionne de jour en jour, et égale assurément les verrières anciennes, bien que le préjugé soit encore en leur faveur : on va voir pourquoi. Cette belle industrie, c'est encore une erreur trop accréditée, ne s'est jamais perdue. Bien plus, l'industrie moderne produit des feuilles de verre d'une dimension plus étendue, et un plus grand nombre de couleurs vitrifiables, en nuances plus variées ; grâce à ces améliorations, l'art de la peinture est plus à l'aise, et compose des sujets d'une harmonie plus complète, sans solutions disgracieuses de continuité. A la vérité, on ne trouve point aux verrières d'aujourd'hui l'effet si doux et légèrement poli des vitraux anciens, mais c'est le temps seul qui a pu leur procurer ce genre de mérite ; c'est l'action chimique continue de l'air, de lalumière, de l'humidité, qui altère insensiblement les surfaces vitrifiées. Un grand industriel français, M. *Bontemps*, chef de la verrerie de Choisy-le-Roi, est parvenu à vieillir, en quelque sorte, et par un procédé fort simple, une belle fenêtre à grand sujet, que tout le monde a admirée. Au reste, le goût des belles fenêtres, à verre simplement coloré ou revêtu de peintures, s'accroît de jour en jour, et pénètre dans les riches hôtels comme dans les palais. Sur le désir ou la commande expresse des consommateurs, on couvre ces vitres de fleurs charmantes et d'arabasques délicieuses. Les verreries françaises ne peuvent suffire aux demandes qui leur sont adressées de toutes les parties du monde.

Il est enfin une espèce de cristal auquel s'attache le plus vif intérêt aujourd'hui, c'est celui qui entre dans la construction des instruments d'optique. Les Anglais ont découvert les premiers, qu'en associant des lentilles en verre simple et en cristal (verre fondu avec l'oxyde de plomb), on produisait l'*achromatisme*, c'est-à-dire des lunettes ne colorant point les objets, ou, si l'on veut, conservant la couleur naturelle des corps. La difficulté pour obtenir des lentilles de grande dimension sans défauts est énorme ; on y est cependant parvenu en France, et aujourd'hui on peut produire des télescopes d'une puissance véritablement prodigieuse, qui permettront de nouvelles découvertes en astronomie.

EXPOSANTS.

CRISTALLERIE DE BACCARAT. (Meurthe.)

Les cristaux de cette fabrique sont magnifiques, surtout par leur belle eau. Les taillures et les moulures sont d'une perfection achevée, mais ce qu'il y a surtout de plus remarquable, c'est la dimension des objets, entre autres de superbes candélabres où la couleur de bronze ne vient point assombrir la transparence du cristal. Ajoutons que ces belles pièces présentent des tailles prismatiques d'une limpidité exquise, où la lumière se joue, se décompose et produit des reflets d'arc-en-ciel on ne peut plus agréables. En un mot, cette fabrique rivalise avec les belles verreries de la Bohême.

CRISTALLERIE DE SAINT-LOUIS. (Moselle.)

Cet établissement, fondé en 1767, est le premier qui ait introduit en France la fabrication du cristal; les soins apportés à cette industrie par les directeurs, MM. Seiler et Lorin, ont porté la cristallerie à son apogée. Cet établissement livre, à des prix modérés, tous les articles de commerce.

MANUFACTURE ROYALE DES GLACES DE SAINT-GOBAIN.

Le directeur de cet établissement l'a maintenu, cette année, au rang qu'il avait acquis dans les expositions de 1806, 1819, 1823, 1827 et 1839. La glace colossale qu'il expose, cette année, est d'une pureté remarquable par sa grandeur extraordinaire.

BONTEMPS, LEMOYNE ET COMPAGNIE.

MM Bontemps, Lemoyne et Cie, directeurs de l'importante verrerie de

Choisy-le-Roi, exposent des cages en verre d'une dimension colossale, de beaux morceaux de flin-glass et de crown-glass, et des vitraux admirables. La cristallerie et la verrerie sont une des gloires industrielles de la France; les produits de cet établissement contribuent à lui conserver tout son éclat.

BONVOISIN.

M. Bonvoisin expose divers objets de toilette et de fantaisie, tels que boutons doubles, épingles doubles, etc. Nous avons remarqué une grande variété dans les produits de ce fabricant, qui a été un des premiers à propager en France l'industrie de la verroterie.

FAUH.

M. Fauh nous offre une glace gothique, qui est une petite merveille du genre. Composée de plus de deux cents pièces, chacune de ces pièces est retenue par des pierreries qui imitent le diamant, et jettent beaucoup de feu. Cette glace est du prix de 1,500 fr.; la fantaisie et le luxe ne peuvent rien exiger de plus élégant ni de plus riche.

GUINAND.

Les gens du monde, et surtout les astronomes, pourront s'étonner devant la pureté, la limpidité et l'homogénéité des deux disques de flin et crown-glass de vingt à dix-huit pouces, que M. Guinaud a exposés cette année. C'est, sous le rapport des dimensions, ce qui, jusqu'à ce jour, a été produit de plus grand.

LAHOCHE.

Le lustre exposé par ce fabricant est une féerie industrielle; ses quatorze branches élèvent leurs gerbes éblouissantes de lumière au milieu des brillantes scintillations du cristal, dont les mille facettes décomposent les rayons de la lumière et lui donnent toutes les couleurs du prisme.

M. Lahoche a encore heureusement marié le bronze doré à la porcelaine, dans un magnifique service bleu Sèvres, rehaussé de fleurs et de bouquets d'un dessin delicieux. Les produits de cet exposant s'adressent au luxe; ils sont tous dignes du plus riche palais. Nous avons remarqué, parmi ces merveilles, une paire de lampes enrichies de rocailles, et de peintures dans le goût de Watteau, avec des ornements en bronze; une pendule avec ses deux candélabres, style Louis XV; un autre service de table en porcelaine, orné de petites guirlandes de fleurs entrelacées, et un troisième en cristal mousseline, gravé avec armoiries. L'exposition de cette année n'offrait rien qui surpassât la délicatesse, la grâce et l'élégance de ces mille fantaisies.

POCHET-DÉROCHE. (Le Plessis-Dorin. Loir-et-Cher.)

M. Pochet-Déroche a une réputation méritée pour les verres qui conviennent à la chimie. Il a exposé des vases de tous genres, des appareils de grande dimension, des flacons munis d'un grand nombre de tubulures, des étiquettes vitrifiées pour les laboratoires de chimie; il a opéré une réduction notable sur le prix de ce genre de produits.

XVII

ÉCLAIRAGE. — LAMPERIE.

Combien est beau cet art tout moderne, qui crée la lumière, et prolonge la vie de l'homme en lui donnant les heures du soir pour le plaisir, le travail et l'étude! En jouissant de ces bienfaits immenses de l'industrie, on éprouve une sorte de sentiment de compassion pour les hommes des générations antérieures à la nôtre qui, peuples, grands du monde et princes souverains, n'avaient d'autre éclairage que les branches de bois résineux, la graisse des animaux, tout au plus de l'huile dans laquelle trempait grossièrement une mèche enfumée. L'éclairage supportable n'a pris naissance que vers la fin du dix-huitième siècle, en France, par l'invention des lampes à pied, à mèche cylindrique montant à l'aide d'une petite crémaillère, avec réservoir d'huile à niveau constant, et cheminée en verre pour activer la combustion et brûler la fumée. Mille perfectionnements successifs furent introduits dans ce meuble d'une utilité si infinie; mais la lumière qu'il donnait était encore rougeâtre et sans vivacité. Il y a environ quarante ans, un ingénieur français, nommé *Carcel*, trouva un petit mécanisme à mouvement analogue à celui d'une horloge, qui fait jaillir l'huile, placée dans le pied même de la lampe, et la lance pour ainsi dire sur la mèche inondée. On put la monter alors sans crainte de la voir charbonner; la lumière des lampes devint vive et blanche, elle se rapprocha de la lumière du jour, autant que l'ouvrage des hommes peut approcher de l'œuvre de Dieu. Longtemps la lampe Carcel demeura chère, et seulement à la portée des personnes riches; mais dès que le brevet d'invention fut expiré, une armée entière de fabricants se mit à en construire, et depuis lors les classes aisées ont adopté ce bel éclairage, qui fera époque dans les annales de l'industrie.

Il offre cependant trois sortes d'inconvénients. 1° Dans les contrées où l'huile est chère, la lampe Carcel donne un éclairage assez coûteux, parce que l'huile doit être très-épurée. 2° Il s'établit des fuites entre le réservoir d'huile et la chambre du mécanisme, qui alors ne tarde pas à se déranger. 3° Les tubes ascensionnels, très-étroits, s'engorgent trop rapidement, quelque pure que soit l'huile, et elle est souvent salie par les petits fragments de mouchure, que l'attention la plus scrupuleuse ne peut toujours se défendre de laisser tomber dans le réservoir. La carcel ne marche plus bien, il faut donc la faire nettoyer et réparer, ce qui est encore coûteux, et, dans les provinces, les ouvriers peu exercés, malhabiles, gâtent trop souvent le meuble devenu hors de service. Ce triple inconvénient a donné naissance à deux autres systèmes, fort ingénieux, mais qui ont aussi leurs disgrâces.

L'hydrostatique fait monter l'huile par la pression de l'eau; mais il faut un attirail pour faire marcher cette lampe, fort belle d'ailleurs, qui a le malheur de se déranger trop souvent aussi. Un lampiste intelligent, nommé *Jak*, a eu l'idée de rouler un ressort d'acier auquel tient un piston. Le ressort se distend et pousse le piston qui presse l'huile et la force de monter au feu. Mais les fractures du ressort sont fréquentes, lorsque l'huile n'est pas d'excellente qualité, et il est bien difficile que la pression soit toujours égale pendant la durée de la course. La lampe à piston, plus simple et moins coûteuse que la lampe Carcel, n'en a pas moins fourni une belle carrière; modifiée par une foule de constructeurs, elle s'est vendue et se vend encore en quantités énormes. La lampe hydrostatique est beaucoup moins en faveur.

Une quatrième lampe a paru, il y a quatre ou cinq ans : la lampe dite *solaire*. Elle est très-simple : une mèche circulaire baigne dans un réservoir plein d'huile; un tube apporte de l'air au foyer de combustion, qui s'active et donne une lumière fort belle; seulement, on est obligé d'élargir un peu le réservoir pour qu'il ait plus de contenance, et cela produit de l'ombre autour de l'appareil; la forme est donc lourde et peu élégante. Cependant, n'exigeant point de réparations, puisqu'il y a absence de mécanisme, se nettoyant avec facilité, cette lampe a réussi, dans les provinces surtout, où les soirées sont courtes, en général, et ne se prolongent guère au delà de quatre ou cinq heures.

Aucun perfectionnement notable n'a été présenté à l'exposition, dans les quatre systèmes dont il vient d'être parlé.

La cherté de l'huile à fait penser à produire l'éclairage par l'alcool; mais ce liquide, si éminemment combustible, donne une flamme trop légère, conséquemment bleuâtre et agitée. On y a introduit une portion d'essence de térébenthine en dissolution, et la flamme est devenue blanche et belle. On nomme ce mélange *gaz liquide*, ou *hydrogène liquide*. Toutefois, il faut chauffer l'appareil pour parvenir à l'allumer, puis la térébenthine exhale une odeur désagréable, malgré l'activité de la combustion. Aussi cet éclairage, fort beau d'ailleurs, ne fait-il point fortune. Il n'avait paru, en quelque sorte, qu'à l'état élémentaire, lors de l'exposition de 1839; il se produit à celle-ci avec des perfectionnements qu'y a apportés un habile chimiste, M. *Guyot*, mais, malgré tout, on craint qu'il n'ait pas d'avenir.

Voici ce qui a été présenté de plus neuf. C'est une lampe brûlant des carbones purs ou à peu près tels, et s'allumant avec facilité. M. *Selligue* a extrait du schiste, substance minérale très-abondante, une huile essentielle, limpide, analogue à celle de la térébenthine, mais moins chère de quarante pour cent, un peu moins désagréablement odorante, et brûlant seule, sans mélange avec l'alcool. La lumière est d'une incomparable beauté, mais il se répand encore trop d'odeur, et la flamme, vivement tirée par le courant d'air, est si délicate, que le moindre mouvement, soit d'une porte qui s'ouvre ou se ferme, soit d'une voiture qui passe, soit même du pied sur le parquet, l'agite et la fait trembloter.

En dix heures, la lampe brûle un demi-litre, c'est-à-dire 75 centimes; cela est merveilleux de beauté et d'économie. On doit souhaiter que l'intelligence des lampistes français, les plus habiles qu'il y ait au monde, parviennent à force de recherches à faire disparaître et le tremblotement de la lumière et la faible odeur. Cet éclairage rendrait alors d'immenses services. Déjà quelques cités l'adoptent pour l'éclairage des rues; il vaut le gaz hydrogène, pour la clarté; il est plus économique quant à la matière première, et n'exige pas l'emploi de grands capitaux pour la construction des gazomètres, à ne point parler des chances d'accident. Comme éclairage public, le système est bon, excellent; il tuera le gaz, cela est probable, car le schiste est plus abondant que la houille très-difficile à exploiter, en général, et qui, un jour, suffira à peine aux besoins du chauffage de l'industrie et de la navigation. On a fait des commandes d'essence de schiste pour le service de quelques phares; cet essai sera très-intéressant : nul doute que la beauté du feu, l'économie ne soient à son avantage. C'est M. *Breuzin*, lampiste de beaucoup de talent, à Paris, qui est chargé d'exploiter cette belle et curieuse invention.

Beaucoup de chimistes et d'ingénieurs cherchent, en ce moment, des combinaisons nouvelles d'éclairage public et domestique; il peut sortir de ces études actives, des découvertes inattendues qui agrandiront encore le grand art de l'éclairage artificiel.

En ce qui concerne les appareils en eux-mêmes, l'exposition a offert de beaux ouvrages qui pourraient être classés parmi les bronzes. On fait aujourd'hui des lampes charmantes de forme, d'une ornementation gracieuse, et contribuant avec magnificence à la décoration des appartements.

Le gaz hydrogène, soit dans sa fabrication, soit dans les appareils qui le distribuent, ne présente aucun progrès. Rien n'a été fait pour atténuer les chances périlleuses qu'il entraîne dans l'usine de production, et dans l'intérieur des établissements qui l'utilisent.

On a remarqué avec plaisir une foule de petits appareils à l'huile, propres aux usages domestiques, très-commodes, très-portatifs, à très-bas prix, bien faits cependant, et de formes élégantes. Ce sont des veilleuses, des lampes d'escalier ou de corridors, qui se portent à la main ou s'accrochent à volonté. On fabrique énormément de ces jolis et utiles objets à Paris, centre de l'industrie des lampes.

La bougie artificielle est en progrès. On sait que la cherté de la cire, et de savants travaux chimiques, ont fait découvrir deux corps dans la graisse des animaux : l'un liquide et analogue à l'huile, et qu'on a nommé *oléine;* l'autre solide, appelé *stéarine,* très-combustible, et susceptible de prendre, à l'épuration, une éblouissante blancheur. A partir de ce moment, l'ignoble chandelle de suif a été vaincue, ou plutôt elle s'est transformée, et, pour 100 kilogr. de cire véritable qui se consomment, on brûle aujourd'hui 1,000 kilogr. de bougie stéarique. C'est une industrie considérable, dont les produits deviennent plus beaux, plus parfaits de jour en jour.

EXPOSANTS.

CHABRIER ET NEUBURGER.

Placer le liquide dans le pied d'une lampe et le faire arriver goutte à goutte sur la mèche, au moyen d'un mouvement d'horlogerie ou d'une pression constante : tels étaient les perfectionnements apportés à l'éclairage à l'huile. Dans l'enfance de l'industrie du lampiste, la mèche, au contraire, plongeait immédiatement dans le réservoir de l'huile ; c'est à ce système primitif que sont revenus MM. Chabrier et Neuburger. Leur lampe solaire est composée d'un réservoir d'huile, monté sur un pied et traversé par un courant d'air, qui active la flamme de la mèche, de manière à ce que la combustion est si complète, que l'on peut y brûler sans inconvénients toute espèce d'huile. La lampe solaire n'étant compliquée par aucune espèce de mécanisme, ne se dérange jamais et n'exige aucune de ces réparations périodiques, dont les anciens systèmes ont toujours besoin.

DÉCOURT.

De tous les systèmes d'éclairage, l'expérience a prouvé que la lampe est encore le meilleur; mais pour obtenir une belle lumière par la lampe, il faut que le mécanisme alimente le bec avec une surabondance continuelle, pendant 9 ou 12 heures, ce que l'on ne peut obtenir qu'avec la lampe à mouvement.

Après dix années d'expériences, où il a essayé tous les systèmes, M. Décourt a exposé cette année plusieurs modèles de lustres, lampes en bronze, et porcelaine de Chine, d'un travail parfait, et d'une grande richesse. Le système Carcel, heureusement modifié, lui a semblé prévaloir sur tous les autres, par la facilité de réparation, autant que par l'éclat et la pureté de sa lumière. On s'arrêtait avec intérêt devant cette magnifique exposition de M. Décourt, où les plus beaux vases, les bronzes les plus riches renfermaient le mécanisme ingénieux de la lampe *à poches*, dont la supériorité semble incontestée.

XVIII

INSTRUMENTS DE PRÉCISION.

La société française tient assurément le premier rang parmi les nations, au point de vue spécial des sciences physiques. L'Europe a des savants de premier ordre; mais aucun des peuples qui composent ce grand foyer de lumières ne compte autant de célébrités dans la physique, la chimie, l'astronomie. Aussi, d'habiles ouvriers, très-instruits eux-mêmes, de vrais artistes, se sont-ils formés, pour fournir à la science les précieux instruments qui l'aident dans sa mission sacrée.

La simple liste nominale de ces intéressants outils de la science exigerait vingt pages. On a remarqué l'exécution parfaite de tous ceux qui se rapportent à la vapeur et à ses applications. L'astronomie n'a pas été moins bien servie. Lorsque Louis XIV, inspiré par son ministre Colbert, créa le célèbre établissement de l'Observatoire, à Paris, les astronomes de l'Europe étaient réduits à leurs propres ressources, et ne possédaient que des objets d'optique faibles et insuffisants. Quels progrès depuis cette époque! que de découvertes nécessaires et précieuses! La fabrication du verre, dont nous avons parlé, a permis, à chaque progrès, de plonger de plus profonds regards dans l'espace, ou de pénétrer plus intimement dans le monde si magnifique des infiniment petits. Aujourd'hui, un simple particulier peut posséder des télescopes, des microscopes, dont un astronome et un naturaliste d'il y a cent ans n'avaient pas même l'idée. La vue de l'homme, affaiblie par l'âge ou altérée par les maladies, trouve maintenant, dans les combinaisons de l'optique, une sorte de résurrection qui console la vieillesse et donne une seconde existence. Les phares, surtout, ont fait d'immenses progrès, et la force d'émission et de diffusion de la lumière, obtenue par les travaux récents, donne à l'humanité l'espoir de voir diminuer les naufrages, tout en favorisant les relations maritimes qui sont l'un des premiers besoins de la vraie civilisation. Les balances de précision, les balances pour l'analyse de l'air, les machines pneumatiques à mouvement continu, les pèse-acides, les appareils électro-moteurs et électro-chimiques, sont des travaux de premier ordre où brille au plus haut degré l'esprit de calcul et de précision. Une curieuse tentative a été faite pour produire une lumière régulière et utile, à l'aide de l'électricité, en groupant en faisceau les étincelles qui se dégagent avec une incroyable rapidité, à l'aide de l'appareil inventé par Bunsen. La machine exposée avait fonctionné une fois sur la place de la Concorde. L'effet admirable qu'elle produisit alors, donne l'espoir que les nouveaux perfectionnements, qu'y apporte l'auteur, achèveront cette surprenante conquête de la science.

EXPOSANTS.

BÉYERLÉ.

Deux segments de sphère, placés en opposition, et formant une surface concave ou convexe, suivant l'emploi auquel est destiné l'objet, composaient jusqu'à présent les verres d'optique, pour myopes ou presbytes. Il résultait, de cette forme sphérique, que le pouvoir amplifiant ou diminuant du verre variait sur chaque point de sa surface, et que celle-ci n'offrait qu'un seul point, à son centre, appelé foyer, d'où l'œil apercevait les rayons lumineux d'une manière normale. M. Béyerlé a imaginé d'employer des segments de cylindre, qui n'offrent pas ce grave inconvénient. L'invention de cet opticien permet à l'œil de parcourir toute la surface du verre, et de trouver partout l'image pure et nette. Ses lunettes sont de véritables *conserves de vue.*

BRETON FRÈRES.

Machine pneumatique, avec de nouvelles dispositions dans la fermeture qui doit maintenir le vide dans la cloche. — *Balance de précision*, dont les plateaux et les couteaux sont en équilibre sur des plans d'agate. Lorsqu'elle est au repos, cette balance a ses trois points de suspension tout à fait libres et isolés de leurs points de contact: garantie certaine de la conservation des couteaux. — Nouveaux *appareils d'électricité galvanique*, parmi lesquels l'*appareil électro-médical* doit obtenir le premier rang; employé, en thérapeutique, dans les névralgies et autres affections nerveuses, il a opéré très-souvent des cures merveilleuses. — *Appareil électro-moteur*, acquérant, sous l'influence d'un courant électrique, une grande vitesse de rotation. Ce dernier appareil opérera peut-être un jour une révolution dans l'établissement des grandes machines motrices, et partagera, avec la vapeur, l'empire du rail-way.

BURON.

En première ligne des instruments d'optique, exposés par ce fabricant, nous placerons son télescope, dont l'objectif a un diamètre de 40 cent.; les longues-vues terrestres, marines et astronomiques, de M. Buron, sont d'une portée très-étendue et d'une grande précision.

CHARPENTIER FILS.

Modèle réduit d'une bascule établie, pour le compte de la ville de

Paris, à l'abattoir de Ménilmontant, de la force de 10,000 kilogrammes. Elle peut peser à la fois vingt-cinq bœufs, deux cent cinquante moutons et plusieurs charrettes chargées de veaux.

FRANÇOIS JEUNE.

Les phares sont destinés à signaler aux vaisseaux l'approche des côtes, d'un écueil, l'entrée d'une rade ou d'un port, la direction d'une passe ou d'un chenal. L'établissement, l'usage et la reconnaissance de ces grands foyers de lumière, destinés à être aperçus en mer, à plusieurs lieues de distance, présentait de grandes difficultés; d'abord, le navigateur pouvait de loin confondre leur clarté avec celle des étoiles : on obvia à cet inconvénient, en faisant tourner un miroir autour du foyer, et ce miroir, en cachant ou en réfléchissant à intervalles égaux la lumière, la désigna suffisamment aux regards du navigateur. Il fallait encore, pour rendre plus parfait le rôle des phares, que le marin pût les reconnaître tout de suite, et savoir ainsi dans quel voisinage de port, d'écueil, de rade ou de côte il se trouvait. Pour cela, on imagina de donner aux intermittences de lumière de chaque phare, des intervalles particuliers et distincts; et l'on sut alors que tel phare, à miroir parabolique, dont le foyer ne se montrait que trois fois par minute, désignait tel parage; que tel autre, d'un intervalle de dix secondes, indiquait tel autre point, et ainsi de suite. Mais la durée de la rotation de ces appareils n'offrait que des ressources peu étendues, et la multiplicité des phares, les besoins sans cesse plus impérieux de la navigation, la noble émulation qui s'empara de toutes les puissances maritimes, eurent bientôt épuisé toutes les combinaisons du miroir parabolique, qui d'ailleurs ne donnait pas une clarté assez intense.

M. Fresnel imagina alors les phares catoptriques et lenticulaires. Un foyer de lumière d'une faible intensité est établi au moyen d'une lampe à quatre mèches, trois ou deux concentriques, à huile surabondante, consumant un maximum de 750 grammes d'huile par heure; un ou plusieurs panneaux lenticulaires forment un tambour, au centre duquel est placée la lampe, dont les rayons, en passant à travers ces panneaux, se réunissent et forment un foyer d'un éclat très-puissant. Ce sont là les feux fixes; les feux à longues ou courtes éclipses sont formés par un second système de panneaux, qui, tournant autour de l'appareil, diminuent encore la divergence des rayons, les rassemblent en cônes lumineux, et produisent une vive lumière, quand ils passent par l'œil de l'observateur; mais, alors, cet accroissement de lumière a lieu aux dépens de celle qui éclairait les directions voisines, et cet éclat est précédé et suivi, par conséquent, d'éclipses plus ou moins longues.

Le système de M. Fresnel présente, sur l'ancien, cet avantage, outre sa plus grande portée, que ses combinaisons sont plus variées. Ainsi les phares lenticulaires sont divisés en six ordres, reconnaissables chacun à son intensité différente, et chaque ordre présente à son tour de deux à quatre combinaisons bien distinctes, savoir : feu fixe; feu à courtes éclipses; feu à éclipses et à éclats se succédant de minute en minute; feu à éclats et à éclipses se succédant de demi-minute en demi-minute.

Les phares lenticulaires du premier ordre sont destinés à éclairer les caps très-avancés, ou à désigner les points de reconnaissance et d'atterrissage aux navires venant du large. Le prix d'entretien annuel d'un de ces phares s'élève à une somme totale de 7,626 francs. Quatre combinaisons.

Les phares du deuxième ordre doivent, en général, être placés sur les grandes rivières, ou sur les écueils entourés de bas-fonds. Prix d'entretien 4,840 francs. Quatre combinaisons.

Les phares du troisième ordre servent à signaler l'entrée des rades, des ports ou des points de mouillage. Entretien annuel, 2,952 francs. Deux combinaisons.

Les phares des quatrième, cinquième et sixième ordres, servent à désigner l'entrée d'un port, ou la direction d'une passe ou d'un chenal. Deux combinaisons chacun.

Les appareils lenticulaires de Fresnel comprennent, indépendamment du tambour dioptrique fixe ou mobile, une partie accessoire destinée à recueillir et diriger vers l'horizon les rayons lumineux qui, émanés du foyer central, passent au-dessus ou au-dessous des lentilles. Cette partie accessoire a été, dans la plupart des cas, formée par un système fixe de miroirs concaves étagés en zones horizontales; une autre combinaison présente un second système mobile, formé de huit panneaux lenticulaires, disposés en pyramides tronquées et d'autant de miroirs plans ; un troisième système, enfin, avait été appliqué par M. Fresnel à ses plus petits appareils ; il était composé d'un système catadioptrique d'anneaux à section triangulaire, produisant la réflexion totale. Mais on avait renoncé à appliquer ce système, le meilleur pourtant, aux grands appareils ; car, à cette époque, à peine si on parvenait à obtenir la taille d'anneaux de 75 à 80 centimètres de diamètre. Ce fut dans ces circonstances, qu'un habile ingénieur écossais, M. Alan-Stevenson, chargé de la construction du phare de Schérivore, fit décider par la commission des phares d'Écosse, que les appareils de celui-ci seraient exécutés à Paris ; le système catadioptrique fut adopté, et on demanda aux opticiens français de vastes anneaux à sections triangulaires d'un maximum de 2 mètres de diamètre. Deux opticiens, MM. Lepaute et François jeune, exécutèrent, comme essai, des anneaux d'un mètre d'une très-grande perfection, et le dernier s'engagea à fournir des produits aussi beaux, sur une échelle double. Le succès couronna pleinement son entreprise, et, pour la première fois, les phares lenticulaires, de premier ordre, purent recevoir un appareil catadioptrique. Ces pièces furent d'abord coulées à la manufacture de Saint-Gobain, dans des moules fondus par M. François jeune ; chaque anneau brut a été ensuite rodé au grès, douci à l'émeri et poli au rouge d'Angleterre, sur un tour mu par une machine à vapeur ; on comprend toutes les difficultés d'une semblable opération : une surface annulaire, à tailler au moyen d'un frottoir emmanché d'une tige oscillante de 8 mètres 75 cent. de longueur, et combien devaient être soigneusement étudiés les moyens propres à assurer la rigidité de cette tige, ainsi que l'exactitude de position du centre de rotation.

Le nouveau système, que la France et le monde entier doit aux efforts et au talent de cet habile opticien, l'emporte sur l'autre dans les proportions suivantes : les rayons égarés en dessus et en dessous des lentilles, recueillis par les anneaux catadioptriques, représentent cent quarante becs de lampe Carcel, brûlant 42 grammes par heure ; la coupole catoptrique qu'ils remplacent, ne représentait à peine que quatre-vingt-sept becs Carcel.

Plusieurs appareils ont déjà été expédiés par M. François en Angleterre ; le monde savant s'est occupé avec intérêt de ses beaux travaux, et

M. Arago, dans un rapport détaillé, les a présentés avec de grands éloges à l'Académie des sciences de Paris. Le système de phare de M. Fresnel se trouve ainsi complété ; il n'est plus guère possible aujourd'hui de dépasser ces résultats. La navigation ne demande plus rien à la science, et l'adoption générale de ces phares puissants et infaillibles, rendra de plus en plus rares ces sinistres, si fréquents autrefois, sur des côtes dangereuses et sur des récifs mal signalés aux vaisseaux.

Parmi les produits de l'établissement de M. François jeune, nous avons encore remarqué une lentille à échelons de grandes dimensions, dont l'exactitude est si grande, que, sur une surface de 70 centimètres de diamètre, l'image solaire se trouve réduite à 4 millimètres environ.

HENRY ROBERT.

L'astronomie et la marine devaient déjà beaucoup à M. Henry Robert, pour les instruments de précision qu'il a inventés ou perfectionnés. Il est impossible de présenter des pièces plus soignées et plus finies que celles que nous avons admirées cette année. Pendules à secondes, chronomètres, instruments divers d'horlogerie, de physique mécanique, de médecine même et de gnomonique : tout atteste chez M. Henry Robert le génie inventif et le soin le plus minutieux. Ce qui le recommande surtout, c'est la modicité de ses prix. Déjà, en 1839, il avait été récompensé d'une médaille d'argent. La médaille d'or, qui lui a été décernée cette année, prouve que ses travaux et ses efforts ont été justement appréciés. S'il est le moins ancien, il n'est pas le moins habile des six horlogers français qui sont parvenus à la précision nécessaire pour fournir des chronomètres à la marine de l'État. Il compte neuf de ses chronomètres à l'Observatoire de Paris : c'est le plus bel éloge qu'on puisse faire de ses instruments.

LANNIER. (Nantes.)

Hydromètre universel, pour toute espèce de liquide. Balance hydrométrique donnant le même résultat. Hydromètre en argent, spécialement destiné au pesage des eaux-de-vie du commerce; idem, en verre, à tige graduée, pour les esprits, acides, sels, sucre, etc.

LECOËNTRE.

L'instrument nautique que nous avons sous les yeux, connu sous le nom de *sondeur-Lecoëntre*, est destiné à mesurer exactement la distance qu'il parcourt verticalement, depuis la surface des eaux jusqu'à une profondeur de 500 brasses, et cela sans qu'il soit besoin d'arrêter la marche du bâtiment. On obtient ainsi des sondes rigoureuses, en filant même sept à huit nœuds à l'heure. Le plomb donne lui-même le brassiage.

LEREBOURS.

M. Lerebours, opticien de l'Observatoire de la marine, a encore ajouté cette année à son ancienne réputation, dans la fabrication des instruments d'optique, de physique, de mathématiques et de marine. Le daguerréotype a pris entre ses mains une extension nouvelle; la chambre noire, la boite à plaques et celle à mercure sont renfermées dans une petite boite, de sorte que l'on a, sous un très-mince volume, tout ce qui est nécessaire pour opérer pendant une journée entière. Son microscope Stanhope, importé d'Angleterre, dépasse en puissance tout ce qui s'est fait jusqu'à ce jour. Le peu de volume de cet instrument, et l'extrême facilité avec laquelle on l'emploie, le rendent précieux pour les naturalistes, comme pour les gens du monde; les animalcules du vinaigre, de la colle de pâte, de l'eau stagnante, y prennent d'énormes proportions. Son emploi même, dans les ménages, serait d'un extrême avantage, pour vérifier les falsifications que subissent trop souvent les liquides et les aliments.

On admirait encore à l'exposition son charmant modèle de machine à vapeur, en carton et en relief, muni d'une manivelle, qui fait fonctionner toutes les parties de la machine.

Avec des praticiens comme M. Lerebours, on ne saurait dire jusqu'où le progrès peut aller.

RADIGUET.

Depuis plus de dix ans, ce fabricant s'occupe seul en France de la fabrication des verres de couleurs parallèles, qui servent à la construction des instruments de marine, à réflexion. Depuis l'invention du daguerréotype, ces verres servent encore à redresser les épreuves que la chambre obscure ordinaire donnait renversées de droite à gauche. Un progrès que nous devons constater, c'est que sans M. Radiguet, la marine française serait forcée de demander à l'étranger ces produits dont elle ne saurait se passer.

RICHEBOURG.

Quand il s'agit de suppléer à la portée d'un organe aussi délicat que celui de la vue, on ne saurait donner trop de soin à la fabrication des instruments propres à cet usage. Que de personnes qui ont demandé à l'optique un soulagement ou des secours, et qui ont accru l'infirmité qu'elles voulaient combattre ou diminuer? M. Richebourg taille ses verres avec une science et une exactitude que tous nos opticiens devraient imiter; ses numéros s'approprient à toutes les vues, et l'on trouve, dans les produits de sa fabrique, une perfection que nous avons souvent cherchée inutilement ailleurs.

L. SAGNIER ET COMPAGNIE.

Romaines-oscillantes de précision ; romaines-bascules portatives, romaines-oscillantes à plateaux. — L'usage de la romaine-bascule a été adopté en France par tous les établissements publics ; l'administration de la guerre, les arsenaux, les octrois et les douanes en ont retiré de grands avantages. Ce nouveau système dispense de l'emploi des poids additionnels, qui rendaient le service de la balance-bascule pénible et souvent fautif. MM. Sagnier et Cie ont été brevetés pour les romaines-bascules de leur invention. — Tarif : romaines-bascules portatives à l'usage du commerce, de 100 à 450 francs ; grandes bascules à pont fixe, sur maçonneries, propres à peser les voitures à quatre roues, de 1,700 à 4,200 francs.

VANDE ET JANRAY.

Ces fabricants sont parvenus, à force de soin et de travail, à établir des instruments qui ne laissent rien à désirer, et qui ont acquis, par leur justesse irréprochable, une réputation européenne. Nous avons remarqué le trousquin à marbre ; le trousquin à coulisse ; le triangle ou double décimètre ; une mesure à tirage et à bec, indispensable aux mécaniciens ; une équerre de tourneur indiquant la profondeur des rainures ; une mesure de cordonnier, à coulisse ; un châssis pour l'impression des lithographies à plusieurs teintes. Nous avons également remarqué parmi les objets exposés par MM. Vande et Janray, des fers et cuivres tirés de belle qualité, et de tous les modèles, ainsi que des composteurs de toute espèce.

XIX

PEAUX TANNÉES, PEINTES ET VERNIES.

C'est une industrie de haute importance que celle des peaux tannées; quel service elle rend à l'humanité, en lui fournissant un vêtement préservatif et commode, qui supplée à notre faiblesse, nous épargne de cuisantes douleurs, et accroît la puissance de nos facultés locomotrices!

Tous les peuples, même les plus sauvages, tannent le cuir des animaux pour s'en faire des chaussures, et couvrir ou orner mille objets utiles. Tous savent qu'en mettant en contact les peaux humides avec l'écorce de certains arbres, le cuir cesse d'être putrescible, se dessèche, et s'assouplit. On a reconnu, en effet, qu'un principe appelé tanin, déposé avec une riche profusion dans beaucoup de substances végétales, neutralise la partie animale fermentescible, et ne laisse à la peau que ce réseau, ce feutre curieusement composés de fibres enlacées qui la constituent. Les procédés du tannage ont été longtemps barbares; ils le sont encore en beaucoup de lieux; mais l'époque actuelle, excitée sans relâche par la concurrence, cherche toujours dans ce travail, des combinaisons nouvelles qui le rendent plus parfait, ou plus économique. Un produit meilleur, en effet, dure plus longtemps et occasionne une dépense moins fréquente ; un résultat analogue a lieu, si le produit peut être livré à plus bas prix. Ce que le consommateur dépense en moins, alors, il peut l'employer à acheter autre chose : grand avantage pour lui-même, et ensuite pour les travailleurs.

Ces simples et importantes vérités sont frappantes, surtout quand il s'agit d'objets de grande consommation, comme la peau, et les chaussures qu'elle compose ; de là, le vif intérêt qui doit s'attacher aux plus humbles améliorations qui se produisent dans cette modeste industrie.

Le tannage des cuirs forts est devenu plus prompt et meilleur ; la durée de la macération dans la fosse a été singulièrement réduite, non par l'usage des acides qui brûlent et détériorent le tissu animal, mais en faisant un emploi plus intelligent du tannin. La poudre d'écorce, ou *tan,* lorsqu'elle a servi, ne se jette plus au hasard comme inutile ; on la lessive, on recueille ce qu'elle peut contenir encore de principe tannant. Les uns ajoutent l'action mécanique à ce principe, ou plutôt ils en accélèrent l'effet, en agitant la peau de manière à ce que le tanin s'incorpore plus vite dans les fibres. C'est ainsi que des cuirs venus de contrées très-chaudes, desséchés à l'excès, et qui, pour cette raison, n'auraient pu être utilement soumis au tannage ordinaire, ont été préparés avec succès par M. *Vauquelin,* et ont fait un excellent service. D'autres industriels dédoublent les cuirs, et les scient comme on scie le bois de placage pour meuble. M. *Plumier* trouve trois avantages dans cet intéressant procédé. D'abord, il utilise, pour une foule d'emplois, la partie intérieure de la peau qui s'enlevait par morceaux, en varlopes, après le tannage, et que l'on jetait au feu ; puis, les épaisseurs étant moindres, le tannage a lieu plus rapidement, avec une différence de deux à huit mois ; enfin le travail de vernissage est meilleur, et la souplesse est mieux conservée.

Parmi les emplois multipliés et si utiles que reçoivent les peaux, après le tannage, il en est venu qui se sont accrus singulièrement depuis quelques années, par suite des progrès considérables du vernissage. M. *Nys* a trouvé pour les cuirs à chaussures un vernis superbe, du noir le plus solide et le plus beau, ne se fendillant point, et ne détruisant en rien la souplesse du cuir. La consommation des chaussures vernies, si propres, si élégantes, devient énorme. D'autres fabricants le suivent de très-près, mais il paraît conserver la supériorité. La beauté du noir est une question dominante, dans ce genre de peaux; pour la bien juger, il faut placer le cuir sous un rayon solaire; si le vernis est d'un beau noir, l'aspect sera très-noir en effet; autrement il offrira une teinte brune tirant sur le marron; il y a, dès lors, infériorité dans le mérite, et conséquemment dans le prix.

Les cuirs vernis pour la sellerie et la carrosserie ont beaucoup gagné, en ce que les vernis sont plus transparents et plus durables. La consommation de cet article prend de l'accroissement.

Un élément nouveau a été introduit depuis deux ans dans la tannerie: c'est le fruit d'un arbre forestier de l'Amérique du Sud, le *dividivi*, espèce de gousse offrant quelque ressemblance avec le fruit du hêtre, mais contenant une proportion considérable de tanin, quatre fois plus, assure-t-on, à volume égal, que l'écorce de chêne la plus riche. On l'a employé avec beaucoup de succès, mais ce fruit est cher encore. Il est probable que le règne végétal contient beaucoup d'autres substances aussi richement pourvues, et que le haut prix des écorces conduira à en faire la recherche. Peut-être un jour isolera-t-on industriellement le tanin, pour l'appliquer directement et pur, à la préparation des peaux. Il en résultera une énorme économie sur les frais de transport. Il est évident que cette industrie a encore de grands progrès à faire.

Aujourd'hui, la France peut rivaliser avec les contrés les plus habiles dans l'art de tanner, de corroyer, de chamoiser, de teindre et de maroquiner les peaux. Aucune ne sait les vernir avec la perfection qu'elle y apporte; elle n'a point de rivales pour la préparation des peaux de chevreau, destinées à faire des gants. La France exporte avec bénéfices, des cuirs pour chaussure et sellerie, dans l'Amérique du Nord et en Italie

On sait que le cuir fort, destiné aux semelles, est comprimé et battu à outrance par l'ouvrier, qui se fatigue beaucoup, et perd trop de temps dans ce travail purement automatique. M. *Berendorf* a présenté à l'exposition une machine fort puissante très-simple, très-ingénieuse, qui bat le cuir parfaitement, mieux même que ne ferait le plus fort ouvrier. On parle d'un tiers d'économie sur la main-d'œuvre : il a été prouvé, au commencement de cette note, que de telles économies, sur de tels produits, ont une importance qui n'est pas indigne d'occuper les hommes supérieurs.

EXPOSANTS.

DELBUT ET COMPAGNIE. (Saint-Germain.)

La tannerie de MM. Delbut et Cie est une des premières, sous le rapport de la perfection des produits et sous celui de l'importance de la fabrication. Ces exposants ont considérablement perfectionné ce qu'on appelle le tannage au jus; ils sont les premiers qui aient employé la vapeur à détente, à débourrer le cuir, à le dépouiller de toutes les parties charnues pour le rendre lisse après l'opération du martelage, à supprimer la quantité d'acide sulfurique pour obtenir son développement, et le mettre dans la condition d'être livré au public dans un état sec.

Cinq procédés de tannage ont été employés sur les cinq cuirs indigènes exposés par MM. Delbut et Cie. Le cuir, portant le N° 1, est fabriqué par le gonflement sur un train de seize passements, un refesage à l'écorce, de trente jours, et quatre couches de tan dans une fosse, sans être abreuvé, pendant huit jours. Le N° 2 a éprouvé le même gonflement que le N° 1, seulement le jus, dans lequel ce gonflement a eu lieu, a reçu une plus forte quantité de tan. La marche dans le train des passements a été d'un tiers moins rapide, et il a reçu trois pâtés de tan, d'un séjour de quarante jours chaque, trois poudres en fosse, et abreuvé au fur et à mesure qu'on y mettait les cuirs : quatorze mois de fabrication. Le N° 3 a subi la même fabrication que le précédent, plus, trois pâtés et deux poudres en fosse, abreuvé seulement au fur et à mesure à la première poudre; à la seconde, il est resté quatre jours sans être abreuvé. Neuf mois ont suffi pour le tanner. Le N° 4 a eu son gonflement opéré par la propriété dite de *dividivi* et le jus du tan, sur douze passements;

mis en refesage avec la même matière, deux poudres en tan, mises en fosse de trois mois en trois mois. Douze mois ont suffi pour l'entière fabrication. Le N° 5, enfin, a été traité de la même manière que le N° 4, le tan définitif a été donné au moyen de 40 kilogrammes de *dividivi*. Huit mois de fabrication.

Tous les gouvernements se sont préoccupés et se préoccupent encore de la fabrication des cuirs; cette branche importante de l'industrie touche aux plus grands intérêts de l'État, par l'immense consommation que les armées font de ses produits. A certaines époques de guerres soudaines et générales, des primes très-fortes ont été accordées aux industriels, qui parvenaient à fabriquer en quelques mois des cuirs propres à être travaillés. Aujourd'hui, grâce au martelage mécanique et à l'énergie des jus employés, d'excellents produits peuvent sortir des ateliers de nos tanneurs français, dans un espace de temps très-court.

FAULER FRÈRES. (Choisy-le-Roi.)

Cette fabrique est la première qui s'est établie en France. On y confectionne les maroquins, moutons et veaux de toutes couleurs. MM. Fauler ont constamment dirigé leurs efforts vers le perfectionnement de cette industrie. Leur usine est la seule qui soit montée à la vapeur; son importance et ses moyens mécaniques la mettent au-dessus de toute concurrence étrangère, et à portée de fournir toutes les demandes pour l'exportation, aux prix les plus modérés et avec célérité.

OGEREAU.

Le tannage des gros cuirs, pour semelles, demandait, avec le système habituel des fosses enterrées, de vingt mois à deux années d'attente. M. Ogereau, dont les produits font le sujet de ce paragraphe, est parvenu, par un mode nouveau, à obtenir les plus brillants résultats de tannage, en moins de cinq mois.

Les fosses enterrées, exposées aux intempéries des saisons, ne paraissant pas à ce fabricant dans des conditions de célérité assez convenables, il imagina les fosses à couvert, dans un local qui pût être chauffé au besoin ; un double fond fut établi ; le fond intérieur de chaque fosse fut percé de petits trous, de manière à laisser passer le liquide entre les deux fonds; un robinet conduisit le liquide dans un vase inférieur, et une pompe aspirant ce liquide le reversa de nouveau dans la fosse. Ainsi, le liquide qui touchait le matin les peaux à leur surface, arrive le soir au fond de la fosse, passant alternativement à travers toutes les peaux, et, par ce mouvement continu, il aide la dissolution du tanin contenu dans l'écorce, et facilite sa combinaison avec la gélatine. Le jus reversé sur la surface, et qui, nécessairement, s'imprègne d'air et de chaleur, arrive en outre sur les peaux avec des propriétés nouvelles.

Par le procédé de M. Ogereau, outre l'économie de temps, on emploie une bien moindre quantité d'écorce, puisqu'on tire de celle-ci tout ce qu'elle renferme de qualités propres au tannage; la main-d'œuvre n'est pas plus coûteuse que par l'ancienne méthode.

La maison Ogereau est l'une des plus anciennes et la plus importante de toutes celles de Paris. Ses produits sont d'une qualité supérieure, et trouvent leurs principaux débouchés en Angleterre, en Belgique, en Portugal, dans le Brésil, à Buénos-Ayres, au Chili, dans les Antilles, etc. Ses cuirs vernis peuvent s'exporter dans le Nord, comme dans les pays les plus méridionaux, sans que les excès du froid ou de la chaleur les altèrent en rien ; leur brillant et leur souplesse se conservent sous les zones les plus différentes.

Tarif des principaux produits de la maison Ogereau : Cuir pour semelle, 2 francs 80 centimes à 3 francs 20 centimes le kilogramme ; maroquins de couleur, 65 à 96 francs la douzaine ; mouton de couleur, 30 à 38 francs la douzaine; veaux cirés pour bottes, 6 francs 50 centimes à 7 francs 50 centimes le kilogramme; veaux vernis, 80 à 95 francs la douzaine ; tiges de bottes de 5 à 6 francs la paire ; avant-pieds, 2 francs 50 centimes à 3 francs la paire.

XX

CARROSSERIE. — SELLERIE. — MORS.

On jugerait très-mal la carrosserie et la sellerie françaises, si on voulait apprécier leur importance ou leur perfection, d'après ce qui a été exposé aux Champs-Elysées; car nous comptons à peu près pour rien quelques enfantillages, quelques objets curieux, et un trop petit nombre de produits dignes d'attention, mais que le public a peu regardés.

La carrosserie tiendrait beaucoup de place dans les expositions, aussi ne s'y hasarde-t-elle guère. Son exposition, à elle, c'est la voie publique qu'elle sillonne sans cesse, et certes, à Paris, elle brille par la pureté, par l'élégance de ses formes, aussi bien qu'elle se fait estimer par la solidité de sa construction. Un savant étranger, bon connaisseur, disait il y a peu de mois : J'entends venir un équipage, et je sais, au bruit qu'il fait, dans quelle contrée on l'a fabriqué. Quand je suis bien sûr qu'il vient de Paris, je lève les yeux alors, et j'admire. — Cet éloge est juste et mérité. Le bois, les cuirs, la couture, les fermetures, les jointures, la garniture intérieure, les ajustements, les harnais sont l'objet de soins extrêmes chez les bons carrossiers français, les seuls dont il puisse être ici question, car on fait du médiocre et même du mauvais à Paris comme en Angleterre et en Allemagne. La carrosserie de cette dernière contrée est bien garnie à l'intérieur, mais elle est mal cousue, joint plus mal encore, et manque de grâce dans la coupe ; en Angleterre, on sacrifie peut-être trop à la légèreté. Mais l'Angleterre a les meilleurs palefreniers du monde, et les soins habiles qu'ils prodiguent à leur carrosse et aux harnais sont une garantie de durée, et prolongent la beauté des équipages.

Les voitures de place ont beaucoup gagné à Paris; elles sont infiniment plus propres, plus commodes et plus légères depuis quelques années. Le progrès que la population française appelle aujourd'hui de tous ses vœux, c'est l'amélioration des voitures de voyage qui laissent encore trop à désirer.

La pièce la plus importante des harnais d'attelage, c'est le collier. Jusqu'ici, sa construction a été tout empirique, c'est-à-dire que d'ignorants ouvriers, ne connaissant pas même de nom les parties du cheval qui sont placées au point de traction, encore moins le jeu physiologique de ces organes, blessent, estropient le noble animal, ou tout au moins le gênent et le fatiguent inutilement (1). Il y avait à l'exposition un collier à charnière, qui semble prouver une entente meilleure des choses, et qui paraît devoir éviter les inconvénients graves, dont gémissent inutilement les amis de la belle créature qui nous rend de si précieux services.

Dans la sellerie proprement dite, la selle et la bride sont les deux points importants. Mais que d'erreurs et de sottises encore se commettent en tous lieux, dans la fabrication de ces objets, et toujours par suite de l'ignorance où l'on est de l'anatomie du cheval ! Les Anglais, il faut leur rendre cette justice, ont singulièrement allégé le poids de ces pièces, mais en abandonnant un peu trop la commodité, ou, en d'autres termes, en sacrifiant le cavalier à sa monture. Quoi qu'il en soit, depuis trente ans la sellerie française a pris un grand essor, comme perfection de travail ; elle a au moins atteint sa rivale, qu'elle dépasse même dans tout ce qui tient à l'ornement de luxe, et ses prix sont inférieurs; aussi les exportations ont-elles acquis beaucoup d'importance. En aucun pays la

(1) Voir le chapitre *Anatomie artificielle*.

sellerie pour monture des dames, en particulier, ne pourrait rivaliser d'élégance et de véritable beauté avec ce qui se fait à Paris maintenant. La ferronnerie, surtout, soit nue, soit plaquée, est d'une perfection incontestable.

Reste la bride, partie si considérable du harnais. Ici encore, la connaissance approfondie, savante même de la bouche du cheval, organe délicat et sensible au plus haut degré, devrait conduire et éclairer le fabricant. Loin de là, il semble que le cheval ait été fait pour la bride; on la lui passe telle qu'elle, tandis qu'au contraire il faudrait la construire exprès pour lui, parce qu'il y a des différences énormes entre la bouche d'un cheval et celle d'un autre cheval. L'animal souffre, la bouche se durcit, mille autres inconvénients résultent de cette ignorante insouciance. On sait les funestes accidents qui sont la suite de l'emportement du cheval ; un Prince français, que nous pleurons encore, a péri dans un événement de ce genre. Tout ce qu'on a essayé jusqu'à présent, pour prévenir de semblables catastrophes, n'a fait que déplacer la question et les dangers. Il faut dire, toutefois, que l'exposition a présenté un mors beaucoup plus puissant parce qu'il est plus rationnel, et basé sur l'intelligence des mouvements musculaires de l'animal. Les muscles du cou, en effet, sont dans un état absolu de tension, lorsque le cheval s'emporte. Qu'on les oblige à fléchir, et il arrête, ou du moins il ralentit forcément sa course effrénée. Si le nouveau mors atteint ce résultat sans blesser, sans irriter davantage la bête qui ne se gouverne plus, l'auteur aura rendu un grand et signalé service à l'humanité. On ne saurait se montrer assez reconnaissant pour les bienfaits industriels de cette nature.

CARROSSERIE.

EXPOSANTS.

DAMERON.

Le coupé, dit de ville, exposé par ce carrossier habile, offre au premier coup d'œil les formes les plus gracieuses; les mains de la caisse sont de rares morceaux de forge; les lanternes, à huit pans coupés, sont les premières qui aient été établies dans ce genre, et la housse est d'une richesse remarquable. Commandée par le général Ventura, cette voiture a été payée 10,000 fr. Les produits de la carrosserie française sont exportés dans toutes les parties de l'Europe. M. Dameron, pour seconder ce mouvement, s'est efforcé de réduire le prix de ses voitures, tout en perfectionnant leurs formes, et en augmentant leur légèreté et leur solidité. L'économie qu'il est parvenu à obtenir provient seulement des moyens expéditifs de construction qu'il a découverts.

DE L'AUBEPIN.

Peu confiant dans les mors d'invention nouvelle, propres à arrêter les chevaux les plus fougueux, emportés et n'obéissant plus à la main qui les guide, M. de L'Aubepin a imaginé une voiture de sûreté, à six roues, roulant, dit-il, sans cahots, et pouvant au besoin se dételer à volonté, si les chevaux viennent à s'emporter. Dans ce cas, les deux roues de devant, formant avant-train, sont détachées, et pendant que les chevaux l'entraînent avec eux, continuant leur course vagabonde, la voiture demeure tranquillement en arrière sur ses quatre roues restantes. C'est fort joli et très-ingénieux... en théorie; reste à savoir si, à la pratique, la voiture lancée avec force ne culbuterait pas lorsqu'elle serait abandonnée à elle-même.

LONGUEVILLE.

Lorsque l'industrie a satisfait à toutes les exigences sérieuses de la société, lorsqu'elle a épuisé toutes ses combinaisons au service de notre bien-être, elle s'adresse alors à nos caprices, et elle fait naître chez nous de nouveaux besoins, pour se donner le profit de les satisfaire. Ainsi, tandis que l'art du carrossier et celui du constructeur de navires n'ont guère de progrès à attendre, et que nous possédons en ce genre tout ce qu'il est raisonnablement permis d'espérer de longtemps, voici un subtil inventeur qui, par une étrange alliance de deux moyens de locomotion, laisse derrière lui tous ses devanciers.

A quoi sert, en effet, la nacelle la plus légère, si ce n'est à glisser exclusivement sur la surface des flots, et à demeurer dans une parfaite immobilité, si nous la posons sur la chaussée d'une grande route. La plus commode de nos voitures n'est pas d'un usage moins restreint, et ne fonctionne qu'à la condition expresse de rester sur le solide élément pour lequel elle a été construite.

M. Longueville vient de changer tout cela. Quelque chose d'amphibie est sorti de ses ateliers, qui n'est ni une voiture ni un bateau ; car, si vous choisissez la première de ces dénominations, il est possible que vous rencontriez la machine descendant une rivière sous forme de nacelle ; et, pour peu que vous attendiez quelques minutes pour adopter la seconde, vous verrez la nacelle s'atteler de deux chevaux, et disparaître dans un nuage de poussière.

L'invention de M. Longueville consiste en une caisse de char à bancs ayant la forme, la dimension et la solidité d'une barque, et posée sur un train de carrosse. Plusieurs banquettes transversales occupent cette caisse, qui semble au premier abord ne différer en rien des voitures ordinaires. Pour la transformer en nacelle, il suffit de la détacher de son train, ce que deux hommes exécutent facilement en moins de cinq minutes ; on la fait glisser alors sur le lac ou sur la rivière que l'on veut parcourir. L'inventeur donne à ses caisses un fond plat ou à quille, suivant le désir de l'acquéreur. Il pense qu'avec un pareil véhicule, offrant un double moyen de locomotion, la chasse sur les étangs deviendra plus agréable et plus facile qu'autrefois ; car les chasseurs qui s'y rendront avec la voiture-nacelle, auront immédiatement sous la main un bateau propre à parcourir toute l'étendue de l'étang, et très-facile à manœuvrer à cause de sa légèreté. M. Longueville recommande, en outre, sa voiture-nacelle aux châteaux baignés par une rivière. Les promenades sur l'eau sont, en effet, un des plus agréables passe-temps de la campagne ; mais si la descente offre peu de difficultés, on sait toutes celles que l'on rencontre en remontant le courant. « Avec ma voiture-nacelle, dit M. Longueville, « tandis que les promeneurs descendront les sinuosités nombreuses de « la rivière, ils enverront le train et les chevaux attendre leur arrivée

« souvent à une faible distance réelle du point de départ, et ils revien« dront chez eux commodément en quelques minutes, par la grande « route. »

Nous n'insisterons pas davantage sur une pareille invention, dont l'utilité, peut être contestée, et rentre dans le domaine de la fantaisie. Après tout, M. Longueville n'a pas prétendu opérer une révolution dans l'art du carrossier ; mais seulement offrir aux personnes riches les moyens de satisfaire un bizarre caprice : celui de se promener au bois en bateau, et sur la rivière dans un char à bancs.

PERRET.

La voiture, dite coupé, et la calèche, exposées par M. Perret, sont d'un légèreté et d'une richesse sans égales. Ce sont bien là les formes que l'on aime à trouver dans ces élégants véhicules, qui doivent plutôt être emportés que traînés par les chevaux de prix qui en composent l'attelage. La carrosserie parisienne conservera longtemps la réputation dont elle jouit, avec des artistes d'un goût aussi pur que l'exposant dont nous signalons les ateliers.

WAIDÈLE.

Le cabriolet à train mobile, exposé par M. Waidèle, peut se transformer, à volonté, en char à bancs-calèche à six places, à portières de côté et devant. Grâce à cette invention, le négociant, le fabricant, l'industriel, qui ont besoin d'un cabriolet pour assurer à leurs affaires une rapide exécution, pourront joindre, sans augmenter leurs dépenses, l'utile à l'agréable, et leur cabriolet de travail deviendra une voiture de luxe, à leur volonté, s'ils adoptent l'ingénieuse invention de M. Waidèle. Ce carrossier distingué est à la tête, d'ailleurs, d'un des plus vastes établissements de Paris, et ses voitures en tous genres lui ont déjà valu une réputation méritée.

SELLERIE ET MORS.

HERMET.

Le collier anglais et quelques autres espèces de colliers, dont on se sert pour l'attelage du cheval, présentent de nombreux inconvénients, que M. Hermet a heureusement évités dans le harnais dont il est l'inventeur. Son collier, pour lequel il a obtenu une médaille d'or, ne blesse jamais le cheval, n'entrave ni la respiration ni la circulation du sang, offre un plus large point d'appui sur le poitrail et met ainsi en action toutes les forces de l'attelage. Dans le collier anglais, on ne trouvait de *résistant* que les mamelles, et de *flexible* que les attelles et leur articulation, de manière que celles-ci, tiraillées par le trait, faisaient peser le collier sur l'articulation scapulo-humérale, sur le garrot, et blessaient l'un et l'autre; on remédiait imparfaitement à tout cela par les faux colliers. Le collier Hermet est formé par une carcasse de bois liant et de fer doux, dont les deux ais s'articulent à charnière par le haut et se ferment en bas à cheville. Rembourrée de crin et de laine, elle fait saillir la partie molle sur le plan large des omoplates, et le point d'attache du trait est placé de manière à concourir à l'effet général du harnais. De ces modifications, il résulte que la première articulation du remontoir ne peut plus être blessée, comme dans l'ancien collier, par la fixation du point d'appui sur le milieu des palerons, et l'immobilité du collier étant obtenue par la charnière, l'élévation des ais et leur jonction à angle aigu, le garrot est à l'abri de toute pression nuisible et gênante. En outre, la fermeture de ce harnais lui permet de s'écarter ou de se resserrer sans effort, suivant l'encolure du cheval qui le reçoit.

PELLIER.

L'équitation a été, de tous temps, l'exercice favori de l'homme. Le cheval, ce noble animal qui a si souvent inspiré les poëtes, soumis au frein et à l'éperon dès la plus haute antiquité, tient une grande place dans l'histoire des peuples, et a légué à la postérité des noms qui ne sont pas sans gloire. En temps de paix, il partage nos plaisirs; la chasse, la promenade, l'hippodrome le réclament. En temps de guerre, c'est le fidèle compagnon du soldat; il le conduit à la victoire, ou le dérobe à une mort certaine.

Mais le cheval est aussi un compagnon fougueux, qui se laisse quelquefois aller à des élans irréfléchis, à des boutades de liberté qui ne sont pas sans danger pour celui qui le monte. Aussi, les inventeurs n'ont pas manqué d'offrir aux amateurs de l'équitation une foule d'appareils, ayant la propriété plus ou moins infaillible d'arrêter les chevaux qui s'emportent. Entre autres inconvénients, ces appareils avaient tous celui d'être très-apparents, et d'annoncer, à tous ceux qui rencontraient le cavalier, qu'il avait un cheval vicieux, ou une grande peur provenant de son inhabileté.

M. Pellier, écuyer distingué, a exposé un mors d'un nouveau modèle, dont l'effet est infaillible pour arrêter le cheval le plus fougueux. M. Pellier a constaté que les chevaux ne s'emportent pas parce qu'ils ont la bouche trop dure, mais bien par une forte tension des muscles du cou; alors cette force musculaire leur sert à se soustraire à l'influence du frein, devenu impuissant à les arrêter, et s'augmente tellement, que le sang reflue vers le cerveau, leur fait perdre la tête et les pousse souvent à se précipiter d'eux-mêmes au-devant des plus grands dangers. C'est sur cette observation qu'est basé le système du mors Pellier.

Avec le nouveau mors de bride, ou de bridon, on arrête presque immédiatement les chevaux de selle ou de voiture qui sont emportés, et on les met dans l'impossibilité de résister à la main du cavalier. On exerce pour cela une pression sur les deux os sous-maxillaires. A la moindre opposition de la main du cavalier ou du cocher, le cheval est forcé de ramener sa tête dans la position verticale; alors la contraction de l'encolure étant immédiatement rompue, il perd la force de résistance qui lui servait à se précipiter en avant malgré son conducteur, et il est obligé de s'arrêter aussitôt.

Nous ajouterons qu'il est nécessaire d'habituer le cheval, par quelques leçons dans l'écurie, à ce nouveau mors. Ce système peut s'appliquer aux mors de bride, d'attelage et de selle.

XXI

ARMES.

Les armes de luxe, les armes ornées d'or et d'argent ont toujours été fabriquées en France avec une grande perfection; mais plusieurs peuples rivaux l'emportaient quant au mérite de l'arme en elle-même. Il n'en est plus ainsi. Nos armes égalent au moins, si elles ne dépassent en qualité, celles qui se produisent ailleurs avec plus de succès, et nos arquebusiers ont une grande part aux progrès qui se sont manifestés depuis quelques années dans cette importante industrie.

L'excellence du canon, dans une arme à feu, est le point capital. Il y a cinq ou six ans, on roulait un *ruban* sur un tube en tôle qui servait de moule; depuis on a superposé deux rubans qui se soudent ensuite, et le tube se retire à l'aide de la machine à forer. Ce perfectionnement est dû aux frères *Bernard*, habiles canonniers de Paris; il a plus que doublé la force du canon. D'abord, la matière première était du fer et de l'acier disposés par bandes successives; les Anglais ont uni le fer et l'acier avant de faire les bandes, en sorte que chacune est formée des deux éléments. Mais voici que nous allons plus loin : nous roulons la bande ainsi préparée, mais en lui donnant la forme triangulaire, et dans l'angle que produit la spirale, nous roulons une seconde bande également triangulaire. Le tout soudé et corroyé donne des canons d'une puissance de résistance telle, que, chargés jusqu'à l'extravagance, ou les bandes se déroulent, ou bien le canon se fausse et se boursoufle, mais ne crève jamais. Il en résulte une admirable sécurité, et les cruels accidents qui étaient si fréquents autrefois deviennent maintenant à peu près impossibles.

On sait l'effrayante portée de 1,000 et 1,100 mètres de la carabine inventée par M. *Delvigne,* portée que le Ministre de la guerre a fait constater officiellement par des expériences auxquelles ont pris part les officiers généraux les plus distingués. La forme conique donnée aux balles a facilité la justesse du tir; c'est une invention toute française, et qu'on achève en ce moment de perfectionner.

Le pistolet français est supérieur à tout. Il se raye mécaniquement de cannelures dirigées en spirale, ce qui donne au tir une incroyable justesse. Un arquebusier est parvenu à placer six canons sur un même pistolet; ils se tirent successivement et avec rapidité. Si cette arme n'est encore qu'un objet de curiosité, il n'est pas impossible qu'elle ne devienne bientôt le point de départ d'un perfectionnement de quelque importance, même dans les armes de guerre. M. *Caron* a un chien à tête mobile. En lui faisant subir un léger mouvement circulatoire, si le chien retombe par accident, il ne peut atteindre la capsule. C'est une heureuse idée qui sauvera la vie de bien des chasseurs. Un arquebusier introduit dans le fusil brisé, système Lefaulcheux, un perfectionnement très-simple qui évite le crachement, ou fuite de la charge. C'est un problème qui a été cherché en vain depuis longtemps, et qui paraît bien résolu aujourd'hui.

Une amélioration très-importante pour l'arme de guerre, a été trouvée par un modeste ouvrier, M. *Bridault ;* c'est la simplification notable de la platine. Il supprime six pièces, sans nuire à l'action du mécanisme réduit au grand ressort sans griffe, et à la gachette qui marche avec le chien, sur deux crans. On comprend tout de suite combien il est plus facile alors de monter, démonter et nettoyer. La solidité et la sûreté y gagnent également. L'économie dans la fabrication de la platine serait de 50 à 60 pour 100.

Entre la platine et la pièce de bascule, ou naissance du canon, on laisse aujourd'hui beaucoup plus de bois. L'arme a plus de solidité, et le bois fend moins par suite des explosions réitérées.

A qualité égale, à solidité égale, les fusils français sont infiniment meilleur marché que les fusils anglais; la mise en bois est plus soignée. Quant à la forme, elle est incomparablement plus belle. On a vu, cette année, des ornementations vraiment délicieuses. Une paire de pistolets, du prix de 12,000 francs, magnifiquement dessinés et ciselés dans l'acier même, sans la moindre partie d'or ou d'argent, est jusqu'ici l'ouvrage le plus parfait en ce genre qui se soit produit en France. On commence à donner aux beaux fusils de chasse la forme si élégante de la crosse albanaise, qui assure au tir une justesse supérieure : la cambrure trop forte des autres crosses, fait, en général, porter trop bas.

Un arquebusier a exposé des fusils simples très-bien conditionnés, de 10 à 50 francs, et des doubles, de 25 à 120 francs, ayant subi les épreuves les plus décisives (1).

Une petite machine très-simple, mais bien combinée, et donnant un résultat fort utile, présente sur le même plan vingt moules à balles qui se coulent à la fois. Une lame horizontale mordant sur la tangente de chacune d'elles enlève tous les jets de plomb, par un seul mouvement de levier. Il est facile de comprendre la rapidité d'une telle manœuvre, et quels services elle peut rendre lorsqu'il faut fondre des balles avec urgence. Cette machine travaille comme vingt personnes qui fondraient et couperaient en même temps.

La capsule fulminante est devenue un objet important dans les armes à percussion. Jusqu'ici, et partout, elle s'est faite sans qu'on cherchât à la rendre moins dangereuse, et, au moment de l'explosion, des fragments de cuivre, lancés avec violence, ont trop souvent blessé les yeux du chasseur. Un fabricant, M. *Gevelot*, a fait sortir la capsule de cet état, et l'a enfin rendue inoffensive, sans rien lui ôter de sa puissance d'action. La pensée de cette amélioration est fort simple : les parois de la capsule,

(1) Un décret impérial du 24 décembre 1810 exige qu'il ne soit vendu aucune arme avant qu'elle ait été soumise à de sévères épreuves.

au lieu de composer une seule pièce, sont formés par le rapprochement de rayons ménagés autour du fond central. A l'explosion, au lieu de déchirure et d'éclats, il se détermine un simple écartement. Ce mode de fabrication est plus lent et plus dispendieux ; chaque mille de capsules est alors nécessairement plus cher, mais en répartissant ce plus haut prix sur chaque capsule, il devient insignifiant, tandis que la sécurité est parfaite et vaut bien une faible dépense additionnelle.

Des études de la plus haute importance, des recherches longues et difficiles, des expériences patientes et dispendieuses, ont permis à un industriel de présenter à l'exposition des lames de sabre et de poignard d'une qualité supérieure, et constituant une admirable imitation des célèbres lames damassées de l'Orient. L'analyse chimique a fait découvrir en quelles proportions l'Inde et la Perse formaient l'alliage des métaux constituants, et, à force de répéter les épreuves, on est parvenu à faire des lames dont la dureté, la souplesse, la belle veine ronceuse ne laissent rien à désirer. Les prix sont avantageux, et l'on peut espérer, dès aujourd'hui, que l'Occident produira enfin ces armes qu'il lui était si difficile d'obtenir, et qui ont toujours été l'objet de son envie.

EXPOSANTS.

BESSIERE ET MARTIN.

Avec le nouveau système de fusil à percussion, les soldats, dans les exercices à feu, et notamment dans les temps de froid, perdent plus de vingt-cinq capsules sur cent, et un nombre plus considérable dans les jours de combat. MM. Bessière et Martin ont voulu remédier à cet inconvénient, par un nouveau fusil de leur invention, dans lequel on place trente capsules à l'avance, qui viennent successivement se placer sur la cheminée, au temps *d'apprêter l'arme*, et le fusil se trouve ainsi amorcé pour trente coups. Le soldat peut tirer un tiers de coups de plus avec ce système, vu la suppression du temps d'abattre l'arme à droite, pour l'amorcer, et la passer ensuite à gauche pour la charger. Les cavaliers pourront, avec facilité, approvisionner leurs carabines et leurs mousquetons de trente capsules, et amorcer en allant au pas, au trot et même au galop.

MM. Bessière et Martin s'engagent, pour les fournitures de gouvernements, à livrer leurs fusils, en caisses et rendus sur le port d'Anvers, au prix de 40 francs ; les mousquetons à 35 francs.

Leurs fusils de chasse varient, pour les prix, de 150 à 1,500 francs ; on peut les amorcer pour 80 à 100 coups ; entr'autres avantages, le chasseur n'est pas dans la nécessité d'avoir une amorce sur la cheminée, soit au repos, soit lorsque le chien est abattu : nécessité qui cause journellement tant de malheurs.

CORDOUAN FILS.

Nous trouvons une grande variété dans l'exposition de ce fabricant ; dans l'impossibilité de nous arrêter longtemps sur chacun de ses produits, nous allons les passer rapidement en revue. Nous remarquons d'abord :

Quatre fusils à baguette, avec canons et platines de différents modèles, exposés pour donner une idée du savoir-faire de l'ouvrier, et remarquables peut-être par la modicité de leurs prix ; un fusil double, pour dame ou enfant, conforme aux armes ordinaires, mais établi dans des proportions très-réduites et calculées, pourtant, de façon à laisser une portée et une solidité convenables ; une carabine à quatre coups, et deux canons à charges superposées, et à une *seule* détente.

Cette dernière arme, peu volumineuse et d'un poids ordinaire, permet au chasseur de tirer quatre coups successivement et sans quitter l'arme de l'épaule, sans perdre de vue l'objet du tir, et cela à l'aide de quatre coups de doigts distincts donnés sur l'unique détente. Par une disposition particulière on peut tirer quatre balles, ou deux balles et deux charges de plomb. Les armes à plusieurs coups et à charges superposées, ne sont pas nouvelles ; l'invention consiste dans l'unique détente. L'ouvrier qui a confectionné la première arme de ce genre, a eu l'honneur de la faire pour feu monseigneur le duc d'Orléans, chez Lepage, arquebusier du Roi, qui a été assez longtemps le possesseur privilégié de cette invention.

Nous signalerons encore trois mousquetons modèles de guerre, à charger par la culasse, de systèmes variés, et un fusil double de chasse nouveau, également à charger par derrière. L'idée primitive de ces quatre dernières armes appartient à M. Dalaire, l'un des plus habiles ouvriers de M. Cordouan. Un de ces mousquetons est soumis à l'examen d'un comité d'artillerie, qui, peut-être, l'adoptera pour la cavalerie française.

Enfin, nous parlerons d'un fusil à deux coups avec un seul canon à charges superposées, une seule détente et un seul chien. Cette arme a cela de particulier, que le chien, après avoir percuté en avant, revient en sens contraire au second coup, et percute en arrière par l'effet d'un mécanisme très-simple et très-rationnel, bien que donnant un effet contraire à ceux obtenus jusqu'à présent en arquebuserie.

Pour compléter les renseignements que nous avons obtenus sur le fusil de guerre de M. Cordouan, à percussion et se chargeant par la culasse, nous donnons ici la nomenclature des pièces qui le composent :

1° Canon ; 2° pièce de bascule ; 3° corps de platine ; 4°, 5° et 6° vis assujettissant ce corps sur la pièce de la bascule et la contre-platine ; 7° contre-platine ; 8° chien ; 9° grande vis ; 10° gâchette ; 11° grand ressort ; 12° détente ; 13° pièce de détente ; 14° pontet ; 15° vis de pontet ; 16° ressort de détente ; 17°, 18° et 19° vis assujettissant la pièce de détente après la bascule ; 20° anneau remplaçant les grenadières pour passer la bretelle ; 21° tige d'anneau ; 22° levier du chien ; 23° pivot de bascule ; 24° et 25° vis à chaque extrémité du pivot, pour presser les joues de bascule ; 26° rondelle pour empêcher une de ces vis de tomber ; 27° capucine ; 28° ressort de capucine ; 29° vis du ressort ; 30° plaque de couche ; 31° et 32° vis de plaque ; 33° cheminée ; 34° culot de la table ; 35° vis du culot ; 36° bois ou affût.

Les cartouches ordinaires, en papier, sont essentiellement hygrométriques, et, par leur peu de consistance, sujettes au moindre choc à des ruptures qui, établissant des traînées de poudre dans les canons et dans les gibernes, causent, outre la perte de vingt pour cent prouvée dans l'approvisionnement d'une campagne, des accidents nombreux et déplorables. L'obligation de la déchirer chaque fois qu'on s'en sert, rend impossible la charge à cheval, à cause des oscillations qui font généralement répandre la poudre autour de la bouche du canon; la perte d'une baguette suffit ensuite pour désarmer le cavalier, et la position renversée de l'arme, pendant la marche, facilite ces pertes. La cartouche-balle, appropriée au fusil se chargeant par derrière, remédie à tous ces inconvénients.

DEVISMES.

Cet exposant est l'élève d'un des premiers ouvriers de la manufacture impériale de Versailles, qui disparut avec celui qui l'avait créée. M. Devismes s'est efforcé de faire oublier à la France la perte de ce magnifique établissement, et il lutte courageusement avec l'Angleterre, qui lui envie ses produits. La fabrication des armes à feu est une industrie presque nouvelle, quand on songe qu'en 1756, seulement, on a inventé la percussion de la platine par une pierre de silex, et que sous Louis XV on fabriquait encore des fusils à rouets. M. Devismes mérite d'être cité au premier rang des arquebusiers; il sait se distraire des travaux sérieux de sa manufacture pour inventer de ces jolies fantaisies qui excitent et satisfont le caprice; c'est lui qui a réussi le premier à placer un pistolet dans un manche de couteau et dans la cravache d'une amazone. Il a exposé cette année : 1° une carabine de tir de précision à grande portée, avec double détente, hausse, visière, etc.; 2° un pistolet à 18 coups, sans platine apparente, ni chien, partant successivement et séparément à volonté et par la seule pression du doigt; 3° un pistolet à 6 coups successifs, avec chien percutant; 4° un fusil riche, monture en bois d'ébène, garni d'incrustations d'argent massif; 5° une paire de pistolets de tir, montés en ivoire, genre renaissance, garnitures ciselées en vermeil : la boîte qui les contient est en ébène, incrustée et garnie intérieurement de velours vert; tous les accessoires sont en ivoire et dorés; 6° un fusil sans platine ni mécanisme, percutant avec une simple lame d'acier faisant ressort; 7° un fusil à 6 coups, à tonnerre tournant, partant par un seul canon et séparément, avec la simple et successive pression du doigt sur la détente; 8° un fusil à 4 coups, à double effet; enfin un grand nombre de fusils de chasse à deux coups, de différents modèles et d'un beau fini.

Les relations de M. Devismes sont fort étendues dans la province et à l'étranger. Il a fondé, à Saint-Pétersbourg, un établissement qui a propagé les armes françaises dans tout le nord de l'Europe.

GASTINE - RÉNETTE.

La maison Rénette est la plus ancienne de Paris pour la fabrication des armes à feu et la seule où toutes les parties qui composent ces armes s'établissent sans exception. M. Gastine-Rénette est l'inventeur breveté d'un canon à doubles rubans triangulaires et à doubles rubans superposés; ce canon a l'avantage d'être d'une fabrication facile et d'une solidité à toute épreuve. Ce genre de canon serait établi par des mains inhabiles, que la manière dont ses soudures s'appliquent, le préserverait encore de toute espèce de *travers*, défaut que ne savent pas toujours éviter les canonniers, même les plus expérimentés. — Un de ces fusils, long de 71 centimètres, et pesant 840 grammes, a subi successivement des charges de 20, 30, 40, 50 grammes de poudre, et de 114,171, 228 et 285 grammes de plomb; il a enfin résisté à la charge énorme de 60 grammes de poudre et de 320 grammes de plomb de chasse, c'est-à-dire à quinze charges ordinaires.

Nous compléterons le paragraphe de cet exposant, par l'indication de quelques-uns de ses produits, admis dans le palais de l'Industrie.

1° Fusil s'amorçant seul, sans ressort, et pouvant à volonté rentrer dans les conditions du fusil ordinaire ; 2° riches pistolets de combat, avec ciselures sur fer et incrustations en or; monture en ébène sculptée ; boîtes avec coins en fer ciselés et incrustations; 3° fusils, carabines, pistolets rayés, réglés pour le tir, sur une nouvelle machine de l'invention de M. Rénette; 4° fusils riches de 1,500 fr. à 2,000 fr., avec incrustations en or; 5° fusils à simples ornements de 500 fr. à 1,000 fr.

GAUVAIN.

M. Gauvain expose deux pistolets gothiques, à incrustations, canons damasquinés, avec leurs accessoires richement ciselés. Ces armes de luxe sont dignes de figurer dans le cabinet le plus élégant, comme objet d'art, à côté des plus coûteuses curiosités.

GOSSE.

Le fusil de M. Gosse, se charge par le tonnerre; au moyen d'un mécanisme fort simple, le canon s'avance et recule à volonté, découvrant ou emboîtant ainsi le tonnerre; la fermeture de celui-ci est hermétique, et sa solidité supérieure à celle des canons qui ne se séparent point; toute perte de gaz est donc impossible, et sa portée est supérieure, puisque la charge conserve toute sa force Le canon ne se brise pas, pour l'introduction de la cartouche, comme dans les autres systèmes analogues. Lorsque le tonnerre est découvert, il se lève, et laisse au chasseur la facilité de voir l'intérieur, et de s'assurer qu'il ne contient aucun débris enflammé; avec les autres fusils, il arrive souvent que la crasse, formée par les résidus de la poudre, s'enflamme après plusieurs coups, et que la charge prend feu aussitôt après son introduction : déplorable accident qui coûte parfois la vie au chasseur.

Le prix de cette arme n'est pas plus élevé que celui des fusils ordinaires; il varie de 350 à 500 fr., avec de jolis ornements. M. Gosse a exposé quelques fusils de luxe, d'un prix supérieur et destinés à de hauts personnages.

GRANGER.

L'armure en acier battu, damasquinée en or, et les panoplies de M Granger, sont d'un bel effet. Nous ne dirons pas que ces ornements guerriers sont à l'abri d'un coup de lance, par la finesse de leur trempe; il ne sont pas destinés aux exercices du tournois ni aux assauts du champ de bataille : la chevalerie et les armûres s'en étant allées depuis la découverte des armes à feu; mais ils figureront très-bien dans un musée ou dans un cabinet d'amateur.

HOULLIER-BLANCHARD.

M. Houllier a présenté un fusil de chasse très-beau, d'un système fort ingénieux et tout nouveau. La culasse a la longueur d'une charge, en sorte que la bourre, pressée par une baguette, s'arrête à temps pour ne pouvoir comprimer la poudre. Celle-ci se trouve ainsi mêlée à une somme d'air atmosphérique plus considérable. La combustion s'opère mieux, le tir est d'autant plus juste et la portée plus grande. C'est le principe même des canons à la Paixhans, où la poudre n'est jamais comprimée. Le recul est moins sensible; car le recul est assez ordinairement (dans les armes bien faites) en raison de la pression que subit la poudre. Cette amélioration introduite dans l'arme, n'en augmente pas sensiblement le prix.

LEPAGE-MOUTIER.

La réputation de Lepage est européenne; citer son nom, c'est réveiller aussitôt le souvenir des plus beaux produits en arquebuserie; ses armes blanches sont aussi d'un fini, d'une trempe et d'un luxe incomparables.

Nous avons examiné avec soin une paire de pistolets, dont les bois sont en ébène, et plusieurs modèles de crosses de fusil, d'un beau travail. Nous avons encore remarqué un sabre de fantaisie, dit de Judith; une épée de commandant, en fer ciselé et incrusté d'or, aux armes et au chiffre du général Gourgaud; une épée en acier, damasquinée d'or, représentant la Paix couronnant les Arts; un poignard de Sultane tout incrusté d'or; ce bel assortiment d'armes est complété par des couteaux de chasse de fantaisie. Pour les armes blanches de luxe, on ne peut s'adresser à un fabricant d'une renommée plus méritée que M. Lepage-Moutier.

XXII

COUTELLERIE ET INSTRUMENTS DE CHIRURGIE.

Il règne encore aujourd'hui, au sein même de la France, un préjugé qui place la coutellerie anglaise au-dessus de tout; mais le temps dissipera cette opinion qui est fausse. Longtemps, en effet, les Anglais, habiles fondeurs d'acier, eurent une matière première excellente, qui donnait à leur coutellerie sa supériorité. Aujourd'hui on fait de bon acier partout, et partout on peut fabriquer de bonne coutellerie.

Ce n'est plus qu'une question de trempe et de façon ; or, il est certain que la coutellerie anglaise ne fabriquant que par masses, pour pouvoir fournir à une énorme exportation, sa trempe se fait par paquets, et conséquemment est moins bonne. Les plus habiles couteliers français trempent *à la volée*, c'est-à-dire pièce par pièce, et la trempe y gagne.

Nous l'emportons au moins pour la coutellerie de luxe, qui se monte en France avec un goût exquis. Le manche se fait à l'estampage, et à très-bon marché, bien que magnifique. La façon des ciseaux, surtout, est toujours plus gracieuse. Nous n'avons point de concurrents pour la coutellerie commune et populaire. En Auvergne, dans les Vosges, il se fait de jolis couteaux de table à 1 fr. 40 cent. la douzaine ; des petits couteaux fermés, à 85 cent. la douzaine : c'est fabuleux !

Le préjugé existe, surtout en ce qui concerne les rasoirs. Un habile coutelier parisien s'est amusé plusieurs fois aux dépens des personnes qui se refusaient à croire qu'on sût faire des rasoirs en France ; il a donné à ses rasoirs les premières marques anglaises, et les a vendus comme s'ils venaient de la Grande-Bretagne. Les acquéreurs, qui avaient payé fort cher, ne tarissaient point en éloges et en admiration, jusqu'à ce qu'on leur eût dit la vérité.

Mais le vrai triomphe de la France, c'est la coutellerie chirurgicale. Il fallait d'habiles fabricants, pour les premiers chirurgiens du monde ! Aussi, quel que soit le sentiment de tristesse avec lequel on contemple ces terribles machines qui arrachent tant de cris à des êtres souffrants, on ne peut s'empêcher d'admirer la science profonde et bienfaisante qui les a inventés, et les habiles artistes qui les fabriquent de manière à rendre plus facile et plus rapide leur utile, mais douloureuse action.

A force de perfectionner les moyens de fabrication, on est parvenu à livrer d'excellents instruments, à cinquante pour cent au-dessous de ce qu'ils coûtaient il y a dix années. C'est un résultat magnifique, au point de vue commercial d'abord, en ce qu'il accroît énormément l'exportation des produits français, avec lesquels il est difficile aux autres peuples de lutter aujourd'hui ; puis, il est aisé de comprendre combien de souffrances et d'accidents, qui étaient la suite d'outils mauvais, sont épargnés aux malheureux forcés de subir des opérations douloureuses, depuis que les chirurgiens de tous les ordres peuvent se procurer, à bas prix, des instruments de bonne qualité.

EXPOSANTS.

BOURDEAUX AINÉ. (MONTPELLIER.)

Les instruments de chirurgie, plus que toutes les autres sortes, demandent une grande précision, des formes commodes et ingénieuses, et une trempe excellente. Toutes ces qualités se rencontrent dans les objets exposés par M. Bourdeaux. Ce fabricant, établi dans une de nos facultés de médecine, celle de Montpellier, s'est acquis, dans le midi de la France, une belle réputation.

CHARRIÈRE.

L'exposition de M. Charrière est très-considérable; tous les instruments en usage dans la chirurgie s'y trouvent, perfectionnés et améliorés : en outre, une foule d'appareils propres à suppléer à tel ou tel de nos organes, à réparer la perte d'un membre, à nous rendre moins incommodes certaines incommodités. Il nous serait impossible d'énumérer leur nombre, même en consacrant plusieurs pages à cette nomenclature; qu'il nous suffise de dire que M. Charrière est aujourd'hui le premier fabricant d'instruments de chirurgie du monde; la France, longtemps tributaire de l'Angleterre, pour certains bistouris, scies à amputations, couteaux, etc., a pris le devant, grâce à cet habile fabricant, qui livre tous les jours à l'exportation des assortiments complets d'instruments qui ne laissent rien à désirer.

DORDET.

La riche coutellerie de table, exposée par M. Dordet, atteste suffisamment le bon goût de ce fabricant; il est renommé, surtout, par ses riches modèles en argent et en ivoire, avec gravure et peinture : modèles infiniment gracieux et d'un luxe recherché.

LUER.

Ce fabricant est spécialement connu pour les instruments ophthalmologiques, et d'une fabrication minutieuse; il se distingue surtout par son talent personnel, car il n'est aucun instrument, quelque compliqué qu'il soit, qu'il ne puisse lui-même exécuter dans toutes ses parties.

XXIII

INSTRUMENTS DE MUSIQUE.

Si la littérature est l'expression de la société, on peut dire que les aptitudes musicales d'un peuple sont aussi l'expression de son caractère. Le goût musical adoucit l'âme et la porte aux sentiments affectueux : vérité que les anciens peuples de l'Orient avaient personnifiée dans Orphée, qui, aux sons de sa lyre, attirait les lions et les tigres. La France a produit de grands musiciens, des artistes de premier ordre, des compositeurs remplis d'esprit et de goût ; mais l'amour de la musique ne descendait point au-dessous des classes opulentes. L'aisance générale à changé cette situation ; l'étude de la musique est devenue une nécessité dans l'éducation, même dans l'éducation populaire. La demande d'instruments de musique s'est accrue, le consommateur s'est montré plus exigeant dans le choix, et les facteurs ont été forcés d'améliorer leurs produits et de les perfectionner sans relâche. C'est ainsi que la France est devenue, depuis vingt ans, d'une grande force dans la fabrication des instruments de musique, et que, pour les principaux, sa supériorité est à peu près incontestée.

Le roi des instruments de musique, c'est le violon; non pas parce qu'il exige des études plus longues et plus difficiles, mais parce que, sous les doigts d'un véritable artiste, sa voix égale presque en charme, en séduction, en étendue, en passion, le plus beau des instruments, qui est la voix humaine. Le bois, dont les vibrations donnent au violon son principal mérite, ne le lui procure que quand il a été vieilli par le temps, on pourrait même dire, par les siècles. Les facteurs français avaient espéré qu'en procurant au bois une vieillesse prématurée, à l'aide de procédés chimiques, ils obtiendraient des instruments aussi sonores, aussi délicieux que les violons italiens et allemands du dix-septième siècle; d'abord l'essai avait bien réussi, mais il échoua définitivement Tous les peuples musiciens en sont réduits à copier litteralement, quant à la forme et à l'espèce de bois, les chefs-d'œuvre que nous ont laissés nos pères. A ce point de vue, on fabrique très-bien les beaux violons en France; on y fait surtout les violons communs à très-bon marché.

La flûte, dont la voix est si douce, si pure, si brillante, manquait de justesse dans quelques intonations. On la travaille beaucoup, on l'a déjà améliorée, elle se perfectionnera encore.

La faveur publique s'est retirée de la harpe, malgré la poésie de cet instrument qui se rattache à tant de souvenirs historiques. Elle est très-difficile à accorder; elle est si délicate, que ses cordes sont affectées par les variations atmosphériques les plus subtiles : telles sont les causes de son abandon. Le piano l'a complétement remplacée.

Le piano est un chef-d'œuvre de mécanique, où l'art et la science ont épuisé leurs plus admirables combinaisons. La sonorité et l'ajustement des bois; la résistance opposée à la tension des cordes par les bâtis de fonte et de fer; la composition des cordes métalliques; leur mise en vibration par des marteaux ingénieusement articulés qui frappent soit en dessus, soit en dessous; les points d'attache; les organes qui éteignent le son, à la volonté de l'artiste; la direction horizontale ou verticale de l'instrument, forment autant de portions distinctes de l'industrie du facteur, où il exerce son génie sans relâche, et qu'il travaille sans cesse à perfectionner.

Les Italiens d'abord, puis les Allemands, deux peuples très-sensibles aux charmes de la musique, ont longtemps produit les seuls pianos qui fussent acceptables ; les Anglais, avec le génie mécanique et l'aptitude industrielle qui les distinguent, s'en sont emparés à leur tour, et les ont enrichis de parties et de combinaisons intéressantes ; ils les ont fabriqués surtout manufacturièrement, et ont pu les faire baisser de prix. Ils sont restés les maîtres dans l'art de filer les cordes métalliques.

La France est entrée tardivement dans cette belle industrie, mais elle n'a pas été longtemps à atteindre et à dépasser ses rivaux. La perfection des pianos français se résume aujourd'hui dans trois faits décisifs : la puissance du son, la solidité et la durée.

Trois problèmes occupent surtout en ce moment tous les grands facteurs :

1° La prolongation de la note. Le piano, en effet, ne chante pas ; instrument de percussion, sa voix s'éteint vite, et n'a qu'une faible durée. Déjà *Pleyel* a perfectionné un ancien mécanisme d'abord abandonné, et obtient de curieux résultats qui deviendront meilleurs encore ;

2° L'égalité de son dans toute l'étendue du clavier. Le piano a beaucoup gagné sous ce rapport, mais il est encore loin de ce qui s'obtiendra sans doute dans l'avenir ;

3° L'accord facile par le pianiste lui-même, sans qu'il soit besoin d'appeler un accordeur. C'est là une difficulté énorme, contre laquelle trois ou quatre facteurs luttent avec persévérance.

Cette année, M. *Wolfel* a exposé un mécanisme extrêmement ingénieux, facile à manœuvrer, et qui a été loué par les plus habiles artistes ; si ce n'est pas encore la solution complète du problème, au moins il en approche. Il n'offre que l'inconvénient de renchérir le piano.

La forme de l'instrument a généralement gagné en élégance. Le piano devient un beau meuble de salon ; le piano, droit ou vertical, et le piano à queue sont en faveur.

Un facteur, M. *Guérin*, a produit une charmante invention qui a été très-admirée, et qui demande bien peu de perfectionnements pour devenir complète. Chaque touche, pressée par le doigt de l'exécutant, pèse, pendant toute la durée de la pression, sur une tige verticale communiquant, par un système de leviers fort délicats, à des griffes qui s'élèvent, en conséquence, et agissent simultanément avec les sons produits. Ces griffes prenant du noir sur un cylindre tournant, il est facile de concevoir que si l'on fait glisser sur elles un papier pourvu de portées avec l'espace des mesures, les griffes imprimeront leur trace, courte ou prolongée, suivant que le doigt demeurera plus ou moins de temps sur la touche du clavier. Il en résultera une véritable sténographie musicale, qu'on traduit ensuite aisément, et, de la sorte, la pensée fugitive, mais charmante, d'un artiste qui se livre aux caprices de l'improvisation, ne sera pas perdue. Au reste, il y aurait une grande illusion à attacher trop d'importance à cette machine, plus curieuse que réellement utile. Il suffit de connaître les phases successives que la pensée parcourt dans l'esprit même, avant de se formuler nettement par l'expression musicale ou littéraire, pour comprendre que ce joli piano ne sera pas plus secourable au compositeur exercé, que ne le serait à l'écrivain une machine qui traduirait ses idées au fur et à mesure de leur conception. Ce secours ne sera jamais qu'accidentel.

De remarquables modifications ont été apportées dans le mécanisme savant des grandes orgues ; les variétés d'intonations, appelées *jeux*, deviennent plus justes et plus franches ; la puissance du son s'accroît, et on peut la diminuer maintenant à volonté, au point de la rendre aussi douce, aussi peu bruyante qu'une voix humaine bien réglée.

On a perfectionné aussi les petites orgues, dites *melodium* et *harmonium*. Leur voix, produite par des lames de métal qu'un courant d'air met en vibration, est fort douce et mélodieuse, en effet, et charme les personnes dont le système nerveux n'est ni trop délicat, ni trop irritable

Les instruments de cuivre, qui produisent des sons énergiques et guerriers, avaient de grandes imperfections dans leur construction même ; ils formaient une famille musicale très-incomplète. On vient de l'enrichir de plusieurs membres.

EXPOSANTS.

ALEXANDRE PÈRE ET FILS.

Il y a peu d'années que l'orgue expressif obtenait chez nous un légitime succès, malgré les défauts inséparables d'une invention nouvelle.

Voici que MM. Alexandre père et fils viennent de rendre un éminent et nouveau service à l'art musical, par la création de leur orgue mélodium; avec cet instrument, accessible à toutes les fortunes par la modicité de son prix, plus de sons criards et saccadés, plus de ces intermittences et de ces inégalités, si pénibles à l'oreille délicate.

Les accords de l'orgue mélodium sont doux et touchants, et transportent l'âme par leurs effets amples et variés d'harmonie.

Le clavier est semblable à celui du piano; il ne compte que cinq octaves, mais on en obtient sept chromatiques par l'emploi des registres (pistons), qui transportent en se correspondant.

Il a quatre jeux ordinairement; le premier et le quatrième sont ceux du diapason ordinaire; le numéro deux est celui de l'octave grave; le numéro trois est celui de l'octave aiguë. Il n'exige ni musique spéciale; ni accord, ce qui est précieux pour les localités éloignées, où il est si difficile de trouver des accordeurs.

Tant d'avantages, enfin, d'harmonie et de mélodie se trouvent réunis dans cet instrument, qu'on peut dire avec justice que MM. Alexandre ont conquis de nouveaux titres à l'attention des amateurs de la vraie musique, et que l'art ne saurait guère aller plus loin dans ce genre.

AMELOT.

Deux violons, imitant ceux du célèbre luthier Dnissoprugear Gaspardo, né dans le Tyrol vers la fin du quinzième siècle; un violon, fait en vieux, sur le modèle du même maître, et un alto établi pareillement, forment l'exposition de ce luthier, dont les produits sont recherchés par les connaisseurs, et souvent mis sur la même ligne que les anciens instruments des facteurs historiques.

BARTHÉLEMY.

Dans les pianos ordinaires, les cordes sont attachées à des chevilles, que l'accordeur tourne dans un sens ou dans un autre, suivant qu'il veut hausser ou baisser le ton. Ce système présentait quelques inconvénients ; plusieurs facteurs ont essayé d'en imaginer un autre ; mais les pianos sans chevilles coûtaient jusqu'ici 200 ou 300 francs de plus que les ordinaires. M. Barthélemy livre ses pianos, ainsi perfectionnés, sans augmentation de prix.

BLONDEL (Alphonse).

Quand une touche de piano a besoin d'une réparation, il faut en retirer tout le clavier, ce qui nécessite l'intervention d'un ouvrier et un dérangement dans le meuble. M. Blondel a exposé trois élégants pianos, d'une excellente facture, donnant de beaux sons, tenant bien l'accord, et offant cette amélioration : qu'on peut retirer isolément la touche dérangée, la faire réparer, sans déranger le clavier et sans avoir recours à un ouvrier.

BOISSELOT PÈRE ET FILS. (Marseille.)

MM. Boisselot, facteurs marseillais, se sont signalés, cette année, par deux découvertes importantes. La première consiste dans un mécanisme particulier qui fait sonner l'octave, avec une seule note et par un seul mouvement, au moyen d'une pédale. C'est là une grande ressource pour l'artiste, qui pourra enrichir son jeu d'un grand nombre d'effets nouveaux. La seconde découverte de MM. Boisselot consiste dans les *sons soutenus ;* l'exécutant, avec un piano de ce facteur, peut, à volonté, soutenir ou éteindre la vibration d'une ou de plusieurs notes, de manière à détacher l'accompagnement du chant, ou *vice versâ*, avec une pureté qu'on n'avait pas obtenue jusqu'ici. Comme objet de luxe, MM. Boisselot ont exposé un piano avec des incrustations de corail et de nacre sur ébène, exécutées par M. Garaudy. Les pianos de ces facteurs luttent avec avantage contre les pianos allemands, sur les places de Gênes, de Naples, dans les États romains, milanais et en Toscane. L'Espagne leur fait aussi beaucoup de demandes.

A. BROWN.

Voici un instrument très-portatif et qui ressemble à une guitare; c'est le mélophone; son manche aussi large, mais plus court que celui de la guitare, est garni de sept rangs de clavettes placées par demi-tons. On le tient de la main gauche, et au moyen de clavettes qui servent de touches, on fait les notes de la même manière qu'on les ferait sur sept cordes adaptées à un violon et accordées par quintes, mais en ne faisant pas usage des cordes à vide. Le prix varie de 75 à 250 francs.

CASIMIR-MARTIN.

M. Casimir-Martin a exposé de charmants pianos de boudoir, pouvant servir à la fois de piano et de secrétaire; écritoire, bureau, caisse, tiroirs, cartons, tout s'y trouve réuni. Ces pianos ne sont pas seulement de jolis meubles en palissandre, à balustres ou colonnes torses, mais ils réunissent toutes les qualités de solidité et de sonorité désirables.

CAVAILLÉ-COLL PÈRE ET FILS.

Ce facteur a exposé : 1° un orgue de huit pieds, à deux claviers, avec pédales; 2° un grand orgue en construction pour l'église de la Madeleine; un grand orgue de 32 pieds, établi à l'église royale de Saint-Denis. — Les perfectionnements apportés par MM. Cavaillé-Coll à leurs orgues consistent : 1° dans un nouveau système de soufflerie à *diverses pressions*, qui remédient, par l'intensité du vent, à la faiblesse et à la maigreur que l'on trouvait, jusqu'ici, dans les parties élevées de l'orgue; 2° dans un système nouveau de pédales de combinaison, qui permet à l'organiste d'appeler sur le même clavier tel mélange de jeux qu'il souhaite;

3° dans l'invention d'un nouveau système de jeux composés de tuyaux, qui sonnent leurs harmoniques, au lieu du ton fondamental.

Les orgues de MM. Cavaillé-Coll sont toutes d'une élégante et solide construction ; elles présentent des dispositions acoustiques très-bien étudiées, et chaque partie de ces instruments est établie de manière à concourir à la netteté et à la puissance des sons.

ERARD.

M. Erard, dont le nom est connu dans tous les pays, a exposé des instruments d'une qualité supérieure, plusieurs sont recommandables comme meubles de luxe ; nous signalons surtout un piano droit, style Louis XIV, avec des ornements en cuivre doré, sculptés d'un goût magnifique ; un autre en ébène d'une simplicité pleine d'élégance ; un piano carré en bois de rose, avec frises en cuivre doré ; enfin un piano à queue en chêne, style gothique.

FAURE ET ROGER.

Cette maison s'est jusqu'ici spécialement adonnée à la construction des pianos droits à cordes verticales. Nous nous sommes particulièrement attachés à son piano, forme Louis XV, en bois de rose, porcelaines et dorures, remarquable par son style et par sa forme à la fois élégante et riche.

FOURNEAUX.

L'orgue de M. Fourneaux a reçu le nom d'*orchestrion* ; il produit, comme ce nom l'indique, tous les effets d'un petit orchestre ; la musique religieuse, comme les airs les plus vifs et les plus gais, convient à ce joli instrument, qui imite les sons de la flûte, de la trompette, du hautbois, etc., etc. Des registres, bien étendus, en varient la puissance, et l'exécutant peut produire les *forte* et les *piano* de l'orchestre, les *tutti* d'instruments ou les *solo*, sans que sa main ait besoin de quitter le clavier. Les sons de l'*orchestrion*, doux et moelleux, éclatants et brillants tour à tour, sont toujours agréables et ne donnent jamais de ces notes criardes qui fatiguent tant, dans les orgues expressives ordinaires.

GIRARD ET COMPAGNIE.

Ces facteurs se sont appliqués à réunir, dans leurs orgues, toutes les améliorations que l'expérience et les travaux de leurs devanciers ont apportées à ces vastes instruments. Ils ont adapté à leur clavier l'appareil de M. Backer, destiné à adoucir le jeu des touches, dont la résistance s'augmente beaucoup par l'accouplement des claviers. Aujourd'hui, grâce à cet appareil, un orgue colossal, qui égalerait en puissance un orchestre de six mille musiciens, pourrait être touché par un enfant; un système nouveau de soufflerie, l'application des jeux harmoniques, recommandent encore les orgues de MM. Girard et Cie, qui n'ont rien inventé précisément, mais qui se sont heureusement inspirés de tous les perfectionnements apportés, dans ces dernières années, à l'art du facteur.

GOUDOT JEUNE.

Les instruments de musique de M. Goudot jeune fabriqués sur une grande échelle, et dont plusieurs échantillons ont été admis dans le palais de l'Industrie, se recommandent particulièrement au commerce d'exportation, par leur prix modéré. Malgré leur bon marché, tous les instruments qui sortent des ateliers de ce fabricant sont d'une perfection achevée et d'une grande justesse; ses bugles, ses trompettes à piston, ses cornets de chasse, ses clairons, ses hautbois et ses violons, recherchés par les amateurs les plus difficiles, sont aujourd'hui disséminés dans les orchestres de tous les théâtres de l'Europe; ils ont contribué à donner à la fabrique française la haute réputation dont elle jouit.

HALARY.

Ce facteur d'instruments en cuivre pour musique militaire expose trois cors avec un nouveau système de pistons, dont un à parallélogramme, ainsi qu'un cornet d'un modèle perfectionné. Fournisseur du ministère de la guerre, de la marine, de l'Académie royale de musique, du Gymnase musical et de l'école de cavalerie, M. Halary s'est maintenu cette année à la hauteur de sa réputation.

LAURENT.

La flûte en cristal de Mr Laurent a été approuvée par le Conservatoire royal, et elle a valu à son inventeur des encouragements de la part des cours de Russie et d'Autriche. Nous avons encore remarqué, dans l'exposition de ce fabricant d'instruments de musique, la flûte Boehm, perfectionnée, correspondance naturelle, simple et la meilleure de toutes ; des becs de clarinettes en cristal et des embouchures de cornets à piston. En général, les produits de M. Laurent offrent un grand fini dans le détail, et une perfection de formes qui fixent déjà l'attention, avant même que l'on ait pu apprécier les qualités qui ressortent de l'exécution musicale.

PAPE.

M. Pape est le constructeur de pianos le plus infatigable. C'est à lui que l'on doit les instruments de formes inusitées : pianos ovales, octogones, pianos-tables, pianos-consoles ; cette année il a mis le comble à ses découvertes, en exposant un piano à huit octaves.

SAX ET COMPAGNIE.

Ces luthiers, qui ont donné leurs noms à plusieurs instruments de leur invention, ou perfectionnés par eux, ont exposé des cornets à cylindre et compensateur, qui leur ont valu un brevet, des bugles, trombones, trompettes, cors, cornets, basses, tuba, contre-basse, ophicléides à cylindres-Sax et ordinaires, flûtes et clarinettes Boehm et anciennes ; saxophones, bassons, basses et ténor.

TRIÉBERT.

Cet exposant fabrique des instruments de musique en bois, tels que cor anglais, baryton, basson, flûte, hautbois, clarinette, etc. Il est auteur de diverses machines au moyen desquelles on obtient, pour la confection des anches de toute espèce, une précision que ne peut atteindre la main la plus exercée.

TULOU.

La réputation de M. Tulou est européenne. Ce grand artiste a voulu consacrer une partie de son temps à perfectionner l'instrument de musique auquel il doit sa renommée. Ses flûtes et ses hautbois sont remarquables par la justesse et la pureté des sons.

VÉRANY. (Clermont-Ferrand.)

M. Vérany expose : 1° un piano-harpe de son invention; sa forme est verticale, ses avantages sont de produire des sons, principalement dans les basses, pareils à ceux d'un bon piano à queue; 2° un piano dans les formes ordinaires, qui, malgré sa grande perfection, est d'un prix extraordinairement réduit, comparativement à ceux de Paris.

XXIV

PAPIERS PEINTS.

La France excelle dans l'industrie des papiers couverts de belles impressions, pour tapisser les murailles d'appartements, les plafonds, les paravents, les devants de foyer; pour la reliure et les riches cartonnages. Les procédés d'impressions sont le rouleau gravé en creux, et la planche de bois sculptée en relief. Le rouleau ne s'emploie que pour les papiers à grandes lignes continues, pour salles à manger, salles de billard et galeries de campagne. La planche fait les superbes tentures en couleurs variées.

Ce travail est une imitation économique de la peinture au pinceau et à la main, qui ne produirait pas pour 2,000 fr. ce que le papier donne pour 200 fr., et d'une beauté presque égale. Le papier fait aujourd'hui des imitations charmantes de la gouache, de l'aqua-tinta, de la fresque; d'année en année ce beau travail se perfectionne : l'or, l'argent, les couleurs les plus brillantes, sont distribués par les dessinateurs de Paris et de Rixheim dans la haute Alsace, de manière à reproduire les fleurs naturelles et de fantaisie, les arbres, les eaux, les animaux, la campagne, les personnages, les scènes animées, les sculptures sur bois, tous les délicieux caprices que peut enfanter l'imagination la plus féconde, avec une perfection admirable. On peut appliquer au papier peint, comparé, quant au prix et à la durée, avec la peinture à la main, le simple calcul d'intérêt qui a été fait à l'occasion des châles de l'Inde. Les personnes les plus opulentes, en Europe, celles dont le goût est le plus délicat, ont renoncé, depuis longtemps, à faire peindre à la main les murailles de leurs appartements. Le papier suffit à tous les caprices, à toutes les exigences, à tous les genres de luxe.

Quelques artistes parviennent, par le jeu des couleurs, à imiter parfaitement les étoffes, les toiles perses, et même la dentelle. On croirait voir des rideaux, des lambrequins, des damas, des lampas véritables; il semble que cette charmante industrie ne peut aller plus loin désormais. Les impressions en gaufré, en relief, donnent des effets ravissants.

Voici ce que l'exposition a présenté de plus neuf.

Une impression sur une feuille d'étain. On avait tenté déjà des essais qui n'avaient point réussi. Cette fois M. *Lasne-Muller* fabrique avec plus de succès. C'est neuf et brillant, tout à fait de bon goût. On ne sait rien sur la solidité de ce beau genre.

MM. *Zuber*, de Rixheim, Haut-Rhin, ont exposé un papier *de sûreté*, article très-important et très-intéressant. On sait que les fripons et les faussaires ont trop souvent l'audace d'altérer les écritures des actes authentiques, billets, lettres de change, sous-seings, etc., pour en changer les clauses ou falsifier les chiffres à leur profit. La science chimique leur donne de malheureuses facilités pour ce travail criminel; mais la chimie parvient aujourd'hui à leur ôter de telles armes. MM. *Zuber* fabriquent un papier très-sensible aux moindres réactions; ils impriment dessus des ornements microscopiques et à peine visibles, avec une couleur également sensible, mais dans une nature opposée. En sorte que, si le plus habile faussaire parvient à enlever l'écriture, il altère visiblement et *nécessairement*, ou les petits dessins imprimés, ou le papier même. C'est là une combinaison admirable, et que le gouvernement français a richement récompensée. Un grand nombre de maisons de commerce commencent à employer ce papier pour leurs actes et lettres de change.

Lorsque l'on travaille la tonte du drap (voir cet article), il en résulte une poussière de laine dont on tire un magnifique parti, dans la belle industrie du papier peint, pour produire les charmants effets *veloutés*. L'ouvrier pose avec sa planche, sur le papier, des dessins qui ne se voient pas d'abord, parce qu'ils sont imprimés seulement avec de la gomme. Avant qu'elle sèche, on fait passer la feuille dans une caisse où se trouve cette poussière de telle ou telle couleur. Un enfant bat les parois de la caisse, la *tontisse* jaillit, voltige, et va se fixer solidement sur la gomme, en reproduisant tous les contours voulus. Mais en sortant de la fabrique de draps, les brins de laine, coupés par fragments de longueurs inégales, produisent sur le papier peint des effets de velours très-irréguliers, souvent grossiers, souvent désagréables à l'œil. Une maison de Paris s'est emparée de cette industrie, pour l'améliorer par des procédés secrets. Elle recoupe et pile, en quelque sorte, les petits brins de laine; elle les réduit cette fois en poussière d'une extrême finesse; elle donne à cette poussière blanche les couleurs les plus variées et les plus brillantes, et maintenant les fabricants de papiers peints obtiennent des veloutés d'une perfection inimaginable. M. *Cercueil* vend des laines préparées de la sorte, dans toutes les contrées où l'on fait du papier peint.

On se plaignait de ce que le dos des cartes à jouer (tarots) était toujours en tinte simple et unie, en sorte qu'à la lumière, les joueurs pouvaient quelquefois saisir et connaître, par la transparence, quelque chose du jeu de leur adversaire MM. *Zuber* ont exposé des papiers pour tarots, imprimés en petits motifs délicats et élégants, mais serrés de manière à détruire toute transparence dans les cartes. Cette industrie frivole, au premier abord, est cependant importante par l'énorme consommation qui a lieu, et par une sorte de moralité qui s'y trouve ainsi introduite par ces habiles et honorables fabricants.

Il faut joindre à cet ordre de produits industriels, un papier fort intéressant, d'une imperméabilité parfaite, et qui remplace à des prix fort avantageux les toiles cirées, qui enveloppent les objets qu'on veut préserver de l'humidité. Les toiles cirées très-communes coûtent encore 75 centimes ou 80 centimes le mètre au commerce, qui en fait une énorme consommation. La maison *Robert* de Paris a entrepris de fabriquer avec les vieux cordages goudronnés hors de service un fort et excellent papier d'emballage, bien verni, très-souple et ne s'écaillant pas, se prêtant bien à tous plis, et que la chaleur ni l'eau ne rendent collant. Elle livre ce papier à 20 centimes le mètre. Les négociants français consomment déjà près de 300,000 mètres de cet utile produit par année.

EXPOSANTS.

DELICOURT.

Les papiers peints de M. Delicourt méritent une mention honorable de notre part; nous en avons vu avec des fleurs légères, d'autres formant grands panneaux avec fond lilas et arabesques d'or, ou fond vert, rouge et or. Un papier de salon, avec un fond bleu tendre et un cadre imitant le bois doré, nous a semblé du meilleur goût; une corniche saillante et une grande frise blanche sculptée comme le marbre, complètent ce beau décor et trompent l'œil le plus exercé.

LAPEYRE ET COMPAGNIE.

Les panneaux de M. Lapeyre nous offrent des draperies combinées avec beaucoup d'art; nous croyons pouvoir assurer qu'on n'avait pas encore obtenu un pareil résultat et un tel effet sur papier peint. Le ton d'or de ces panneaux est d'un effet charmant, et on ne se lasse pas de l'admirer.

MARGUERIE.

Trois papiers, imitant les étoffes perses pour meubles, nous ont frappé dans l'exposition de ce fabricant, entre autres un perse à roses et camélias, velouté et doré; bordure même genre, quatre bandes; les autres, tous d'une grande richesse de dessin et de couleur. Un vert émeraude velouté, doré; bordure lambrequin, même genre. Un nielle, fond bleu d'outre-mer, velouté, corinthe et argent; bordure crête, même fond. Un damas jaune moiré, velouté et argent; bordure rubans moirés, veloutés, violet et argent. Un damas blanc, cannelé en or et velouté; bordure lambrequin moderne.

MADER FRÈRES.

Les panneaux de MM. Mader frères offrent spécialement de grandes figures, qui, par l'harmonie et la sobriété des couleurs, nous rappellent presque de bonnes peintures; même perfection dans ses dessins en noir et ses *aqua-tinta*.

JEAN ZUBER ET COMPAGNIE. (Rixheim.)

Sous la main d'habiles fabricants, le papier prend le moelleux aspect de la laine, le velouté et les chatoyants reflets de la soie, les délicats aspects de la broderie sur tulle, les lourds et majestueux aspects du brocart. MM. Zuber ont rempli ce programme; leurs papiers peints ont toutes les qualités dont nous venons de parler, et, descendant en outre jusqu'aux besoins des classes nombreuses, ils établissent des papiers communs, mais d'un aspect encore agréable, pour un prix si minime, que la plus humble cabane pourrait en tapisser ses murs. Ils fabriquent aussi des papiers blancs pour registres, pour lettres et pour cartes à jouer; leur établissement occupe près de 300 ouvriers, manipulant par an 450,000 kilogr. de papiers de diverses espèces.

XXV

ALIMENTS.

Il ne saurait être ici question de la production même de la viande, branche si importante cependant de l'industrie agricole, mais qui, par sa nature, n'est point susceptible de figurer dans une exposition industrielle. A la vérité, deux animaux, deux moutons vivants, y ont paru ; mais c'est uniquement pour faire juger la laine qu'ils produisent, et qui forme une espèce nouvelle, distincte et extrêmement intéressante pour la France, en ce que ses filaments ont une analogie curieuse avec le duvet de cachemire : du moins quant à la douceur et à la souplesse. C'est au point de vue de leur conservation qu'il peut être parlé des substances alimentaires dans ce rapport ; c'est un sujet important, auquel l'homme d'État doit porter intérêt, et qui mérite les encouragements de l'économiste.

L'homme est omnivore, c'est-à-dire qu'il peut digérer toutes les substances alimentaires convenablement préparées. Il se les assimile toutes, et l'admirable appareil digestif dont la Providence l'a doué, tire de ces substances le sang qui porte la vie dans les moindres particules de son corps. Cependant, il est une observation physiologique qui doit trouver place ici pour éclaircir ce qui va suivre : c'est qu'à peu d'exceptions près, une substance isolée est peu ou point nutritive, tandis que le mélange facilite la séparation des particules destinées à composer le sang. De là cet instinct de l'homme, qui le porte à associer ses aliments, à les varier même dans ses repas, et cette prévoyance de la nature, qui unit dans le même aliment des principes alimentaires divers. Or, parmi ceux de ces principes qui constituent la chair animale, il en est un qu'on nomme *gélatine,* et qui a donné lieu à de vives discussions parmi les savants français ; les uns soutiennent que la gélatine est nutritive, d'autres lui refusent cette propriété. On a multiplié les essais, les expériences, et, après dix ans de débats, cette importante question est loin de se résoudre encore ; il en est résulté pourtant que l'union d'une substance alimentaire quelconque, un assaisonnement convenable donne à la gélatine la propriété de nourrir l'homme, et ceci est un fait qui nous paraît désormais incontestable. Dès lors, les travaux d'un homme qui a rendu d'immenses services à la science et aux arts industriels, M. *Darcet,* deviennent un bienfait pour l'humanité, et méritent l'admiration des esprits éclairés, lui qui a enseigné à extraire la gélatine perdue précédemment dans les os, par des moyens économiques et faciles. Voilà une grande richesse alimentaire retrouvée au profit du pauvre, et dans les cas spéciaux de disette et de famine. La nourriture animale joue un grand rôle dans l'alimentation de l'homme, surtout quand il se livre à un travail fatigant où il dépense beaucoup de force. La substance animale est en tous lieux l'aliment le plus rare et le plus cher ; grâce aux travaux de M. *Darcet,* les ouvriers peuvent donc, à l'aide de la gélatine, animaliser leurs légumes, réparer plus facilement la force épuisée, produire plus de travail, et jouir d'une santé meilleure et plus vigoureuse.

On prépare la gélatine en l'extrayant des os, suivant les procédés de M. *Darcet ;* on y ajoute du sel, des jus de légumes ; on la fait sécher, et on la réduit en tablettes, de manière à former un bouillon solide qui se cuit au besoin avec le pain et les légumes. C'est une industrie qui a son importance aujourd'hui.

La gélatine très-clarifiée, et on l'épure maintenant avec tant de perfection, qu'elle a la blancheur et la transparence du plus beau verre, s'emploie pour confectionner des gelées et autres préparations de table fort en faveur, pour lesquelles on usait autrefois de la colle de poisson, ou ichthyocolle, substance qui se produit en Russie, et dont le prix est toujours très-élevé. M. *Guérin*, de Rouen, a présenté cette année de larges feuilles de gélatine animale plus belle que la plus belle colle de poisson. On utilise encore cette substance pour l'apprêt de certaines étoffes ; on en fait de jolies fleurs, des ornements délicats ; on couvre la gélatine d'impressions en or et en argent.

L'art de conserver la viande, mais complète et sans diviser ses éléments, fait des progrès qui méritent plus d'attention qu'on n'en attache d'habitude à ces sortes d'industries. La salaison, la fumaison, le dessèchement sont des pratiques économiques connues depuis des siècles, et qui n'ont guère varié ; la cuisson et la clôture en boîte métallique soudée, est un art tout nouveau dont les premiers essais eurent lieu en 1804. Le chimiste *Appert* commença ses travaux par ordre du gouvernement français, et depuis lors on a sans cesse amélioré, dans le détail des manipulations. Dix fabriques importantes expédient des conserves sur tout le globe. Un dîner complet peut être envoyé de Paris en Chine, et arriver à sa destination tout assaisonné; de telle sorte qu'il n'y ait qu'à placer les choses sur le feu, et à servir le potage, le bœuf bouilli, veau, mouton, volailles, gibier, poissons, œufs normands, écrevisses, légumes de toute nature, champignons, truffes, même du lait, même des fruits, comme si un excellent cuisinier venait à l'instant même d'en faire la préparation. En tous lieux, pendant le cœur de l'hiver, on peut offrir des petits pois ou des haricots nouveaux. Une boîte de ces légumes tant recherchés, pour douze personnes, ne se vend pas plus de 5 à 6 francs. Les haricots verts sont les seuls légumes que l'on n'ait pu réussir encore complétement à conserver. Qu'on ne croie pas qu'une frivole sensualité soit seule en jeu dans tout ceci. A combien de chers malades et de convalescents nous pouvons aujourd'hui présenter des aliments sains et légers qui flatteront leur goût et relèveront leurs forces. Les voyageurs, les militaires, les navigateurs surtout, sont heureux de rencontrer dans cette industrie des ressources précieuses. L'Angleterre trouve plus économique d'envoyer des conserves pour l'approvisionnement des hôpitaux, en Amérique ; et ce qui prouve l'étonnante conservation de ces comestibles, c'est que le capitaine Ross a retrouvé sur les glaces des mers polaires, et dans le plus parfait état, une quantité de boîtes qui avaient été abandonnées six ans auparavant dans un malheureux naufrage.

A l'exposition, M. *Prieur-Appert* avait des boîtes de bœuf bouilli, fermées depuis 1822. La conserve des petits poissons de mer nommés *sardines* est un bienfait pour des populations entières du littoral où ce poisson est le plus abondant. Elles s'en servent pour leur propre nourriture, et en préparent, en boîtes, des quantités considérables qui donnent lieu à un excellent commerce.

On reconnaît à des signes certains si l'aliment est parfaitement intact dans sa boîte. Il faut bien observer les deux fonds, et quand ils sont bombés, lorsqu'il s'y trouve la moindre boursouflure, on peut être assuré que la conserve a fermenté et qu'elle ne vaut rien. Au reste, après quinze jours de préparation, s'il ne se manifeste aucune boursouflure, la conservation sera *indéfinie* ; la prudence exige toutefois que les boîtes soient tenues dans un lieu froid et sec. On en prépare qui cubent jusqu'à cinquante litres. Un préparateur de Nantes, M. *Levraud*, fait des boîtes à compartiments séparés : d'un côté les viandes, ou le poisson, cuits et prêts ; de l'autre, l'assaisonnement. C'est un moyen de plus pour atteindre à une conservation plus parfaite, puisqu'on diminue encore, de la sorte, les chances de fermentation ; la couleur, la saveur des mets restent alors parfaitement intactes.

Au reste, ce genre d'industrie est une excellente spéculation : le goût des conserves alimentaires se propage ; elles paraissent sur les tables les plus recherchées, et il s'en prépare considérablement pour la marine de long cours.

XXVI

SUBSTANCES ALIMENTAIRES.

Les céréales, transformées en pain, sont la base des aliments chez toutes les nations civilisées. C'est là une industrie moins vulgaire que ne le pensent les esprits légers ; il a fallu l'action des siècles pour perfectionner les plus humbles pratiques de la panification ; il y a beaucoup à faire encore dans cet art, même dans les lieux où il est le mieux exercé, et il est triste de dire que, sur les trois quarts du globe civilisé, le pain qui se consomme est tel qu'on le produisait il y a plusieurs siècles.

Les objets relatifs à l'art de la panification n'ont pas excité bien vivement l'attention publique, qui se porte de préférence vers les choses de luxe, et vers cequi est curieux ; cependant ils méritent qu'on s'en occupe, moins peut-être par les progrès décisifs qu'ils constatent, que par ceux qu'ils promettent. La conservation des grains n'offre rien de neuf ; leur nettoyage, si important, a donné naissance à un appareil fort énergique, qui enlève les impuretés de toute nature, et livre la céréale dans un remarquable état de propreté.

Dans la meunerie, la composition même de la meule est en progrès. On sait quelles excellentes pierres meulières s'exploitent en France, dans le département de Seine-et-Marne, et s'exportent jusque dans des contrées lointaines. Quelle que soit la beauté de cette pierre, si la meule est formée d'une seule pièce, il s'y trouve nécessairement des parties faibles. On a donc eu l'idée fort heureuse d'associer des blocs choisis, et desquels on enlève ce qui serait défectueux ; on en compose ainsi des meules homogènes consolidées avec des cercles de fer, et d'une haute perfection.

La surface active des meules doit présenter des aspérités qui mordent le grain, l'écrasent, et le réduisent en poudre. Ces aspérités s'usent, et même elles s'égrènent si la pierre est friable et de mauvaise qualité ; cette poussière pierreuse mêlée à la farine produit dans le pain l'effet le plus désagréable ; il faut donc tailler, ou plutôt piquer l'aire des meules, ce qui se fait presque partout d'une manière fort barbare. Les Américains nous ont appris à tailler régulièrement en lignes et en rayons. Mais cette taille se faisait encore au marteau, conduit uniquement par l'œil et la main, ce qui donnait un travail difficile, irrégulier, que très-peu de bons ouvriers pratiquaient d'une façon tolérable. Or, il s'est produit deux appareils extrêmement ingénieux, à l'aide desquels le marteau attaque géométriquement la pierre. Ces deux instruments tout nouveaux ont encore besoin de la sanction de l'expérience, on les perfectionnera sans aucun doute ; l'un tuera probablement l'autre, mais, quoi qu'il arrive, le principe d'une taille régulière est acquis, et il ne périra pas. Il améliorera singulièrement la meunerie.

Un autre progrès très-désirable a été également tenté. Le frottement rapide et continu de la meule courante sur la meule fixe élève nécessairement la température, et produit un excès de chaleur qui altère souvent la farine ; l'eau qu'elle contient se vaporise, et cause des empâtements qui nuisent au mécanisme. Voici que l'on perce la meule courante, pour introduire l'air extérieur qui se distribue du centre à la circonférence, et va rafraîchir ce qui, en terme de métier, se nomme la *boulange*, ou, si l'on veut, le grain en mouture. On discute beaucoup le mérite de ce perfectionnement ; il est approuvé et combattu par les meuniers les plus habiles : l'expérience prononcera.

La farine des céréales se compose de plusieurs corps distincts : le gluten, l'amidon, le sucre, sont les principaux. Le gluten, substance gélatineuse, est le plus important; lui seul, à peu près, rend le pain nutritif, et l'excellence de certains blés célèbres tient à la quantité relative, et surtout à la qualité du gluten qu'ils contiennent. Il est donc d'un très-haut intérêt commercial d'avoir les moyens de connaître la proportion du gluten dans les farines, et les propriétés avantageuses qu'il offrira dans la panification. Le premier point est facile à découvrir, le gluten s'isolant très-aisément par le lavage des pâtes qui enlève l'amidon, et permet de le peser pour le comparer au poids total de la farine mise à l'épreuve. Pour la qualité, on ne possédait que les moyens chimiques de connaître la quantité d'azote contenue dans une masse de gluten. Mais un habile boulanger de Paris, M. *Roland*, ancien élève de l'école polytechnique, s'étant livré à de nombreuses et longues expériences sur cette précieuse matière, a trouvé que la puissance de dilatation était un signe à peu près certain de la bonté du gluten, et que celui qui se gonfle, qui se développe le plus à la cuisson, donne le pain le plus spongieux, le plus élastique, le plus léger, le plus agréable, et en même temps le plus salubre et le plus nutritif. Il a donc construit un ingénieux et très-simple petit appareil, qui mesure fort exactement le maximum de dilatation que peut atteindre une somme donnée de gluten.

Il y avait deux espèces de pain à l'exposition. L'un, en gluten pur, très-gonflé, qui produit des effets utiles dans le traitement d'une maladie rare, mais dangereuse, et trop souvent fatale (1). L'autre pain n'offre pas moins d'intérêt ; il se compose, par moitié, de farine de froment, et de pomme de terre cuite, d'abord desséchée, puis réduite en farine. Ce pain, quand il est bien fait, a un goût agréable, il est savoureux et frais, il sèche et durcit moins rapidement que celui qui est formé de farine pure de céréales. Après un mois de cuisson, il est encore très-mangeable. Une société savante qui prodigue, depuis plus de trente années, de magnifiques encouragements à l'industrie française, et qui a beaucoup contribué à ses progrès, a accordé une brillante récompense à ce pain. On sait, en effet, que jusqu'ici la pomme de terre se panifiait mal, et qu'aux époques de disette, on avait vainement essayé de l'associer aux meilleures farines

(1) La diabète sucrée.

pour la consommer sous une forme qui est dans les habitudes comme dans les besoins de tous les hommes riches et pauvres. Ce système sera donc d'une utilité infinie, lorsque l'insuffisance des récoltes en céréales pourra se compenser, en quelque sorte, par un meilleur emploi de la pomme de terre. C'est un beau service rendu à l'humanité.

On décompose les farines pour isoler le gluten de l'amidon. Celui-ci a de nombreux emplois dans l'industrie et dans les usages domestiques ; avec le gluten, on fabrique des semoules et des pâtes dites d'Italie, parce que les Italiens les ont confectionnées les premiers avec succès, et qu'ils les aiment avec passion. La cherté de ces produits si agréables a donné l'idée, en France, d'en tenter aussi la fabrication. D'abord, elle a été fort défectueuse ; on croyait que les blés de Naples et du sud de la Russie étaient seuls propres à cette fabrication ; mais enfin, on a découvert dans les blés que produit une province française montagneuse, une très-grande richesse de gluten, et les procédés de fabrication, se perfectionnant de jour en jour, ont produit en Auvergne des pâtes parfaitement égales et semblables aux plus excellentes pâtes d'Italie, avec une économie du tiers au moins dans le prix. L'une des plus heureuses conséquences de cette industrie, sinon absolument nouvelle, au moins très-développée et perfectionnée depuis la dernière exposition, a été d'accroître la valeur des blés du pays, qui se vendaient mal et à plus bas prix antérieurement. C'est donc un grand bienfait pour l'agriculture locale.

Un nouvel emploi du seigle commence à s'étendre en France, avec de grands avantages : c'est le seigle cuit et donné aux chevaux de poste et de fatigue. Il faut un appareil commode pour faire bien et économiquement cette coction. La chaudière qu'a exposée madame veuve Lemare remplit cet objet d'une manière parfaite ; cela est fort simple et peu coûteux ; l'usage s'en répandra au profit de la prospérité publique, car on a trouvé de grands avantages dans la substitution du seigle cuit à l'avoine crue. Il faut donner une forte portion d'avoine aux chevaux de fatigue, ce qui les échauffe beaucoup, et les rend souvent malades ; de plus, il est certain que toutes les parties de l'avoine ne se digèrent pas : les oiseaux, surtout ceux de basse-cour, en éprouvent les effets. Le seigle cuit, au contraire, s'assimile mieux, et digère complétement. Il rafraîchit le cheval, qui le mange avec plaisir ; sa santé est meilleure ; avec des postes de 200 chevaux soumis à ce régime, on n'a pas une seule bête à l'infirmerie, si ce n'est pour cause d'accident. Quant à l'économie, elle est considérable : le seigle gonfle en cuisant, et augmente au moins trois fois de volume. Or, la mesure donnée à chaque cheval, en seigle cuit, est égale en capacité à celle que contient la ration d'avoine ordinaire.

Il reste à examiner deux emplois fort différents des farines, et qui prennent aussi beaucoup d'extension en France. Il n'y a point de petites choses en matière d'industrie et de commerce, lorsqu'elles donnent de beaux bénéfices et créent des capitaux. Eh bien, la fabrication des biscuits dits de Reims, petits, secs et très-sucrés, se transportant à de grandes distances sans s'altérer, devient considérable. On en fait usage avec les vins mousseux, très-en faveur sur tout le globe; aussi l'exportation des biscuits de Reims s'accroît de jour en jour, et l'on n'a pas cru déroger à la dignité de l'exposition industrielle, en y faisant figurer ces humbles produits. L'autre emploi des farines est plus sérieux, mais non plus profitable. La chimie a découvert qu'en traitant les fécules par l'acide sulfurique, on les convertit en sucre qui, lavé et épuré, est identiquement semblable au sucre non cristallisable du raisin, des figues et de quelques autres fruits. Cette belle découverte a enfanté une industrie nouvelle, qui devient importante; elle a exposé cette année des produits d'une grande beauté. Le sucre de fécule, ou *glucose*, gras et pâteux, ne saurait s'employer aux mêmes usages que le sucre cristallisable de canne ou de betterave; mais il produit de l'alcool par la fermentation. Aussi l'emploie-t-on aujourd'hui dans la préparation de la bière; on économise ainsi la consommation de l'orge, qui reste disponible pour la panification. La similitude parfaite de la glucose avec le sucre contenu dans le raisin, a conduit à l'introduire dans l'œuvre de la vinification, aux années où le fruit de la vigne mûrit mal, ou lorsque les vins sont naturellement aigres et durs, et lorsqu'ils manquent de spiritueux. C'est surtout avec la fécule de la pomme de terre que se fabrique la glucose; elle a fait prendre une grande extension à la culture du précieux tubercule; et comme la fécule se conserve facilement pendant plusieurs années sans subir d'altération, on en fait de grands approvisionnements qui, en cas de mauvaises récoltes de céréales, sont une ressource alimentaire extrêmement précieuse.

Le fruit du châtaignier sert d'aliment presque exclusif, dans un grand nombre de contrées où le peuple est peu industrieux. On a exposé de la farine de châtaigne, extrêmement belle et fine ; elle compose un aliment sain et très-agréable que le riche ne dédaigne pas. Cette industrie apportera donc plus d'aisance parmi les populations pauvres qui s'y livrent avec succès.

Mais la décortication et la mouture des légumes jouent un rôle plus grand encore, et ont acquis une grande perfection dans ces derniers temps. Les légumes-graines, enveloppés d'une écorce dure, coriace, ne s'assimilant pas, sont repoussés par un grand nombre de consommateurs dont ils fatiguent les organes digestifs. Une fois que cette robe est enlevée, ce qui se fait par des procédés mécaniques, rapides et peu coûteux, le légume, sans avoir rien perdu de sa saveur et de ses propriétés nutritives, devient plus agréable, et peut entrer même dans l'alimentation des convalescents, surtout, si on le réduit en belle farine. Jamais on n'avait vu de farine aussi parfaitement belle. Les légumes-racines eux-mêmes sont soumis à un pareil traitement, après avoir été desséchés. Ils se conservent bien alors et forment ainsi une précieuse ressource culinaire. Un industriel très-habile est parvenu à extraire, par la dilatation, la saveur et le parfum des légumes et de plusieurs végétaux qui entrent dans l'assaisonnement de quelques mets. C'est une industrie toute nouvelle, et qui a des chances de réussite, en suppléant aux saisons improductives, et aux difficultés d'approvisionnement, lorsqu'on est en mer, en voyage, à la campagne, ou dans des contrées qui ne donnent point telle espèce désirée.

Le philosophe moraliste voit sans doute avec indifférence, quelquefois avec dédain et même avec indignation, les progrès de l'art culinaire ; mais l'économiste ne peut considérer les faits industriels avec une telle austérité. Pour lui, une production, qui satisfait des tendances innées et légitimes chez l'homme, si elle donne du travail, si elle crée des capitaux, si elle favorise le développement naturel du commerce et de la navigation qui unissent les peuples et améliorent la condition des ouvriers : cette production mérite son intérêt. Or, à ce point de vue, et pour la prospérité de la France, on peut se féliciter des progrès très-remarquables qu'a faits la préparation de beaucoup de substances, les unes utiles, les autres simplement agréables, comme les moutardes, les légumes confits dans le vinaigre, les fruits confits dans le sucre, l'angélique, les jus de fruits, et mille autres produits qui remuent les capitaux à millions, et occupent une véritable armée d'enfants et de femmes. On sait que la France excelle dans cette sorte d'industrie; tous les peuples lui demandent donc, et elle s'efforce avec raison à ne point déchoir de sa supériorité bien reconnue.

Les vins ont paru à l'exposition, mais dans des conditions singulières. Un acte gouvernemental, qu'il ne s'agit pas de juger ici, avait éloigné les boissons de ce grand concours industriel. En conséquence de cette prohibition, les premiers juges, chargés dans chaque circonscription départementale de décider de l'admission des produits, refusèrent les vins qui se présentaient; deux départements n'agirent point ainsi, et envoyèrent à l'exposition des vins mousseux imitant le célèbre vin de Champagne. Le goût universel qu'inspire le vin mousseux, par le charme de sa saveur et peut-être aussi par cette excitation instantanée que donne au cerveau le gaz acide carbonique; cet attrait a porté les viniculteurs de tous les pays à produire des vins mousseux; mais aucun, jusqu'ici, n'atteint la finesse, la saveur toute spéciale, l'incomparable légèreté du vrai champagne. Un seul vignoble, au monde, paraît en approcher d'assez près, c'est celui de Coblentz, à l'embouchure de la Moselle dans le Rhin. En France, les mousseux autres que celui de Champagne peuvent avoir du corps, du bouquet et une riche saveur, mais ils ne sont jamais complétement inoffensifs comme le vrai champagne; ils sont trop souvent capiteux, c'est-à-dire qu'ils agitent les nerfs, et troublent les fonctions du cerveau. A l'étranger, il se fabrique en ce sens des liquides détestables. Mais il y a si peu de personnes habiles dans la connaissance des vins, que toutes ces drogues usurpent impudemment le nom de *champagne*, se vendent comme tel, et trompent le consommateur d'une façon indigne. Il est donc extrêmement difficile de juger les mousseux, et quand on en fait l'acquisition, il faut invoquer l'expérience des gens qui connaissent bien cet article commercial devenu si important. Cette règle s'applique, en général, à tous les vins de prix.

La France, pays célèbre par la perfection de ses beaux vins, produit trois ou quatre variétés de vins doux et sucrés, dits *de liqueur*, d'un très-haut mérite, où la saveur du muscat domine; mais elle n'en fait pas assez pour sa consommation courante. Elle tire donc environ 50,000 hectolitres de vins de liqueur, de l'Espagne, de la Sicile et de l'Orient. Cependant, quelques viniculteurs travaillent avec beaucoup de succès à combler ce vide. Le temps n'est pas loin peut-être, où les peuples méridionaux, qui envoient des vins de liqueur en France, se verront privés de ce riche marché. Il n'existe qu'un seul moyen d'éloigner cette époque fâcheuse pour eux : c'est de perfectionner leur vinification en général très-défectueuse, et de s'initier aux procédés savants qui feraient disparaître beaucoup d'imperfections signalées depuis longtemps dans leurs plus beaux produits.

EXPOSANTS.

AUBERT ET NOEL.

Les liqueurs de table, de quelque nom qu'on les décore, ont toujours pour base un mélange d'alcool de vin de raisin ou d'autres fruits, de sucre et d'eau. On y ajoute, comme accessoire, les aromates que l'on croit le plus propres à flatter le goût et l'odorat. Le talent du distillateur-liquoriste consiste à choisir les substances, à les doser et les marier ensemble, à extraire l'arome contenu dans les racines, dans les fleurs ou les fruits qu'il soumet à la distillation, sans en altérer la saveur ni l'odeur. MM. Aubert et Noël, seuls exposants de leur catégorie, obtiennent ces derniers résultats par des procédés à eux particuliers, et que nous indiquerons sommairement. Ils ont complétement changé, dans leur fabrique, le système d'application du calorique suivi jusqu'à ce jour, et ils ont apporté des modifications très-importantes à la forme des anciens appareils distillatoires, vicieux dans leurs principes. Grâce à leurs procédés, ils sont parvenus à livrer à la consommation des liqueurs imitant les produits renommés en ce genre, des Iles, de l'Italie, de la Hollande. Leurs fruits confits, que les amateurs ont pu admirer cette année dans le palais de l'Industrie, à travers le cristal transparent des flacons qui les renfermaient, offrent encore à l'œil les vives couleurs qu'ils tiennent de la nature, et que l'art a su leur conserver en dépit du changement des saisons, et du temps qui ne manque pas de les flétrir dans les circonstances ordinaires. Comme nous l'avons dit plus haut, MM. Aubert et Noël sont les seuls exposants distillateurs, et nous ne pouvons par conséquent juger, par comparaison, des produits de leur laboratoire; nous croyons cependant qu'il est impossible d'atteindre un plus haut degré de perfection.

DE VILLENEUVE.

Voici une petite merveille, destinée uniquement à satisfaire nos gourmets. Cette bille, cette boule blanche qui a l'aspect du marbre ou de l'albâtre, c'est du lait concentré par un chimiste agricole, M. de Villeneuve. On avait déjà concentré, sous le nom de gélatine, le bouillon gras, et l'on porte aujourd'hui, dans sa poche, un excellent potage, qui n'attend, pour restaurer notre estomac, qu'un verre d'eau bouillante. Un verre d'eau bouillante transforme également en une excellente tasse de lait, la bille blanche de M. de Villeneuve. On peut voyager aujourd'hui, grâce à toutes ces découvertes, avec son déjeuner dans son gousset de droite, et son dîner dans son gousset de gauche. Avec les chemins de fer, la gélatine et le lait concentrés finiront par tuer la table d'hôte.

FEYEUX.

Jusqu'à ce jour, le marronnier d'Inde était destiné à servir d'ornement à nos jardins; grâce à M. Feyeux, les fruits de cet arbre prennent aujourd'hui un rang distingué parmi les substances alimentaires. Il est en effet parvenu à rendre la fécule de cet arbre aussi saine et aussi nourrissante que celle du sagou et du tapioca.

JONARD ET MAGNIN. (Clermont.)

Les *pâtes* dites d'*Italie* doivent leur excellente qualité au gluten qu'elles contiennent; or les blés des pays septentrionaux sont pauvres en gluten. MM. Jonard et Magnin, par un procédé chimique de leur invention, extraient cette substance d'une certaine quantité de farine, pour l'ajouter au lot qui leur sert à fabriquer leurs pâtes, et celles-ci offrent alors toutes les qualités qui faisaient la réputation des pâtes faites dans la Péninsule, avec ce blé dur des bords de la Méditerranée, si riche en gluten.

MÉNIER ET COMPAGNIE.

L'art de la pulvérisation n'était pas considéré autrefois, dans le commerce des drogueries, comme une industrie particulière, car chaque industriel triturait et préparait lui-même les poudres dont il avait besoin.

M. Ménier est le premier qui ait doté la France d'un établissement en grand où s'opère, par des moyens mécaniques, la fabrication des poudres et farines pharmaceutiques. Le kina, la noix vomique, la graine de lin, le riz, le curcuma, le chromate de fer, le talc, etc., reçoivent, dans la belle usine de MM. Ménier et Cie, le degré de trituration qui leur est nécessaire pour certains usages, et les chocolats de santé qui sortent de chez ces fabricants ont acquis une réputation européenne. Ils ont exposé cette année un grand nombre de leurs produits, tous remarquables par la beauté et la supériorité de la farine. MM. Ménier et Cie se livrent encore à la fabrication des orges perlés, qu'ils reçoivent de la Hollande, et à celle de gruaux d'une qualité supérieure à ce qui se faisait avant eux.

ROLAND.

On avait souvent essayé de mettre dans le pain de la fécule de pomme de terre; mais une huile essentielle, désagréable, révélait toujours sa présence, et faisait, du pain ainsi modifié, une nourriture repoussante. M. Roland a trouvé le moyen d'enlever aux fécules de pomme de terre leur huile essentielle, et il les mélange, dans une proportion de 30 p. 100, dans la farine de froment, sans que celle-ci perde aucune de ses qualités par le goût et l'odorat. En temps de disette, cette découverte serait d'une grande utilité.

XXVII

ANATOMIE ARTIFICIELLE.

L'HOMME. — LE CHEVAL.

L'homme civilisé, conduit moins encore par un désir curieux que par le besoin de connaître les causes des maladies qui l'affligent, et de chercher un soulagement à ses maux, a bravé toutes les répugnances naturelles, pour étudier patiemment la position, la forme, la substance, la fonction de chacun des organes dont le corps humain est composé. Il s'est ainsi rendu compte des grands phénomènes de la vie animale; la cause du phénomène est et sera toujours le secret de Dieu, mais *le fait*, nous le possédons dans tous ses détails les plus compliqués et les plus délicats. Il y a une satisfaction, on pourrait dire un bonheur infini, à comprendre comment les aliments se digèrent et se transforment en sang; comment le sang circule, se renouvelle et se régénère sans cesse; comment se passe la respiration; comment la sensibilité nerveuse seconde notre volonté, et y rapporte les moindres impressions, avec la rapidité de l'éclair ; comment nous percevons les formes, les saveurs, les bruits, les sons ; par quel sublime mécanisme les objets extérieurs, toutes les magnificences de la création, se peignent dans notre œil ! Le médecin n'est point intéressé, lui tout seul, à posséder de telles connaissances ; il n'est pas un homme à qui elles ne puissent être très-utiles, soit pour mieux indiquer au médecin le siége d'une souffrance, pour lui inspirer plus de tempérance et de modération, éviter les excès, causes principales et premières des maladies ; soit enfin pour le conduire à l'admiration et à la reconnaissance envers le Créateur, dont la prévoyance et la bonté rayonnent d'une si vive lumière dans un tel mécanisme.

Pour la plupart des hommes, cette étude sur le cadavre est impossible ; elle leur inspire un légitime et profond dégoût, et ressemble à une sorte de profanation. Ils n'ont eu longtemps que le dessin et les gravures, dont l'insuffisance n'a pas besoin d'être démontrée. Mais il s'est trouvé en France un médecin de génie, qui a composé des sujets anatomiques, avec une substance légère, dure et solide, se moulant avec facilité, prénant les couleurs les plus variées, imitant enfin d'une façon étonnante tous les organes de la vie. Il en a formé un tout qui se compose et se décompose avec facilité par pièces détachées : os, muscles, tendons, nerfs, artères, veines, viscères, organes de toute espèce. Comme on sait que *cela n'a pas vécu,* que cela est fabriqué, aucun dégoût n'en détourne ; si d'abord il y a eu une sorte d'étonnement, bientôt arrive le plaisir de se connaître, en quelque sorte, dans ces objets d'une beauté réelle qui ne tarde pas à briller dans l'esprit et le cœur. Certains organes d'une délicatesse, ou d'une ténuité extrême dans quelques-unes de leurs parties, sont extrêmement difficiles à étudier : M. le docteur *Auzoux* les a grossis, et aujourd'hui, l'œil, l'oreille, l'œuf humain, etc., se comprennent aussi aisément que le cœur ou le cerveau.

C'était déjà un grand service rendu à l'humanité ! Les pays chauds où la dissection est difficile et même impossible ; les contrées où la loi et la religion forment un obstacle aux études anatomiques, avaient tiré de France ces pièces qui permettent au médecin, obligé de pratiquer une opération urgente, de revoir l'organe sur lequel il doit agir en parfaite connaissance de cause, sous peine de mutiler ou même de tuer le malade qu'il faudrait guérir. Mais voici un autre ouvrage, non moins beau, non moins parfait, mais d'une utilité pratique plus facile à comprendre, et sur laquelle tout le monde est d'accord, c'est *le cheval*, construit sur les mêmes principes, dans le même système, et avec le même procédé industriel.

Le Coran dit : *Le plus noble siége de l'homme est le dos d'une cavale.* La beauté du cheval, son courage à la guerre, son intelligence, sa force, sa vitesse, les incalculables services qu'il rend, n'en ont pas fait seulement le plus utile serviteur de l'homme, mais encore son ami. Dans l'état domestique, le cheval est exposé à beaucoup d'infirmités et de maladies; sa force, sa santé, sa longévité, sa puissance de reproduction, la beauté de sa race, dépendent beaucoup du régime hygiénique et de l'alimentation auxquels on le soumet. De là, assurément, la nécessité de le connaître, de le comprendre, non-seulement pas son aspect extérieur, mais encore dans son organisation la plus intime. Le militaire, le cavalier, le vétérinaire, le maréchal ferrant, le cultivateur, le cocher lui-même traiteraient et gouverneraient, bien autrement qu'ils ne le font, ce noble animal, s'ils avaient une connaissance plus précise de sa construction musculaire et interne! Eh bien, le beau travail de M. Auzoux les met aujourd'hui en demeure de s'instruire, et certainement il aura pour conséquence un accroissement notable dans le perfectionnement des races et dans la richesse publique. L'art y doit beaucoup gagner aussi; car le peintre et le sculpteur, comprenant mieux la cause des reliefs et le mécanisme des mouvements, ne feront plus tant de chevaux qui semblent être de carton, et qui déparent tant de groupes et de tableaux d'ailleurs pleins de mérite et de beauté.

La taille du cheval artificiel est d'un mètre; il est dans l'attitude du repos : sur une des faces, on voit les muscles dénudés, et les vaisseaux placés immédiatement sous la peau. L'autre moitié se compose des mêmes organes juxtaposés, mais que l'on peut détacher et replacer, après en avoir fait isolément l'étude. Puis, les grandes cavités de l'intérieur s'ouvrent et offrent tous les viscères que la main peut prendre et replacer également, que l'œil peut étudier dans leurs rapports et leur ensemble, ou examiner dans leur individualité spéciale. Le cerveau, la bouche, l'œsophage, le cœur, les poumons, l'estomac, le foie, les reins, les intestins, ont des coupes habilement calculées, ou des ouvertures qui permettent de pénétrer leur construction intérieure, et de sonder, en quelque sorte, leurs fonctions et leur nature. Chaque objet a la couleur qui lui est propre ; les glacés sont admirablement rendus, et les plus imperceptibles détails se reproduisent avec une exactitude dont rien ne saurait donner l'idée. Aussi, la facilité de cette étude la rend en peu de temps aimable et pleine de charmes, comme tout ce qui est essentiellement beau et vrai.

Il existe des modèles de plus petites dimensions, un peu moins détaillés, et dont le prix est réduit.

Ce qui ajoute au mérite comme à l'importance de ce grand travail, c'est qu'il n'est pas uniquement savant : il est aussi *industriel*, en ce sens que chaque partie, chaque organe se reproduit par le moulage, à l'aide d'une pâte que les ouvriers peignent et ajustent quand l'objet est sec. C'est dans une véritable manufacture que ces pièces se fabriquent ; autrement le prix en serait si élevé, que les personnes très-riches pourraient seules les acquérir.

Pour l'étude des poissons, la même fabrique produit un *squale ;* pour les mollusques, un *colimaçon* énorme; pour les insectes, un *hanneton* colossal. Ceci est plutôt de la science, de l'histoire naturelle ; mais les organes de ces animaux sont si curieux, ils sont reproduits avec tant de perfection, qu'on ne saurait trop admirer une industrie qui honore la France, et donne lieu à un commerce considérable.

XXVIII

GÉOGRAPHIE. — PLANS ET CARTES EN RELIEF.

Les cartes et les plans que l'on dessine ou que l'on grave sur le papier, sont d'un grand secours pour l'étude de la géographie, pour les voyages terrestres et maritimes, et pour la guerre; mais ils ne donnent que les rapports de distances et de positions relatives; le sol, dans ses hauteurs, ses profondeurs, ses pentes, n'y peut être figuré que très-imparfaitement. Les ingénieurs ont plusieurs fois construit des plans topographiques en relief, des ports de mer, des fortifications, des campements militaires; mais ces objets d'art, quelque curieux, quelque utiles qu'ils soient dans beaucoup de circonstances, n'ont cependant qu'une importance accidentelle, et sont toujours d'un prix considérable.

Il s'agissait d'établir ces plans et ces cartes en relief, industriellement, de manière à reproduire les épreuves, et à pouvoir les livrer à des prix faciles. C'est ce qu'ont fait, entre autres, MM. *Bauerkeller* et *Obermuller* C'est une industrie qui commence, mais elle commence bien, et elle pourra rendre de grands services.

EXPOSANTS.

BASTIEN.

M. Bastien a eu l'heureuse idée de faire pour la géographie, ce qu'on avait déjà fait pour l'histoire, afin d'en faciliter l'étude aux plus jeunes enfants. Ce sont des jeux de patience, parfaitement exécutés, dans de jolies boîtes, sur lesquelles est collée la carte entière. L'enfant refait cette carte en ajustant les différents morceaux, selon la place qu'ils doivent occuper. Rien de plus ingénieux que ces cartes ainsi découpées, qui ont le double mérite de réunir l'utile et l'agréable.

M. Bastien a aussi exposé des globes et des sphères d'un charmant travail, et d'une parfaite exécution.

BAUERKELLER ET COMPAGNIE.

Les cartes en relief de cet industriel sont fabriquées en carton coulé dans des moules en creux. La surface est ensuite recouverte d'un beau papier collé, et une fois que les noms imprimés ont été mis à leur place, le pinceau donne des teintes générales et locales; des coupes habiles permettent de diviser les pièces trop étendues qui se placent ainsi dans une boîte de peu de volume, pour se raccorder ensuite au besoin.

OBERMULLER.

Les cartes en relief, exposées par M. Obermuller, sont le résultat d'une seule et unique pression sur papier mâché ou pâte de carton, au moyen d'une planche en métal, sur laquelle sont gravés les noms des villes, des mers, des fleuves, des montagnes, tout enfin, excepté les couleurs qui sont mises à la main après l'impression. Grâce à ce procédé si simple de l'impression, M. Obermuller peut livrer des cartes de la plus grande exactitude, au même prix que les cartes planes ordinaires. L'avantage de ces cartes en relief est incontestable. Les chaînes de montagnes arrêtent l'œil, et permettent de se rendre un compte plus exact de la configuration du globe. Des lignes creusées, de diverses nuances, représentent le cours des fleuves et des rivières ; enfin, on touche du doigt chaque point en saillie, ville, volcan, glacier, selon que l'attention se porte sur l'un ou l'autre objet.

Par cette invention, M. Obermuller a bien mérité de la science géographique, dont l'étude se trouve ainsi facilitée.

REIGNARD.

Les plans topographiques en relief de M. Reignard ne sont pas seulement des objets de pure curiosité, et nous avons vu plusieurs fois les tribunaux civils et criminels recourir à lui, et lui demander une fidèle reproduction des localités où tel crime s'était accompli, des usines ou propriétés, objets de contestations judiciaires. Le relief est bien autrement fidèle et explicatif que le plan ordinaire, au lavis ou au tire-ligne. Trois objets ont été exposés par M. Reignard : 1° le plan du Palais-Royal à Paris, au trente-sixième de sa grandeur naturelle, c'est-à-dire ayant vingt-cinq pieds de longueur sur dix de largeur ; les deux mille cinq cents croisées et les trois cent cinquante magasins de ce brillant bazar y sont reproduits minutieusement ; 2° le château de Chambord, bâti par François Ier, en 1520, contenant quatre cent quarante-six chambres à feu ; 3° une propriété particulière, traversée par un chemin de fer. Au moyen d'un semblable *portrait*, un propriétaire peut embrasser d'un seul coup d'œil, dans ses plus minces détails, un vaste domaine, et y apporter telles améliorations, qu'il n'eût pas aussi bien comprises sans le secours de son plan en relief.

XXIX

PRODUITS DIVERS.

Après avoir divisé en catégories les principaux produits que nous nous étions proposé d'examiner dans notre RAPPORT, il nous est resté un certain nombre d'articles qui, ne rentrant dans aucune de ces catégories, nous ont paru devoir être réunis sous ce titre commun : *Produits divers.*

Toutes ces ingénieuses inventions, qui n'ont d'autre but que de satisfaire le caprice, y trouveront place, à côté de quelques industries vraiment utiles, de quelques produits sérieux et nationaux, que l'étranger envie à la France, mais qui ne nous ont offert qu'un nom ou deux à signaler. Parmi les inventions ingénieuses dont nous venons de parler, nous trouvons des automates et des jouets mécaniques, des éventails, des fleurs artificielles, quelques articles de papeterie, de broderie, les cannes-parapluies, la canne-pupitre, avec laquelle les amateurs de musique peuvent aller exécuter en ville leur quintetti ou leur septuor, portant sous leur bras leur instrument, leur partition, et leur pupitre à la main sous forme de canne.

Mais viennent ensuite des produits d'une utilité moins contestable : des coffres-forts qui défient l'effraction, des tuyaux, des toiles, des tissus qui ont emprunté au caoutchouc son imperméabilité ; les pierres lithographiques de *Dupont*, les briques réfractaires de *Boissimon*, la passementerie, le peignage des laines, le filage du lin, du chanvre, la fabrication des boutons métalliques. La gymnastique nous présente les immenses progrès que M. le colonel *Amoros* a fait faire à cette science utile, et la marine reconnaissante vote des remercîments à M. *Lebrun*, pour sa ceinture de sauvetage. Enfin, les beaux-arts nous offrent, dans la préparation des toiles pour peinture à l'huile, dans le plastique, dans la gravure, dans la sculpture sur bois, d'importantes découvertes. Des mannequins de la plus grande perfection fournissent aux peintres des modèles qui rivalisent avec la nature ; la mécanique est venue prêter à la sculpture le secours de ses moyens si précis et si expéditifs, et le moulage sur bois, à l'aide d'une pâte qui acquiert une très-grande dureté en se séchant, semble devoir détrôner cette même sculpture sur bois, à laquelle le moyen âge a dû tant de chefs-d'œuvre.

Terminons cette notice préliminaire, par cette remarque, qu'à chaque nouvelle exposition, la liste des produits que nous appellerons excentriques et qui ne font que séduire un instant l'imagination ou le regard, s'amoindrit peu à peu ; un jour viendra où les expositions publiques n'ouvriront plus leur palais qu'aux inventions sérieuses, et se fermeront pour toutes ces puérilités qui nous rappellent le vêtement exposé dans la cour du Louvre, en 1802, lors de la première de ces fêtes industrielles : vêtement que *l'on transformait, à volonté, en habit, en pantalon, en veste ou en manteau.*

EXPOSANTS.

LE COLONEL AMOROS.

Gymnastique.

M. le colonel Amoros est à la tête d'un établissement gymnastique, qu'il a su élever à la hauteur d'établissement national. Convaincu de cette vérité : que si la science est l'ornement de l'esprit, la grâce, la force et l'adresse sont les ornements du corps, le colonel Amoros a essayé de faire, pour l'éducation physique de l'homme, ce que les Universités ont réalisé pour son éducation morale, et il a atteint son but. Aujourd'hui il expose diverses machines modèles, de son invention, propres à développer en peu de temps toute la somme de force que la nature à répartie à un jeune élève, et à lui donner, en outre, cette souplesse, cette grâce, cette adresse si utiles dans une foule de circonstances. La gymnastique, comme tant de choses excellentes, nous a été léguée par l'antiquité; mise en oubli par les écoles spiritualistes, qui n'estimaient guère que les exercices de l'âme, elle devait être remise en honneur à une époque comme la nôtre, où un sage éclectisme sait s'occuper, à la fois, de l'éducation morale et de l'éducation physique de la génération qui s'élève.

ANDRIEUX.

Reliure.

Lorsqu'un ouvrage de littérature, de science ou de commerce est sorti, feuille à feuille, de ces magnifiques presses à imprimer, qui ont succédé à la grossière machine de Guttemberg, le premier soin de l'auteur ou de l'éditeur est de faire réunir toutes les feuilles, au moyen de fils légers, sous une couverture provisoire : c'est ce qu'on appelle *brocher*. Mais cette première opération, indispendable pour livrer à la publicité le livre qu'elle attend, est insuffisante pour le préserver des injures du temps et des rapides détériorations qui proviennent de l'usage. D'ailleurs le bon goût et le luxe ne doivent-ils pas faire quelque chose, en faveur de ces écrivains dont nous aimons à nous entourer, et dont nous renfermons précieusement les œuvres dans de magnifiques bibliothèques. L'art de la reliure est venu, alors, satisfaire nos exigences.

A l'enfance de l'imprimerie, imparfaite comme les feuilles qu'elle enveloppait, la reliure n'offrait aux livres qu'un lourd et épais vêtement ; mais lorsque parurent les Robert Etienne et les Elzevirs, ces célèbres typographes, la reliure, comme l'imprimerie, entra dans la carrière du progrès; aujourd'hui, arrivée avec cette industrie jumelle, aux dernières limites de la perfection, elle forme un art spécial et complet.

Admise dans le palais de l'Industrie, la reliure s'est montrée cette année avec un luxe inaccoutumé, et parmi les exposants de cette catégorie, M. Andrieux occupait la première ligne. Fournisseur de plusieurs princes, de la bibliothèque de la chambre des députés, de celle de l'Université; possesseur de la plus belle collection de *fers* gravés aux armoiries de tous les souverains de l'Europe, M. Andrieux établit tout ce qui rentre dans le domaine de son industrie : depuis les humbles reliures destinées au commerce de la librairie courante, jusqu'à ces belles couvertures ornées de fleurs et d'arabesques dorées, de nervures et de filets incrustés sur chagrin. Nous avons surtout admiré, dans son exposition, un volume in-4°, en veau plein, dont les reliefs ne sont point obtenus par les procédés ordinaires du fer à froid, mais par un nouveau système dont M. Andrieux possède seul le secret. Un autre volume, in-folio, en chagrin noir, nous a semblé réaliser tout ce qu'il est possible d'atteindre en ce genre. Les ornements dorés sont remarquables par leur grâce et leur légèreté; l'intérieur de la couverture est en satin blanc, magnifiquement entouré d'un cadre aux mille filets. Les prix de M. Andrieux varient depuis 70 centimes, le volume commun in-32, jusqu'à celui de 80 francs, pour le volume riche, grand in-folio. Pour ce dernier prix, il établit les plus grands formats, en chagrin plein, à nerfs, jeux de filets, charnières, gardes en soie, avec chiffres et armoiries. La solidité de tous ces travaux est une qualité précieuse que nous devons signaler à l'attention des amateurs de belles bibliothèques.

Le plus bel éloge que nous puissions accorder, d'ailleurs, aux travaux de cet exposant, c'est le choix que nous avons fait de ses ateliers, pour la reliure de l'exemplaire de notre ouvrage sur l'*Exposition*, destiné à être mis sous les yeux de Sa Hautesse Abdul-Medjid-Khan, Empereur des Ottomans.

AUBERT.

Sabots.

Le sabot est la chaussure habituelle de l'habitant de la campagne; les ouvriers de la ville qui emploient l'eau dans leur travail, l'ont aussi adopté. Pendant plusieurs siècles, et jusqu'en 1830 à peu près, la fabrication des sabots s'est bornée à établir des produits très-grossiers, d'après un modèle toujours à peu près le même, et offrant de nombreux inconvénients. L'élégance apportée aujourd'hui dans cette espèce de chaussure, par des fabricants intelligents, en a propagé l'usage et l'a même fait pénétrer dans les classes riches des petites villes de province, qui en trouvent l'emploi plus hygiénique que celui du cuir. Le commerce des sabots, à Paris, peut être évalué aujourd'hui à deux millions de francs; les fabricants de la capitale les reçoivent des départements, à peine dégrossis, et c'est de leurs mains qu'ils tiennent ces formes gracieuses et souples, que nous offrent quelques échantillons exposés cette année.

Dans ceux de la maison Aubert, le bois disparaît; on croit y reconnaître les plis du cuir, avec sa belle couleur jaune naturelle, ou le noir brillant qu'il reçoit dans la plupart des chaussures. Un de ces sabots, intérieurement rembourré, d'un dessin gracieux, et offrant une garniture de cuir dans sa partie supérieure, nous a semblé ce qu'il y a de mieux en ce genre.

Après la maison Aubert, M. *Brunch*, à Aurillac, est le plus connu, moins par l'importance de ses affaires, que par l'élégance de ses produits.

BELTON ET JUMEAU.

Jouets d'enfant.

L'attention publique a été fixée sur cette maison, par la commande que lui a faite M. le Ministre du commerce. D'après ses ordres, MM. Belton et Jumeau ont confectionné un grand nombre d'échantillons de leurs produits (poupées nues et habillées pour jouets d'enfant), destinés aux délégués de l'industrie parisienne qui se rendent en Chine, pour savoir quel genre d'exportation sollicite ce vaste pays, nouvellement ouvert à la fabrique européenne.

BIR.

Procédé pour faire éclore les œufs.

Les couvoirs de M. Bir contiennent de vingt-cinq à cinquante œufs; ils sont très-portatifs et peuvent être placés sur une table. L'incubation, qui nécessiterait deux poules, s'opère au moyen d'une veilleuse, ne brûlant que 4 centimes d'huile en vingt-quatre heures. Ces petits appareils peuvent offrir, aux gens du monde, le divertissement de voir éclore toute une couvée sous leurs yeux. M. Bir offre aux fermiers d'autres couvoirs, pouvant contenir au moins douze cents œufs, et propres ainsi à une spéculation en grand.

J. BLANC.

Cannes - Parapluies.

Cannes à parapluie sans manche, se fermant sur la canne, en jonc ou palissandre, et du diamètre d'une pièce de 1 franc. Elles servent d'étui et de manche aux parapluies. Nouveaux parapluies s'ouvrant seuls, à coulisse sans ressorts, ombrelles-pavolines, cannes à lorgnettes et à lorgnons, cannes à lumières.

BLANCHARD ET CABIROL.

Objets en caoutchouc.

Le caoutchouc de MM. Blanchard et Cabirol n'a pas d'odeur; c'est là une grande amélioration. Leurs étoffes imperméables ont une belle souplesse. En fait de curiosités, ils ont exposé un manteau servant à un triple usage. C'est d'abord un vêtement dans sa forme primitive. Au bivac, on le change en matelas à air, et les pans servent alors de couverture; enfin, au moyen de deux tringles, on en fait un radeau pouvant porter plusieurs personnes. Leur bateau de sauvetage, ne pesant que 20 kilogrammes, nous a paru à l'abri de toute submersion. Il est composé de plusieurs compartiments, qui se remplissent d'air, au moyen d'un soufflet, et il a pour membrure des tubes en cuivre qui se montent et se démontent par des vis de rapport. Nous mentionnerons encore un vêtement complet de sauvetage, avec lequel on peut traverser une rivière sans savoir nager.

DE BOISSIMON ET COMPAGNIE.

Briques réfractaires, Creusets.

Les terres réfractaires de Langeais sont connues depuis longtemps; mais elles étaient loin de fournir des produits irréprochables, en briques et creusets, lorsque MM. de Boissimon et Cie sont venus les améliorer. Grâce au lavage, au triturage, au tamisage et à des mélanges heureusement combinés, que ces industriels opèrent par une machine à vapeur, les briques et les creusets réfractaires fabriqués avec les terres de Langeais, sont arrivés aujourd'hui à un haut degré de perfection. Les propriétaires des hauts fourneaux, forges, verreries, fonderies, usines à gaz et machines à vapeur, en font une grande consommation, depuis qu'ils ont été ainsi améliorés. MM. de Boissimon et Cie ont exposé, à côté des produits de leur industrie ordinaire, un nouveau système de calorifère à air chaud. Les plaques et les tuyaux en terres réfractaires conservent très-longtemps la chaleur, et sont d'un prix très-minime, comparativement aux plaques et aux tuyaux de métal, qui présentent le grand inconvénient de vicier l'air, et de perdre très-vite le calorique.

BORDEAUX.

Galeries, Couronnements de croisées, etc.

Ce fabricant a exposé une grande quantité de modèles très-variés de galeries, de couronnements de croisées, en cuivre estampé, en bois doré, en bois de palissandre; de nombreux patères, porte-embrases en cuivre doré, baldaquins en estampé, en palissandre et en bois doré. Nous signalons les pièces les plus importantes, savoir : un baldaquin en bois doré genre Louis XV, un couronnement de croisée dans le même goût, exécutés avec le plus grand soin; une galerie en cuivre estampé, offrant un relief égal à celui qu'on peut obtenir du bois sculpté; enfin une galerie en cuivre estampé appliquée sur un fond de velours et dont l'effet est vraiment agréable.

MADAME CAYOL.

Cannes-Pupitres.

Les cannes-pupitres, pour lesquelles madame Cayol a reçu un brevet d'invention, ont dû fixer notre attention. Les amateurs de musique doivent se servir de ce meuble, pour aller faire de la musique en ville ou à la campagne. Il est facile à placer dans les appartements et fort aisé à porter, puisqu'il est renfermé, avec ses pieds et jusqu'à ses bobèches, dans une canne de la grosseur d'un jonc ordinaire.

MADEMOISELLE CHANSON ET COMPAGNIE.

Métier à broder.

Le métier pour broderie en tapisserie, que mademoiselle Chanson appelle métier parisien, afin de le distinguer des anciens, est très-commode, garni d'un transparent quadrillé et d'un joli pupitre. On peut copier, avec ce métier, toutes sortes de dessins et de fleurs, sans qu'il soit besoin de les faire mettre *en carte*, c'est-à-dire de les faire reproduire sur un papier divisé en autant de petits carreaux qu'il y a de points à couvrir dans le canevas. Mademoiselle Chanson expose, avec son métier, un prie-Dieu moyen âge, au point des Gobelins, monté en chêne sculpté.

CHAULIN.

Encriers siphoïdes.

Que de fois les hommes studieux, les gens de cabinet, se sont plaints de ces petits vases, souvent incommodes à cause même des ornements dont on les surcharge, et destinés à contenir le liquide nécessaire à l'écrivain. Les encriers, dans les conditions ordinaires, présentent à l'air une surface étendue de liquide, qui s'épaissit, se sèche, et dépose sur les parois une croûte noirâtre. On a cherché longtemps à remédier à ces inconvénients; M. Chaulin y est parvenu après de nombreux essais.

L'encrier siphoïde est, ainsi que son nom l'indique, une sorte de siphon renversé, dont les branches ont des longueurs et des diamètres différents; ou plutôt, c'est une fiole entièrement fermée par le haut, et présentant vers la partie inférieure et latérale une petite tubulure. L'encre, introduite dans la fiole, y reste suspendue par l'effet de la pression atmosphérique, qui agit sur le liquide par l'orifice de la tubulure, absolument comme le mercure contenu dans un baromètre; mais il y avait un inconvénient à éviter dans cet encrier : l'élévation de la température de l'air intérieur, en dilatant le liquide, devait nécessairement le faire extravaser par l'orifice de la tubulure. M. Chaulin a heureusement évité l'accident que nous signalons, par la forme particulière qu'il a donnée à cette tubulure.

L'encrier siphoïde est précieux pour les pays méridionaux, où l'on a tant de peine à conserver l'encre fluide, dans les récipients ordinaires. Avec lui, le liquide se conserve pendant plusieurs mois, par les températures les plus élevées, sans éprouver aucune espèce d'altération.

Entre autres modèles, M. Chaulin a exposé ce qu'il appelle un *encrier héraldique*, en marbre, bronze et velours. Deux lions, debout sur leurs pattes de derrière, tiennent suspendue au-dessus, du récipient, une couronne, indiquant la dignité du possesseur.

CONSTANTIN.

Fleurs artificielles.

La riche parure de nos jardins vient souvent répandre dans nos salons ses parfums enivrants, et marier ses couleurs, si bien nuancées, aux peintures, aux arabesques, aux draperies dont l'opulence pare son habitation. Le pauvre va cueillir aussi, dans les champs, une simple décoration pour sa console de bois blanc. Mais la saison des fleurs est courte; l'automne et l'hiver dépouillent la terre; le vase de porcelaine et le pot de grès perdent leur parure. C'est alors que l'industrie vient réparer les pertes de la nature, et offrir à nos yeux une ingénieuse imitation de ces fleurs dont le règne a passé sitôt.

Dans cette lutte de l'industrie et de la nature, la seconde a été pour ainsi dire vaincue. M. Constantin, ce célèbre fleuriste, a fait de véritables miracles dans ce genre; les plus riches jardins, les serres les mieux entretenues n'offrent, qu'à des longs intervalles, des fleurs d'une aussi belle venue, d'un aussi riche dessin, que les merveilleux bouquets exposés par ce fabricant. Quand l'industrie arrive à un si haut degré, elle devient un art véritable, et ce n'est plus fabricant, mais bien artiste que nous devons dire. Cette rose doucement inclinée, ce blanc et pur camélia, cette tulipe dont le calice contient encore une goutte de rosée : l'insecte viendrait s'y poser pour y chercher une couche moelleuse, tant leurs couleurs sont fraiches, tant leur port est plein d'une grâce sans apprêt. M. Constantin a encore offert à nos regards un *cactus* et un *chardon* qui nous semblent son véritable triomphe, car il est plus facile d'imiter la nature dans ce qu'elle a de doux et de velouté, que dans ses excentricités bizarres.

M. Constantin a obtenu tous les honneurs et tout le succès qu'il pouvait justement attendre ; les modes sont devenues aujourd'hui ses tributaires; les jardinières rustiques, les vases du Japon, se chargent chaque jour de ses bouquets précieux, et les femmes aux organes délicats les préfèrent aux fleurs naturelles, dont elles reproduisent à l'œil toutes les beautés, sans fatiguer l'odorat par de trop fortes émanations.

COX ET COMPAGNIE. (NORD.)

Fils de coton.

MM. Cox marchent à la tête de nos filateurs de coton; le simple énoncé des produits qu'ils ont exposés l'indiquerait seul, si le jury ne leur avait pas décerné une de ses plus grandes récompenses : cotons, chaîne simple, n° 150 à 400 millimètres; coton fil retors, 3 bouts, gazés, n° 170 à 200; fil retors blanchi, à 12 bouts, n° 150 à 240; fil à dentelle gazé, n° 190 à 460; chaîne simple, n° 150 à 240; fils retors, 2 bouts, gazé, n° 150 à 400 millimètres. Ce dernier numéro correspond au 500 anglais.

CROUSSE.

Fleurs artificielles.

La fabrication des fleurs artificielles a fait depuis quelque temps d'immenses progrès. Le velours, le satin, la percale, la mousseline disparaissent à nos yeux, pour nous offrir mille pétales brillantes. M. Crousse a obtenu les résultats les plus voisins de la perfection; ses fleurs et ses feuilles en velours sont d'un goût exquis, et l'on se prend à regretter que la nature n'imite pas, à son tour, les fleurs de fantaisie qu'il a exposées cette année.

CURMER (LÉON).

Librairie.

Il est une profession que bien peu de gens connaissent : c'est celle de l'éditeur, de celui surtout qui édite des livres. On en connaît à peine les attributions. On voit son livre, on le regarde, on le lit, on l'admire, mais on ne se demande pas qui l'a produit matériellement, comment on s'y est pris pour l'éditer, quels soins il a exigés, quels frais énormes il a souvent fallu faire pour le rendre digne de la faveur du public. Pour beaucoup de personnes, le livre est l'affaire du libraire, aussi bien que le drap est l'affaire du marchand de draps, le fusil de l'arquebusier; à leurs yeux, l'éditeur ne doit être que l'un des agents de la librairie.

Le rôle de l'éditeur est bien autrement important. Ne doit-il pas être considéré, qu'on nous passe le mot en faveur de sa justesse, comme le parrain de la pensée humaine? Que deviendrait l'œuvre de l'écrivain, livrée aux presses d'un imprimeur consciencieux peut-être, mais assurément dépourvu des connaissances suffisantes pour lancer dans le monde le travail qui lui serait confié? Que deviendrait un livre, ou plutôt un manuscrit, abandonné aux soins exclusifs d'un libraire ?

Car, il ne faut pas s'y tromper, entre le libraire et l'éditeur, il y a la même distance qu'entre le marchand et le manufacturier. L'éditeur édite, le libraire vend; pour l'un, c'est une question d'art, avant tout; pour l'autre, c'est une question de commerce.

M. Curmer est le premier éditeur dont la spécialité ait été admise dans le palais de l'Exposition. Le jury a pensé avec raison qu'il devait cet encouragement à une industrie qui exige, non-seulement des capitaux immenses, mais qui nécessite encore, de la part de celui qui l'exerce, une grande intelligence, surtout depuis que le luxe a introduit, dans les pages de nos écrivains modernes, ces belles illustrations dues au burin des artistes renommés. Nous avons remarqué, parmi les chefs-d'œuvre littéraires ou typographiques édités par cette maison : ***Paul et Virginie***, l'***Imitation de Jésus-Christ***, les ***Saints Evangiles***, les ***Heures Nouvelles***, la ***Pléiade***, le ***Jardin des Plantes*** et l'immense galerie des ***Français peints par eux-mêmes***. Rien n'égale la perfection de ces beaux livres; impressions, gravures, ornements et papiers, tout y est d'un luxe et d'un goût dont on n'avait pas d'exemple jusqu'à ce jour. ***Les Beaux-Arts***, œuvre dont le titre seul explique la destination, couronne admirablement cette magnifique collection, et place M. Curmer au rang des plus habiles éditeurs de notre époque.

DEBUCHY (François). (Lille.)

Tissus de coton et de laine.

M. François Debuchy, fabricant d'étoffes à Lille, a exposé trente-cinq pièces assorties, en tissus de coton, fil et coton, fil, laine et coton, laine. Ce manufacturier, qui jouit d'une réputation méritée, maintient ses produits à la hauteur de la bonne fabrique française.

DESFONTAINES. (Lille.)

Tissus de coton et de laine.

Ce fabricant est le premier qui ait monté en France un tissage mécanique à la vapeur, faisant marcher trente métiers, pour la fabrication des articles en laine, lin, lin et coton qui résultent du tissage à une seule navette : tels que satins, diagonales, buffines, etc. Les échantillons que M. Desfontaines a étalés dans le palais de l'Industrie nous donnent une bonne idée de la qualité de ses produits, et nous font vivement souhaiter que les autres fabricants adoptent bientôt ce mode de tissage mécanique, qui présente une grande économie de main-d'œuvre.

DEUPÈS (Louis.)

Modèles d'écritures.

Il y a un an, le ministre de l'instruction publique écrivait à M. Louis Deupès :

« Monsieur, vous avez présenté aux suffrages universitaires un cahier « contenant des modèles tracés pour se perfectionner et apprendre à « écrire tous les genres d'écritures. Votre ouvrage a été examiné en « séance du conseil royal de l'Instruction publique, le 24 mars dernier; « d'après la délibération du conseil royal, que j'ai approuvée, l'usage

« du cahier dont il s'agit est autorisé dans les écoles primaires. Cette « décision sera notifiée incessamment à MM. les recteurs des diverses « académies.

« Recevez, etc. »

Fort de cette lettre, si flatteuse et si encourageante, M. Louis Deupès a voulu populariser son œuvre, et il a réussi. Sa méthode est aussi simple que facile à saisir ; elle offre aux personnes qui y ont recours la certitude d'écrire avec une pureté remarquable, en peu de temps. Il n'est pas un visiteur au palais de l'Exposition, qui n'ait été frappé des avantages incontestables qu'elle présente ; aussi ne devons-nous pas nous étonner de l'accueil flatteur que lui ont fait les hommes de l'art.

Pour bien écrire, dit M. Deupès, il faut que le corps soit d'aplomb et le pied gauche plus allongé que le droit ; que l'avant-bras ne repose sur la table que les trois quarts de sa longueur, et que le papier soit incliné vers la gauche par le haut. On doit tenir sa plume légèrement, la diriger avec les trois premiers doigts, tandis qu'avec les deux derniers, on soutient le mouvement de la main. Il faut enfin que l'avant-dernier doigt repose sur l'ongle du petit doigt, et celui-ci sur le papier à un tiers de sa longueur. La main placée de la sorte, il doit exister entre le restant de la main et le papier, un vide tel qu'on puisse y placer un canif.

Ces principes de calligraphie ainsi définis, M. Deupès apprécie les divers genres d'écritures et établit la différence qu'il y a, suivant lui, entre eux. *L'anglaise* ou *cursive* occupe à juste titre le premier rang ; elle s'y distingue par son élégance et sa forme, et l'on ne se lasse pas d'admirer la beauté de ses pleins et de ses déliés. M. Deupès ne lui reprochait qu'une chose, c'était de n'être pas assujettie à des règles assez précises. Leurs modèles devant les yeux, ses élèves les copiaient, mais ils n'atteignaient pas le but du professeur ; leur écriture avait de la hardiesse, mais point d'accord, leurs lettres étaient trop penchées, trop rondes ou trop éloignées les unes des autres. M. Deupès est parvenu à rectifier ce défaut de régularité. Grâce à sa méthode, la main de l'élève est guidée par un tracé où les principes sont rigoureusement observés, sans que cela nuise au libre mouvement des doigts. Loin de fatiguer l'œil, ce tracé l'oblige à suivre la marche du travail et à s'y complaire ; ainsi n'est-il pas étonnant que la main saisisse en peu de jours les mouvements exigés pour que l'écriture soit belle et irréprochable. Le tracé descend progressivement jusqu'à *l'expédiée*, pour tous les genres d'écritures. Le *gros* est le genre le plus difficile, il exige une grande application. La progression ne change en rien les principes, ils sont toujours les mêmes; il suffit, pour s'en convaincre, d'écrire un mot en *fin*, et de monter progressivement ce mot à la première grosseur.

Après l'*anglaise* vient la *ronde*, usitée dans le commerce de préférence à toute autre, à cause de la force de ses pleins et de la facilité avec laquelle elle se fait lire. Son étude est facile. « En cinq leçons sur mon tracé, dit le professeur, on sera à même de se guider soi-même. »

Paraît en troisième ligne la *gothique*, qui n'offre pas de difficultés sérieuses, et la *bâtarde*, pour laquelle beaucoup de personnes encore ont une certaine prédilection. M. Louis Deupès a pris le soin de tracer des cahiers spéciaux pour chacune de ces écritures, et il y a joint, par un excès de précaution dont on doit lui savoir gré, la manière, sur chaque cahier, de tailler sa plume.

DUPONT (Auguste.)

Pierres lithographiques. — Reproduction, par la litho-typographie, des vieux livres, vieilles gravures et manuscrits. — Gravure sur pierre, remplaçant la gravure sur bois, au moyen de clichés-pierres.

L'art de la lithographie est une invention toute récente, et déjà, si près de son berceau, il a atteint un développement extraordinaire. On sait que cet art consiste dans la reproduction d'un dessin, d'un caractère d'écriture, tracés sur une pierre calcaire, avec une encre préparée spécialement; on en tire ensuite l'empreinte au moyen d'une presse à râteau.

Longtemps l'Allemagne a possédé le privilége de fournir les plus belles pierres lithographiques. Grâce aux efforts de M. Auguste Dupont, possesseur des carrières de Châteauroux, la France s'est affranchie de l'obligation d'aller se fournir au delà du Rhin. Les pierres de Châteauroux, exposées cette année, sont d'une qualité supérieure à toutes les autres,

Il serait difficile de rencontrer ailleurs un grain plus fin, plus égal, plus uni, une plus belle pâte.

Mais l'extraction des pierres lithographiques n'est pas le seul titre de M. Auguste Dupont aux honneurs de l'exposition. Cet industriel a imaginé plusieurs applications utiles de la lithographie, entre autres, l'emploi de cylindres en pierre, au lieu de cylindres en cuivre et autres métaux, pour l'impression des étoffes, pour le satinage et pour quelques autres travaux manufacturiers.

Sous le nom de litho-typographie, M. Auguste Dupont a exposé, cette année, deux ouvrages de librairie, très-anciennement imprimés, et fidèlement reproduits au moyen d'un *transport* sur pierre fait page par page. Par ce procédé, les éditions les plus rares peuvent être multipliées, et il serait difficile de trouver, entre la copie et l'original, la moindre dissemblance. Les vieilles gravures sont susceptibles de la même reproduction. Ce qu'il y a d'admirable dans le procédé, c'est que l'exemplaire qui sert au *décalcage*, n'est nullement altéré et ne conserve aucune trace de l'opération.

Ces résultats importants s'expliquent par ce fait : que l'encre qui a servi à l'impression des vieux livres et des estampes contient un corps gras, qui, ravivé, a de l'affinité avec la pierre lithographique. Mais, non content de cette première découverte, M. Dupont en a fait une autre bien plus importante et qui s'explique moins facilement. Il a trouvé les moyens de transporter sur pierre les vieux manuscrits, dont l'encre corrosive semblait se refuser à toute espèce de transport. Les autographes les plus précieux sont fidèlement reproduits par ce mode d'impression.

Enfin, M. Auguste Dupont a remplacé avantageusement les clichés métalliques, par des pierres gravées. On sait que lorsqu'on veut imprimer un dessin dans le texte d'un ouvrage, on fait faire ce dessin sur bois, on le grave, puis on en prend en plâtre une contre-épreuve dans laquelle on coule un cliché en plomb : c'est ce cliché, sur lequel les traits se trouvent en relief, que l'on intercale dans les caractères mobiles de la forme typographique. M. Dupont obtient des gravures en relief sur des pierres lithographiques d'une qualité spéciale, et ces gravures, d'une exécution très-facile et d'un prix minime (elles offrent une économie de cinquante pour cent sur les clichés en plomb), fournissent un très-beau tirage, sous la presse typographique, au milieu des caractères dans lesquels elles sont intercalées.

Par l'emploi des pierres gravées, le graveur sur bois et le clicheur sont supprimés, et ce n'est guère que dans les capitales que l'on trouve des artistes habiles dans ces deux professions. Un simple dessinateur suffit pour tracer l'objet que l'on veut reproduire, un agent chimique fait le reste et opère le relief. Ainsi, en adoptant ce procédé, la plus petite ville où se trouve une imprimerie lithographique pourra *illustrer* les ouvrages qui sortiront des presses locales.

DUVELLEROY.

Éventails. — Filoir. — Coquetier calorifère.

M. Duvelleroy a exposé des éventails d'une grande richesse; quelques-uns sont même des objets d'art; le pinceau de nos bons peintres les a enrichis, et l'ivoire y est découpé aussi légèrement que de la dentelle. M. Duvelleroy est encore l'inventeur d'un élégant filoir destiné à remplacer le lourd et antique rouet; avec ce filoir, plus de bobine, l'écheveau se fait tout de suite dans la grande roue; il file sans bruit le chanvre, le lin, la laine, la soie de toute grosseur; il est solide, gracieux et portatif. Le prix varie de 12 à 50 francs. Nous avons aussi remarqué, du même inventeur, le coquetier calorifère qui a également son mérite.

FAN-ZWOL.

Moulures en bois, exécutées à la mécanique.

Grâce au puissant secours que l'homme a trouvé dans les combinaisons de la mécanique, des objets d'art, que leurs prix coûteux rendaient naguère accessibles aux seules classes riches, deviennent aujourd'hui d'un usage commun à toutes. Ainsi, l'ornementation intérieure des appartements a fait un pas immense, depuis qu'un ingénieux artiste est parvenu à donner à une machine inerte toute la souplesse, toute la légèreté, toute la précision de la main du mouleur sur bois Grâce à cette heureuse application, l'appartement le plus modeste peut avoir ses corniches, ses bordures, ses baguettes d'angles, ses moulures, aussi bien que le somptueux hôtel.

M. Fan-Zwol est l'inventeur de la machine dont nous venons de parler. Nous empruntons quelques détails sur son établissement, au *Rapport du Comité des arts mécaniques*; ils donneront une idée exacte de sa machine et de son mode de fonctionner.

L'établissement de M. Fan-Zwol a pour unique but de produire des moulures, ou objets analogues, en bois de sapin du Nord. La scie rectiligne et circulaire y est employée dans toutes ses combinaisons. La machine de M. Fan-Zwol débite le bois avec une entente telle, que les moulures sortent, quant aux masses, les unes dans les autres; l'économie de la matière vient ainsi augmenter encore la réduction de prix que procure l'emploi d'une mécanique. Celle-ci, d'ailleurs, fonctionne comme la main d'un ouvrier. Dans le système d'outillage de M. Fan-Zwol, l'instrument travaille par un mouvement rectiligne alternatif très-rapide et opère toujours dans un même plan. Pendant chaque retour de l'outil, le tranchant se trouve relevé au-dessus de la matière. De plus, quoique l'outil ait son parcours ordinaire rigoureusement dans un plan, il jouit de la faculté de s'élever suivant la rencontre accidentelle d'un nœud dans le bois. Quant au bois lui-même, il forme toujours un plan parallèle à celui du parcours de l'outil, et se trouve élevé proportionnellement à sa diminution, par un système de plans inclinés d'un effet infaillible.

Nous avons dit que, dans sa marche rétrograde, l'outil ne produisait pas d'effet. Il en serait donc résulté, dans l'application de la force, des intermittences très-préjudiciables à la machine motrice. Pour remédier à cet inconvénient, M. Fan-Zwol a accouplé ses appareils dans le prolongement l'un de l'autre, de manière à ce que l'un agit, tandis que l'autre marche à vide.

Les moulures obtenues par cet ensemble de combinaisons sont telles, que la main de l'homme serait inhabile à les reproduire avec une plus grande perfection de détails. Enfin, la rapidité avec laquelle fonctionne la machine dépasse toutes les conditions ordinaires. En moins de trois minutes, elle produit 17 mètres de moulures ayant 7 centimètres de large.

Depuis quelques années, l'établissement de M. Fan-Zwol livrait aux constructeurs, aux décorateurs, aux fabricants de cadres, ses belles moulures, lorsqu'une catastrophe imprévue vint détruire le fruit de tant de patience et de recherches dans l'application des machines. Le 16 février 1840, un violent incendie dévora, en moins de deux heures, une quantité considérable de produits, et les machines elles-mêmes qui les avaient façonnés. Ruiné, mais non découragé, M. Fan-Zwol est parvenu alors, à force de patience et de sacrifice, à créer un second établissement. Quatre années se sont écoulées depuis, et il figure cette année en première ligne parmi les exposants de l'industrie française.

Répétons-le, en terminant cette courte notice : la moulure sur bois était naguère un objet de luxe; la main de l'artiste la produisait lentement et à grands frais; on cherchait à la remplacer par des moulures en plâtre, sans pouvoir arriver à obtenir la solidité de la matière ligneuse, et la réduction du prix s'acquérait toujours aux dépens de la durée. Aujourd'hui, la machine de M. Fan-Zwol a résolu le problème, et 17 mètres de moulures, exécutés en trois minutes, disent assez haut le bon marché que l'on a droit d'attendre en s'adressant à cet établissement.

GAGNERY.

Mannequins-modèles.

Voici des mannequins-modèles pour les peintres. Depuis vingt ans que M. Gagnery s'occupe de cette spécialité, il est parvenu à les rendre d'une exactitude telle, que chaque partie mobile peut, à volonté, prendre et conserver toutes les positions. Le mécanisme des articulations est d'une telle précision, que les phalanges mêmes des doigts se meuvent comme dans une main animée.

GALIBERT.

Appareils en caoutchouc.

Tubes imperméables en caoutchouc naturel, pour conduits de liquides, de vapeur et de gaz, pour cornets acoustiques et porte-voix. M. Galibert fabrique en outre toute espèce d'appareils en caoutchouc; il a su développer et perfectionner les qualités imperméables et extensibles de cette matière si précieuse pour les arts et pour la chirurgie.

GARNEREY.

Bois sculpté.

L'art du sculpteur sur bois a reçu une grave atteinte de l'emploi de la pâte et du carton-pierre; les petites bourses d'abord ont acquis les imitations de bois sculptés, puis les riches ont suivi cet exemple, et ont laissé aux amateurs consciencieux, la religion de ces coûteuses fantaisies, qui encadraient autrefois les glaces de la bonne époque et les tableaux de nos grands maîtres. Aujourd'hui pour 50 fr., on peut acheter un cadre à belles moulures dorées, qui vaudrait 500 fr., si c'était une sculpture. M. Garnerey lutte contre cette concurrence faite à l'art par le métier et l'économie, et ses magnifiques cadres en bois sculpté arrêteront peut-être, dans cette partie, les envahissements bourgeois du carton-pierre.

GILBERT ET COMPAGNIE. (Ardennes.)

Crayons de plombagine.

Les crayons étalés sous le numéro de ce fabricant sont livrés au commerce à un prix huit fois moindre que le crayon Brookmann, le plus recherché parmi les produits anglais de ce genre. Le n° 1 est d'une plus grande solidité et d'un plus beau noir que le crayon Brookmann; ses traits ne miroitent pas; les nos 3 et 4 sont très-convenables pour les architectes; le trait en est ferme; ils ne coupent pas le papier, et ils peuvent facilement s'effacer, quand on veut faire subir quelque correction au dessin. Le crayon Gilbert affranchira la France du tribut que nous payions aux Anglais.

GIRARD.

Boîtes pharmaceutiques.

Les Anglais, si essentiellement et si généralement voyageurs, ne s'éloignent jamais de leur pays sans quelques médicaments et recettes pharmaceutiques, auxquelles ils puissent avoir recours en l'absence de médecins; mais qu'il y a loin de là aux boîtes pharmaceutiques, en acajou massif, aussi élégantes que solides, que nous présente M. Girard! Cent cinquante médicaments de toute espèce, assortis aux climats, aux tempéraments, aux différentes maladies, des ustensiles de chirurgie, et des instructions claires et précises pour la préparation des médicaments et les doses auxquelles on doit les employer : voilà ce que M. Girard nous offre dans un joli nécessaire de voyage, facile à transporter en tous lieux.

Et maintenant partez au loin, allez aux Indes, explorez des pays déserts, ou retirez-vous dans une campagne isolée : vous portez avec vous de quoi être votre propre médecin. C'est un service signalé, dont l'humanité doit compte à M. Girard.

GODILLOT PÈRE ET FILS.

Objets de campement.

MM. Godillot père et fils, fabricants d'articles de voyage et de campement, ont exposé des tentes portatives avec ventilateurs, très-commodes et d'une jolie forme, à l'épreuve du vent et de la pluie, pouvant se dresser en deux minutes par une seule personne, formant, étant pliées, le volume d'un petit portemanteau ne pesant que 16 kilogr., et pouvant se placer facilement sous le bras.

Nous avons remarqué aussi des malles et cantines pour voyages lointains, formant lit et pouvant contenir tous les objets de campement, et des bidons très-portatifs, contenant tous les ustensiles de table et de cuisine nécessaires à un voyageur.

GRANGOIR.

Coffres-forts. — Serrures.

M. Grangoir, habile mécanicien, a apporté, à l'exposition, des serrures à combinaisons; son système de nomenclatures, propre à suivre les gardes mobiles, à la Bramah, se recommande par un fini d'exécution et une solidité à toute épreuve. Fournisseur de la Reine et honoré de plusieurs médailles, M. Grangoir ne s'en remet qu'à lui-même du soin de terminer toutes les pièces importantes qui sortent de ses ateliers. — Coffres-forts, serrures diverses, cadenas à combinaisons, dans tous les prix et pour tous les usages.

GUIBOUT.

Passementerie.

La passementerie livre ses produits à l'armée, pour épaulettes, galons, etc.; l'ameublement lui doit ses ornements les plus riches; le carrossier a recours à elle; les modes lui empruntent mille élégantes fantaisies. M. Guibout, dont l'important atelier fournit toutes les variétés possibles de passementerie, est particulièrement l'inventeur de l'*épaulette métallique,* pour officiers généraux et supérieurs, autorisée par le ministre de la guerre, en France. Depuis l'année 1839, M. Guibout fabrique également des épaulettes à franges métalliques, pour les simples officiers; leurs franges sont composées de petits tubes métalliques, taillés à plusieurs faces, et qui ont été adoptés depuis pour les articles de mode.

M. Guibout a exposé, cette année, une épaulette d'un nouveau modèle, à jupes mobiles. Jusqu'à présent, les trois parties des épaulettes, le corps, la tournante et la jupe, n'étaient fixées que par des points à l'aiguille. Formant ainsi un tout indivisible, elles ne pouvaient être renfermées que dans de grandes boîtes très-incommodes. Par un procédé mécanique, M. Guibout ouvre le dessous des épaulettes, comme une tabatière, détache du corps et de la tournante, la jupe qui y est attachée par des pivots à écrous. Il en résulte que l'on peut coucher à plat, dans une boîte de cinq centimètres de haut, les deux corps et plusieurs jupes, si l'officier veut en avoir de rechange.

Ce nouveau système, que M. Guibout est parvenu à appliquer malgré de grandes difficultés aux épaulettes rondes et à torsades roides des officiers supérieurs, offre entre autres avantages, sur l'ancien :

1° Diminution de volume, en remplaçant les cartons ordinaires de 15 à 16 centimètres de haut, par d'autres cartons de 5 centimètres ;

2° Substitution volontaire des jupes ; commodité de réparer les accidents qui peuvent subvenir, de retourner et nettoyer les franges sans avoir recours au passementier ;

3° Économie, en préservant du frottement les franges en or, et celles en argent, des émanations d'hydrogène sulfuré.

M. Guibout a encore exposé des échantillons d'un point, dit d'*Espagne*, confectionné en guipure or et argent mélangée de chenilles, pour parures de femme. Nous avons encore vu, de cet exposant, des broderies, des crêtes, des franges en or et en argent, pour ameublement riche, qui se placent et se déplacent à volonté ; on peut ainsi les préserver de la poussière et de l'influence de l'air, et les réserver, dans tout leur éclat, pour certains jours de réception.

GUILLARD.

Automates et jouets mécaniques.

Voici une nouvelle pendule mécanisée. Le plateau du soc représente un jardin anglais orné de fleurs et d'arbrisseaux ; on y voit cinq personnages : un danseur de corde et quatre musiciens. Deux minutes avant que les heures sonnent, le danseur se met en mouvement sur sa corde, les musiciens exécutent, sur la mesure de la danse, quatre airs différents ;

l'un bat du tambour, l'autre pince de la guitare, le troisième joue du triangle et le dernier de la flûte de Pan. Le prix de cette belle pendule est de 1,200 francs. Au moyen d'une détente *ad hoc*, on peut faire aller le mécanisme dans l'intervalle des heures. L'*Automate, Fanny Essler*, l'*Escamoteur*, le *Physicien*, sont autant de pièces mécanisées exposées par M. Guillard, et dont le succès a été tel, le premier jour de l'exposition, que le jury s'est vu dans l'obligation d'en faire retirer quelques-unes, à cause de la foule qui s'amassait autour, pour les voir marcher. Ce fabricant a encore exhibé une foule de jouets mécanisés, tels que poupées, chevaux, chemins de fer, flottes et vaisseaux, voitures, qui font l'admiration des grandes personnes et le bonheur des enfants auxquels ils sont destinés.

JEANNE.

Cadres. — Fantaisies.

Le goût des objets de fantaisie et des meubles du moyen âge a pris, depuis dix ans, un développement extraordinaire. Il n'est pour ainsi dire pas un salon qui, meublé avec un certain luxe, n'ait un bahut, un lit à colonnes torses, un fauteuil à dos droit, ou tout au moins une glace à trumeau antique, un tableau bizarrement encadré, une statuette, un coffret à incrustrations. Le goût pour les objets excentriques a été poussé si loin, qu'il a dégénéré en une véritable passion. Tous nos artistes se sont mis en mesure de l'entretenir; non-seulement il offrait un débouché à leurs œuvres, mais encore il donnait à leur talent un éclat et à leur nom une réputation, qu'ils justifient du reste sous tous les rapports. La peinture et le dessin, la sculpture, la gravure et le modelage, ont fait d'immenses progrès. Chaque jour voit éclore une nouvelle conception, et prouve combien est fertile, élégante et gracieuse l'imagination de nos artistes. L'un d'eux, M. Jeanne, s'est surtout distingué entre tous les autres. Il a su former une maison, à tous égards digne de fixer l'attention et de mériter la confiance et la prédilection que le public lui a toujours accordées. Ses magasins sont un véritable musée. Tout ce qui se rattache aux meubles, tels que chaises, fauteuils, canapés, écrans, baldaquins, lits, contours de glaces, corniches pouvant s'ajuster dans les angles du plafond : tout s'y trouve réuni, tout vient s'y offrir au regard.

M. Jeanne se charge d'exécuter, suivant les goûts ou sur les dessins des personnes qui voudraient lui faire quelques commandes, outre les objets dont nous venons de parler, toutes les fantaisies les plus originales. Entre ses mains habiles, il n'est pas de forme, de physionomie, devrions-nous dire, que ne puissent affecter le bois ou l'ébène, le fer, le cuivre ou l'acier, le velours ou la soie, la pierre, le plâtre ou le marbre, l'argent, le platine ou l'or. On vantera toujours la beauté simple et profondément religieuse de ses christs; l'élégance exquise de ses garnitures de bureaux, de cheminées, de boudoirs; la spirituelle et gracieuse tournure de ses statuettes; le choix varié de ses aquarelles, de ses eaux-fortes, de ses sépias, de ses peintures à l'huile, etc.

M. Jeanne a envoyé à l'exposition deux cadres, dont l'ajustement et les ornements ont particulièrement fixé l'attention des visiteurs. L'un de ces cadres, genre renaissance, est de 3 mètres, sur 2 mètres 20 centimètres. Il est du prix de 1,600 francs. L'autre, style Louis XIV, porte 3 mètres, sur 2 mètres 20 centimètres. Il est destiné à recevoir le portrait du roi de Naples, commandé par son ambassadeur à Paris.

LABORDE-DEZEIMERIS ET LAFONT. (Gironde.)

Peignage de laines.

Le peignage des laines, avec les moyens employés jusqu'à présent, ne donne que soixante à soixante-quinze pour cent de laine peignée; les vingt-cinq à quarante pour cent restant se composaient de *blouse* et de *déchet*. MM. Laborde-Dezeimeris et Lafont exposent des écheveaux qui renferment *quatre-vingt-dix* à *quatre-vingt-quinze* pour cent de la matière première. Ces beaux résultats ont été obtenus par ces fabricants, au moyen d'un peigne de leur invention, qui ménage les brins, les étend au lieu de les casser, et évite de cette manière la formation de la *blouse*.

LARENONCULE.

Outils de ferblanterie.

Cet industriel a exposé quarante-cinq outils divers, propres à la fabrication des objets en fer-blanc ; ses prix sont modérés et ses outils d'une qualité supérieure. Il est parvenu à garnir ses *tas* d'acier fondu, ce que l'on n'était pas encore arrivé à faire ; ces tas offrent un meilleur poli, et sont plus durs que les anciens.

LAROUMETZ.

Toiles cirées.

Les tapis en toiles cirées n'avaient pas dépassé, jusqu'ici, trois à quatre mètres; pour avoir des pièces d'une dimention plus étendue, on était réduit à en coudre plusieurs, ce qui n'était ni commode, ni agréable à l'œil. M. Laroumetz est parvenu à fabriquer un tapis de sept mètres et demi de long ; c'est la première fois que l'on expose une pièce de cette grandeur; M. le comte d'Appony en a fait l'acquisition. Avant l'exposition, on avait pu remarquer les produits de ce fabricant, dans l'établissement des bains Deligny, qui ont été entièrement décorés par les belles toiles cirées de M. Laroumetz.

LEBLAN (Alexandre). (Turcoing.)

Filature de laines.

Filateur de laines peignées et d'alpagas peignés, M. Leblan, un des principaux fabricants de Turcoing, a exposé des alpagas filés, n° 50, en bobine et dévidés.

LEBRUN.

Ceinture de sauvetage.

La ceinture de sauvetage et de natation que M. Lebrun appelle *nautile*, se compose d'une boîte de fer-blanc de forme oblongue, divisée en deux parties pouvant, à volonté, se réunir et s'écarter ; ses dimensions sont de 25 centimètres de long, sur 11 de large. Sur l'une des parties de cette boîte est adaptée une soupape en cuir, destinée à faciliter l'introduction de l'air, de même qu'à en hâter l'expulsion, quand on veut l'ouvrir ou la fermer. Aux parois intérieures des deux extrémités est fixée, au moyen d'une agrafe, une toile en fil enduite de minium délayé à l'huile de lin. Une spirale ovoïde en fer plat soutient cette toile, de telle sorte qu'en tirant les deux parties de la boîte, le mouvement détermine la formation d'une ceinture flottante.

Cette ceinture de sauvetage et de natation a été soumise à différentes expériences, par une commission nommée par M. le ministre de la marine. Soumise pendant six heures à l'action de l'eau et chargée d'un poids de neuf kilogrammes, la ceinture a parfaitement soutenu ce poids et n'a absorbé qu'une quantité inappréciable de liquide. Un homme tout habillé, grâce à la *nautile,* est très-facilement supporté, les épaules hors de l'eau. Il a été constaté, en outre, qu'elle ne gêne en rien la vitesse du nageur, et que celui qui ne sait pas nager, reste libre de tous ses mouvements et peut également se diriger, selon son adresse ou sa force, vers le point qu'il veut atteindre. Enfin, avec la *nautile,* une personne blessée ou évanouie est portée sur la surface de l'eau, la tête en dehors, sans qu'elle coure aucun danger d'asphyxie. Plusieurs capitaines de vaisseau ont émis le vœu qu'il en soit placé, dans chaque bâtiment de l'État, un nombre égal au nombre d'hommes composant l'armement de la chaloupe.

LELOUTRE.

Coffres-forts.

Le coffre-fort exposé par M. Leloutre est doublé en fer, à l'extérieur et à l'intérieur ; fermé par une serrure à pompe, double fond, à quatre pênes circulaires, il offre de plus une combinaison perfectionnée, dont le mot se change à volonté, au dehors de la porte, sans rien démonter. Des tiroirs en fer, de sûreté, garnissent l'intérieur de cette caisse ; les papiers qu'on y renferme sont à l'abri du plus violent incendie.

LEPAUL.

Coffres-forts.

Les temps sont loin de nous, où le financier n'avait d'autre moyen, pour serrer les richesses dont il était détenteur, que de les mettre sous la sauvegarde d'un cachet de cire, portant l'empreinte de son nom ou tout autre signe : sorte de scellé particulier, que respectaient peu les voleurs. L'inefficacité de ces moyens fit imaginer les serrures ; mais celles-ci, dans leur simplicité primitive, ne résistaient pas à l'action d'un crochet. Aujourd'hui, la serrurerie a imaginé de petits mécanismes surprenants, et qui semblent mettre pour toujours nos coffres-forts à l'abri des malfaiteurs. Au moyen d'un petit cylindre, composé de six rondelles mobiles, sur lesquelles sont gravées des lettres, on ferme une porte, sans clef, et de manière à ce que personne au monde ne puisse l'ouvrir à moins de la briser. Ces rondelles, en tournant l'une à côté de l'autre, forment des mots par le rapprochement de lettres qu'elles offrent ; or, en choisissant un de ces mots ainsi composé, on arrange le mécanisme de telle sorte qu'il ne s'ouvre jamais que sur l'arrangement des rondelles produit par ce mot, dont on a seul le secret. Pour donner une idée de l'impossibilité dans laquelle un étranger se trouve pour ouvrir un pareil cadenas, disons que quelques-uns n'offrent pas moins de deux cent cinquante millions de combinaisons différentes ; or, en admettant qu'un individu voulût chercher celle que vous avez adoptée, en admettant encore qu'il ne se répéterait pas dans ses investigations, il lui faudrait travailler pendant cent cinquante ans, dix heures par jour, et trouver quatre combinaisons par minutes, avant d'arriver à la moitié de celles offertes par le cadenas Lepaul. Ces données effrayent l'imagination.

Les coffres-forts, les serrures à combinaisons, les cache-entrées, les verrous à double pompe, de M. Lepaul, ont atteint la perfection possible dans ce genre de travaux de serrurerie.

LHOMINY.

Cordages.

Ce fabricant expose des cordages pour la marine, câbles plats pour houillères, et câbles en fil de fer, câbles de carrière à pierres et autres, faits à la mécanique et à la torsion renversée.

MACHETEAU.

Malles élastiques.

Un maximum de poids pour les bagages étant accordé à chaque voyageur, dans les voitures publiques, il est bien important pour celui qui voyage habituellement, d'employer des coffres et des malles qui ne surchargent pas inutilement. Les malles de M. Macheteau ne présentent que le tiers des malles ordinaires; elles offrent encore cet avantage, qu'elles reprennent leur forme primitive, au moyen de ressorts en acier, après avoir supporté les poids souvent considérables d'autres bagages.

MALO-DICKSON ET COMPAGNIE. (Nord.)

Filature de lin, de chanvre. — Tissage de toiles à voiles.

MM. Malo-Dickson et Cie ont introduit, les premiers en France, la filature des lins, chanvres et étoupes *à sec;* la toile qui en résulte est plus spécialement applicable aux fournitures des administrations de la guerre et de la marine. Leur établissement contient 2,512 broches. Leur fabrication s'élève aujourd'hui à 400,000 mètres par an. Leurs toiles à voiles tissées sans apprêts, jouissent d'une grande réputation ; c'est à eux encore que la France doit les premiers métiers destinés à ce genre de tissage.

MARSUZI DE AGUIRRE.

Chanvre imperméable.

Le chanvre imperméable de cet exposant reçoit chaque jour de nouvelles applications; plus facile à poser et plus solide que le carton-pierre, ce produit se plie à toutes les formes, et ne reçoit aucune atteinte du froid ni de l'humidité. Le couvreur l'emploie avec succès, dans les plus riches comme dans les plus humbles constructions; les inscriptions murales, faites autrefois sur des plaques métalliques oxydables, s'appliquent heureusement sur des cartouches de chanvre imperméable, et les ornements exécutés avec cette pâte offrent un grand fini et une délicatesse précieuse.

MARTIN.

Cuirs repoussés.

Les arts plastiques viennent de faire une nouvelle conquête; le cuir repoussé, par le procédé de M. Martin, offre une grande ressource à l'ornementation; il se prête à toutes les formes, prend toutes les couleurs, et l'on dirait, à le voir, que le ciseau des bons maîtres l'a fouillé comme la pierre, dont il n'est qu'une reproduction fidèle. Le cuir repoussé recevra de nombreuses applications dans toutes les industries où l'ornementation en relief sera employée.

NEUSS. (Vaise.)

Aiguilles, tréfilerie, épingles, etc.

1° Aiguilles à coudre, à repriser, à broder, à perles, pour la sellerie; 2° épingles ordinaires et d'acier à têtes rivées ou têtes d'émail; 3° tréfilerie de fil de fer, d'acier ordinaire et d'acier fondu; 4° pointes à cardes ordinaires et d'acier; 5° broches à tricoter ordinaires et supérieures; 6° objets de fils de fer et d'acier servant à la soierie.

Ces divers produits sont tous d'une grande perfection. Les aiguilles ont une rondeur très-régulière et une grande élasticité; la pointe est bien combinée avec les diverses longueurs; le chas est régulièrement percé et n'offre ni bavure ni échancrure sur les bords. Les pointes à cardes de cette fabrique sont au moins aussi remarquables que celles de la fabrique anglaise. M. Neuss fournit à la soierie de Lyon des broches à trou émaillé, remplaçant les maillons à poids, les aiguilles à double pointe et les crochets à double charnière.

RÉGNAULT.

Ustensiles de chasse.

L'équipement d'un chasseur est une grande affaire; sacs à plomb, boyaux de chasse, poires à poudre, corbins, etc., tout cela doit être d'un bon choix, d'une grande solidité, et offrir toutes les commodités désirables, afin que les parties de plaisir auxquelles servent ces objets ne deviennent pas de véritables corvées. M. Régnault nous a offert des corbins à charge graduée par le bouchon, à lunettes, à ressorts, à pompe, pour fusils de chasse, pistolets, etc. Ses poires à poudre sont remarquables par leur élégance; un procédé particulier pour la fabrication, dont il est l'inventeur et qu'il exploite seul, lui permet de donner tous ces articles à un prix peu élevé, sans rien diminuer de leur solidité et du luxe qui les accompagne ordinairement.

ROMAGNÉSIE.

Sculpture, objets d'art en carton-pierre.

Dans l'impossibilité de décrire tous les objets d'art admis au palais de l'Industrie, parmi les produits de ce fabricant, nous citerons seulement les plus remarquables :

1° Un fragment de loge d'avant-scène ;

2° Un Christ de grandeur naturelle, imitation de bronze ;

3° Quelques beaux trophées d'armes ;

4° Un grand chapiteau faisant partie de la décoration élevée au centre du dôme des Invalides, lors de la translation des cendres de Napoléon.

ROSSELET.

Remise à neuf des dorures, etc.

M. Rosselet est l'inventeur du liquide chryso-palingénésique, servant à revivifier les dorures. Ce liquide, d'un emploi très-facile, rend aux dorures flétries et même oxydées tout leur éclat, toute leur fraîcheur; on l'emploie à froid sans altérer les dorures; il opère sur l'or mat et bruni, sur l'argent mat et sur le bois, et en général sur toutes les dorures sur métaux. Les cadres, les ornements d'église, équipements militaires, la bijouterie vraie ou fausse, sans altérer les pierres, sont remis à neuf à la minute, et presque sans frais; chacun peut opérer soi-même.

SCHNEIDER ET LANGRAND.

Typographie.

Lorsque, dans une petite ville d'Allemagne, un esprit inventif imagina de graver, sur une planche en bois et en relief, les pages d'un manuscrit et de les couvrir d'encre, afin d'en obtenir, par leur pression contre une feuille de parchemin, plusieurs exemplaires successifs et identiques; lorsque, un peu plus tard, on compliqua cette découverte, en gravant séparément chacune des lettres de l'alphabet à plusieurs milliers, afin d'en composer des planches mobiles, que l'on défaisait ensuite pour en tirer de nouvelles combinaisons : les modestes artistes, qui imprimaient les Bibles de Guttemberg, ignoraient quelle puissance inouïe ils jetaient sur le monde, et quels progrès immenses la civilisation allait devoir à leur découverte.

Le dix-neuvième siècle a laissé bien loin derrière lui tout ce qui avait été fait jusqu'alors dans l'art de l'imprimerie, que nous appelons plus communément aujourd'hui typographie, pour le distinguer des autres modes d'impression. Les amateurs, les faiseurs de collections, qui ne savent rien admirer que les produits d'une époque reculée, et qui n'admettent aux honneurs de leurs cabinets d'autres objets d'art que ceux que le temps a jaunis, recherchent avec avidité les belles éditions des Elzevirs; mais, en vérité, ils pourraient s'épargner beaucoup de peine et de fatigues, s'ils n'étaient conduits dans ces recherches que par l'amour seul du beau, et non point par ce sentiment de curiosité qui donne un prix singulier aux choses rares. Nous pourrions citer un grand nombre d'éditions modernes, sorties des presses des Didot, des Schneider et Langrand, et de tels autres bons typographes, qui surpassent de beaucoup tout ce que le seizième et le dix-septième siècle ont produit en beaux caractères d'imprimerie.

MM. Schneider et Langrand, que nous venons de nommer à côté du prince de la typographie contemporaine, méritaient déjà cet honneur par l'importance de leurs ateliers, le nombre de leurs travaux, la remarquable beauté de leurs impressions, lorsque l'exposition de 1844 est venue nous révéler leur talent sous une nouvelle face. Tous ceux qui ont visité le palais de l'Industrie se sont arrêtés devant un tableau de près d'un mètre carré, brillant de dorures, de vives couleurs, offrant à l'œil surpris des arabesques élégantes, des médaillons, des armoiries, une vue délicieuse du célèbre jubé de Saint-Étienne du Mont, et deux livres ouverts, représentant, l'un, la Bible, l'autre, les Évangiles, à l'imitation des anciens manuscrits. Cette grande composition, distribuée avec goût, est surmontée d'une magnifique tête de Guttemberg.

Ce tableau eût fait honneur au pinceau patient d'un artiste; la vue du jubé est admirable, surtout comme ton local; mais cette œuvre n'est due ni au pinceau, ni au crayon. Elle est sortie des presses typographiques de MM. Schneider et Langrand, qui ont triomphé, pour achever une telle œuvre, d'obstacles qui eussent paru insurmontables à d'autres imprimeurs moins habiles et plus timides. Avant ce véritable tour de force, on ne connaissait de tirage en plusieurs couleurs que sur une petite échelle ; ici, nous l'avons dit, un mètre entier est couvert de gracieux sujets, et il n'a pas fallu moins de vingt-six coups de presse successifs, par chaque exemplaire de ce tableau, pour lui donner toutes ces nuances délicates, tous ces demi-tons, toutes ces habiles dégradations d'ombres et de lumières, que le pinceau seul semblait pouvoir exécuter. C'est là tout ce qu'on a jamais fait de plus magnifique en typographie, et nous doutons que cette limite soit dépassée de longtemps.

Les innombrables presses de MM. Schneider et Langrand répandent leurs travaux sur toute la surface de la France ; plus de vingt journaux sont imprimés chez eux, et les belles éditions des Curmer, des Dubochet, des Paulin et des Hetzel, sortent de leurs ateliers, spéciaux, principalement, pour les belles gravures sur bois dont le tirage demande tant de soins. Comme un échantillon des jolies impressions courantes de ces exposants, nous pouvons offrir à nos lecteurs les pages mêmes du livre qu'ils ont sous les yeux ; la typographie française, avec le concours de tels producteurs, n'a plus de rivales au monde, et c'est à elle que devront s'adresser tous les peuples qui, moins avancés dans cette industrie civilisatrice, voudront se mettre au niveau de l'art moderne.

SCHONENBERGER.

Gravure pour musique.

L'écriture musicale, d'après la méthode généralement adoptée des portées avec clefs, est encombrée de tant de signes secondaires et modificateurs, de tant d'indications, qu'on ne saurait trop apporter d'ordre et de soin dans l'impression des œuvres de nos compositeurs. Cependant la plupart des publications de ce genre sont mal gravées, tirées sur un papier de qualité inférieure, et souvent remplies de fautes, ou plutôt de variantes dans l'emploi des signes, ce qui jette l'exécutant novice dans le plus grand embarras.

L'éditeur Schonenberger nous donne des modèles de gravure et d'impression musicale de la plus grande pureté, et exécutés au moyen du zinc, de l'étain fin, de l'étain ordinaire, et à l'aide même de la typographie. Cette dernière méthode, procédant par clichés, est due à Berlini, dont elle a pris le nom ; elle permet de livrer à très-bon marché (5 centimes la page), telles compositions qui se vendaient autrefois 50 centimes la page d'impression par les procédés ordinaires.

SÉGUIN.

Sculpture.

M. Séguin nous offre, comme échantillons de ses produits, une cheminée, d'un style mixte, ornée de sculptures, bas-reliefs et ornements d'un goût excellent, quoique le prix de cette cheminée ne soit pas très-élevé. Le garde-cendre de cette belle pièce, genre rocaille, est d'un joli effet. En voyant de telles productions, dues au ciseau de nos bons sculpteurs, on reconnaît que, pour descendre aux choses usuelles de la vie, pour se mettre au niveau des besoins du plus grand nombre, nos artistes n'ont rien diminué de l'élévation de leurs idées et de la noblesse de leur ciseau ou de leur crayon. Les arts tendent de plus en plus à se faire bourgeois ; ils n'y perdent pas, et tout le monde y gagne.

SOHN (Jules).

Sculpture.

M. Jules Sohn a inventé une composition ayant pour base une terre calcaire, et qu'il appelle *plastique*. Cette composition nous a paru supérieure à celles connues sous le nom de *plastiques de bois et de carton-pierre.* Elle imite les couleurs et le poli du marbre, les aspérités et les teintes de la vieille pierre ; l'humidité, la poussière, les grandes chaleurs n'exercent sur cette matière aucune espèce d'influence, et il suffit de la frotter avec un linge fin, pour lui donner tout son poli, lorsqu'un accident est venu momentanément le lui enlever.

Sous la main de M. Jules Sohn, le *plastique* a pris les formes les plus gracieuses : bustes, récipients pour les eaux lustrales, médailles, corniches, etc. La sculpture, grâce à cette invention, entrera désormais dans l'ameublement de tous les appartements ; le marbre et la pierre céderont le pas au *plastique*, qui permet à l'artiste d'exécuter, à un prix comparativement très-minime, les moulures les plus élégantes et les mieux fouillées.

M. Jules Sohn a exposé quelques bustes qui sont de véritables chefs-d'œuvre ; nous avons encore admiré un magnifique bénitier, exécuté pour un prince de la maison de Bavière.

TACHY.

Tapisserie à l'aiguille.

Les objets qui composent l'exposition de M. Tachy sont marqués au coin du bon goût. Son écran brodé en soie sur satin, monté sur un cadre à sculptures et à fuseaux gothiques, et son guéridon brodé au crochet ne laissent rien à désirer dans leur genre et charment agréablement la vue. M. Tachy a apporté aussi quelques perfectionnements aux rouets à filets, qu'il établit à des prix modérés, malgré leur supériorité sur les anciens.

THOUMIN ET CORBIÈRE.

Cuivre estampé.

MM. Thoumin et Corbière fabriquent spécialement les articles de cuivre estampé, applicables aux ameublements. Les modèles de ces fabricants sont d'un grand effet, d'un beau relief et d'un excellent choix. Remarquons son châssis, genre rocaille; la galerie de ce châssis, un thyrse dont le principal ornement est un aigle tenant dans ses serres flamboyantes deux branches de chêne, qui s'étendent et s'enlacent sur toute la longueur du bâton, et un autre thyrse dans le genre rocaille.

TRELON ET LANGLOIS SAUER.

Boutons de soie, boutons dorés en or, de plusieurs couleurs, etc.

Longtemps l'Angleterre a marché la première, dans toutes les voies ouvertes par l'industrie ; mais peu à peu, à mesure que les autres nations ont compris leurs véritables intérêts, elle s'est vu atteindre par ses rivales.

Exercés depuis deux siècles dans la fabrication des boutons, les Anglais semblaient en avoir conservé jusqu'ici le monopole. L'exposition de 1839 ne semblait pas présager que ce monopole dût être bientôt aboli ; mais, dans les cinq années qui se sont écoulées depuis, une véritable révolution s'est opérée dans l'industrie qui fait le sujet de ce paragraphe. A cette époque la fabrication des boutons occupait, en France, moitié moins d'ouvriers qu'elle en emploie aujourd'hui, et elle est arrivée, en outre, à des résultats artistiques inespérés.

La maison Trelon et Langlois Sauer s'est présentée, cette année, avec des échantillons de la plus grande richesse. Elégance, solidité, fini, tout cela se rencontre dans ses produits. Ses boutons de soie, ses boutons métalliques pour le civil et le militaire, ont obtenu une grande vogue, et leur réputation a même passé les mers. Nous avons remarqué, sur les cartes de cette maison, quelques boutons portant les emblèmes nationaux de la Sublime Porte ; en effet, nous avons appris qu'elle avait été chargée de la fourniture des troupes turques.

MM. Trelon et Langlois Sauer sont parvenus, en outre, à fabriquer des boutons dorés, en or de plusieurs couleurs, ce que les Anglais n'avaient jamais pu faire. Quant aux prix, en rapport avec l'élégance du travail et la beauté de la matière, pour les produits de luxe, ils sont aussi minimes qu'il est vraisemblable de le supposer pour les fournitures courantes.

TRONCHON.

Grillages en fil de fer.

Ce fabricant expose des grillages en fil de fer à la mécanique, et sa volière ou faisanderie, que tout le monde a admirée, réunit à la plus grande élégance la plus grande solidité.

VALLE.

Toiles pour peinture.

L'encollage ordinaire des toiles pour tableaux, accessible à l'humidité, ne préservait qu'imparfaitement les œuvres de nos grands maîtres, de cette cause incessante de dégradation. L'enduit hydrofuge de M. Vallé rend inaltérables les toiles qui l'ont reçu ; on peut l'appliquer même aux anciens tableaux, qui recouvrent, par ce moyen, une partie de leur fraîcheur primitive. Les artistes et les amateurs de peinture s'applaudissent de cette découverte.

VERSTAEN.

Serrures et coffres-forts.

Les coffres-forts de M. Verstaen offrent, de plus que ceux de ses confrères, des tablettes intérieures en fer, dites *serre-papiers incombustibles,* de son invention. Les tiroirs et ces tablettes ferment à secret. M. Verstaen se fait fort d'offrir sur tous ses concurrents un rabais de quinze pour cent; ses coffres-forts sont établis depuis 100 francs jusqu'à 3,000 francs.

VOISIN.

Reproduction des épreuves daguerriennes.

M. Voisin a pris un brevet pour reproduire sur tous les métaux, en creux ou en relief, les portraits, les gravures et les tableaux, en général tout ce que l'on veut, en offrant une économie de près de cinquante pour cent sur la main-d'œuvre des anciens procédés. Cet artiste a eu également l'idée de substituer le *portrait-visite* à la *carte-visite.* La gravure se fait au trait, d'après une épreuve au daguerréotype. Au lieu de remettre chez le concierge de la personne que l'on honore de sa visite, une carte portant simplement votre nom, on laisse son portrait, et cela vaut presque une visite personnelle; c'est original. Si cette innovation est adoptée par la mode, chacun pourra se faire, après le jour de l'an, un petit musée de portraits d'amis et de connaissances. L'inventeur ne dit pas si les cartes d'époux offriront aussi les traits de madame.

CONCLUSION.

Après avoir présenté le tableau de cette brillante exposition de 1844, qui marquera dans les fastes de l'industrie, notre travail ne serait pas complet, si nous nous arrêtions brusquement au dernier paragraphe de notre nomenclature d'élite. Il nous reste à parler des justes récompenses qui sont venues couronner les efforts de ces manufacturiers, de ces fabricants, de ces artistes infatigables, qui ont mérité du pays par leurs découvertes ingénieuses. Ce ne sont pas seulement des médailles d'or, d'argent, de bronze, des mentions qu'obtiennent aujourd'hui les paisibles conquêtes de l'industrie. Cette étoile de la Légion d'honneur, que Napoléon institua dans un esprit vraiment national, et qui, dans sa pensée première, ne devait pas seulement être décernée au guerrier, au magistrat, au fonctionnaire, mais encore s'étaler sur la poitrine des travailleurs; cette étoile a vu son rôle largement et civiquement agrandi, sous un règne où la noblesse du travail est venue se placer avec honneur à côté de la noblesse du blason.

Le 29 juillet 1844, ceux de messieurs les exposants que le jury avait jugés digne d'une récompense proportionnée à l'importance de leur œuvre, se sont rendus au château des Tuileries, où une brillante réception leur avait été préparée. Déjà, quelques jours auparavant, tous ceux qui avaient reçu des marques de distinction, dans les expositions précédentes, avaient été conviés à une fête magnifique, donnée en leur honneur, dans le palais de Versailles : temple des arts et sanctuaire des gloires nationales. Le 29 juillet, à une heure, le Roi des Français et la Reine, entourés de monseigneur le duc de Nemours et de monseigneur le duc de Montpensier, accompagnés de M. le ministre des travaux publics et du commerce, se sont rendus dans la grande salle des Maréchaux, où les membres du jury se trouvaient déjà rassemblés. Les exposants ayant été introduits, le président, M. le baron Thénard, s'est avancé vers Sa Majesté, et lui a adressé le discours suivant :

« Sire,

« Les expositions de 1834 et de 1839 ont laissé de profonds souvenirs dans les esprits; celle de 1844 en laissera de plus profonds encore : elle surpasse les hautes espérances que les deux premières avaient fait concevoir.

« L'industrie poursuivit donc sa marche progressive : ne pas avancer, pour elle, serait rétrograder; elle le sait, et redouble sans cesse d'efforts pour faire de nouvelles conquêtes toujours pacifiques et fécondes.

« Presque aucun art n'est resté stationnaire; un grand nombre ont fait de remarquables progrès; quelques-uns même en ont fait de considérables; d'autres tout nouveaux ont été créés; la plupart des produits ont baissé de prix.

« Les savants rapporteurs du jury feront, avec l'autorité qui s'attache à leurs noms, le tableau des nombreux perfectionnements de toutes les découvertes qui signalent l'exposition nouvelle; qu'il me soit permis seulement d'en tracer l'esquisse.

« Les marins ne manqueront plus d'eau dans les voyages de long cours. Le foyer qui, sur nos vaisseaux, sert à la cuisson des aliments, opère en même temps la distillation de l'eau de mer, et la transforme en une eau douce qui ne laisse rien à désirer. Ainsi, les sciences ou les arts auront rendu en peu de temps quatre grands services à la marine; ils lui auront donné des aliments toujours frais, de l'eau toujours en abondance, d'excellents chronomètres à bas prix, la vapeur pour remonter les courants les plus rapides et naviguer au milieu des écueils et des tempêtes.

« La production de la fonte a presque quadruplé depuis vingt-cinq ans; son affinage s'opère avec plus d'économie; la chaleur perdue a été utilisée; de nouveaux procédés de chauffage ont été créés; tout ce qui tient, en un mot, à la fabrication du fer, a éprouvé de grandes améliorations, et cependant la théorie en prévoit beaucoup d'autres encore, qui devraient être un sujet de continuelles recherches.

« La pile voltaïque, qui a tant agrandi le domaine des sciences, vient d'être appliquée de la manière la plus heureuse à l'art de dorer et d'argenter les métaux. Un jour peut-être elle servira de base à l'exploitation des minerais d'or, d'argent et de cuivre.

« Des disques de flint-glass de plus de soixante centimètres de diamètre, et d'une parfaite pureté, se font aujourd'hui sans aucune difficulté; déjà même la dimension d'un mètre a été atteinte. Tout porte à croire que l'astronomie aura bientôt des objectifs d'une grandeur inespérée, qui lui permettront de pénétrer plus profondément dans l'immensité de l'espace, et d'y faire des découvertes imprévues.

« Tout est mis à profit par les manufacturiers qui joignent la théorie à la pratique.

« Les uns condensent jusqu'à la fumée si incommode du bois; ils savent en extraire du vinaigre pour les arts et même pour les tables les plus somptueuses, un fluide qui ressemble à l'esprit-de-vin, une huile qui rendra de grands services à l'éclairage. D'autres puisent une nouvelle source de richesses dans les eaux mères des salins, restées toutes jusqu'ici sans emploi; ils les conservent, et le froid de l'hiver, par une réaction que la chaleur de l'été ne saurait opérer, en précipite une quantité de sulfate de soude, de sulfate et de muriate de potasse, assez grande pour suffire bientôt aux besoins de la France et la délivrer d'un lourd tribut qu'elle paye à l'étranger.

« D'autres encore s'emparent des débris, des *détritus*, des immondices végétales et animales, et les convertissent en riches engrais qui s'exportent au loin pour fertiliser le sol.

« De nouveaux marbres d'une grande beauté ont été découverts et viennent ajouter à l'exportation considérable de nos riches carrières.

« Les bonnes méthodes de chauffage commencent à se répandre; elles ne s'appliquent pas seulement au foyer domestique; elles s'étendent, en se modifiant, aux grands édifices, aux hospices, aux églises, aux palais. Un seul appareil suffit le plus souvent pour y maintenir une douce température par le froid le plus rigoureux. C'est l'eau qui produit cet effet si salutaire; c'est elle qui, circulant sans cesse à travers mille canaux, comme le sang dans les artères, va partout déposer la chaleur dont elle est imprégnée, et revient ensuite à son point de départ pour s'échauffer et circuler de nouveau.

« La construction de nos phares a été portée à un haut degré de perfection. La manœuvre en est si facile, les verres en sont si bien taillés, la lumière en est si sive, si brillante, projetée si loin dans toutes les directions utiles, que partout ils sont préférés.

« L'un des agents chimiques les plus actifs, l'acide sulfurique, dont la consommation s'élève annuellement à plus de 20 millions de kilogrammes, pourra désormais se fabriquer au sein des habitations et se livrer à plus bas prix. Les vapeurs corrosives qui se dégagent au moment de sa formation seront absorbées complétement, et diminueront par leur emploi les frais de l'opération qui les aura produites : de nuisibles qu'elles étaient, elles vont donc devenir très-utiles.

« Ce n'est plus de Hollande que nous tirons la céruse nécessaire à notre consommation. Nos fabriques pourraient en exporter; et, ce qui est plus précieux encore, l'opération peut être pratiquée presque sans danger.

« Quelques centièmes d'alun suffisent pour donner au plâtre la dureté de la pierre et le rendre propre à recevoir le poli du marbre.

« Le tir à la carabine a acquis tout à la fois plus de justesse et plus de portée à moindre charge.

« Il était à désirer que la pâte, sans perdre de sa qualité, pût être pétrie autrement qu'à bras d'homme, et que la cuisson du pain, pour être égale, pût être faite toujours à une température déterminée. Les pétrins mécaniques perfectionnés et les fours aérothermes résolvent ce double problème.

« De grandes améliorations ont été apportées à l'extraction et au raffinage du sucre.

« La production de la soie est toujours l'objet des efforts les plus soutenus. Des mûriers sont plantés de toutes parts. Les magnaneries continuent à se perfectionner. Le dévidage des cocons, si important et beaucoup trop négligé jusqu'ici, s'exécute avec le plus grand succès dans quelques ateliers. Aussi la récolte de la soie ne s'élèvera-t-elle pas à moins de 160 millions de francs en 1844. Bientôt la France n'en tirera plus de l'étranger.

« La filature du lin prend un développement qui promet les plus heureux résultats; elle n'a besoin que d'une sage protection pour atteindre un haut degré de prospérité. Dès à présent elle produit des fils de la plus belle et de la meilleure qualité.

« Un grand pas a été fait dans l'art de la teinture : plus de vingt fabriques enlèvent à la garance les matières qui l'altèrent, et la livrent au commerce cinq fois plus riche en couleur qu'elle n'était d'abord. Sa puissance tinctoriale, révélée par l'analyse chimique, pourra devenir quarante fois plus grande encore.

« La palette du peintre s'est enrichie de belles couleurs qui joignent l'éclat à la pureté; elle donnent les teintes qu'on admire dans les tableaux des grands maîtres de la renaissance. Plus de cinq ans d'épreuves semblent en constater la solidité.

« L'agriculture a fait une véritable conquête dans le troupeau de Mauchamp. Les laines qui en proviennent possèdent des qualités précieuses qui les rapprochent de la laine de Cachemire, et leur permettent souvent de rivaliser avec elle.

« Mais, Sire, de tous les arts, c'est celui de la construction des machines qui s est élevé le plus haut par ses progrès, et qui, par son importance, mérite le plus de fixer tous les regards. Cette opinion sans doute ne saurait prévaloir tout d'abord. La magnificence de nos soieries, la finesse de nos tissus, la légèreté de nos châles, avec leurs vives couleurs et leurs mille dessins, la limpidité et la taille de nos cristaux, la beauté de nos vitraux, l'élégance de nos meubles, la richesse de nos tapis, la perfection de nos dentelles, les belles formes de nos bronzes, nos vases d'or et d'argent dont la ciselure rehausse encore le prix, nos bijoux qui brillent de tout l'éclat des pierres précieuses, doivent émouvoir, séduire l'imagination et l'entraîner au delà du vrai. A la vue de tant de choses merveilleuses, on se croirait dans un palais enchanté ; l'œil ne cesse de regarder l'objet qu'il admire que pour se porter sur un autre qui lui semble plus admirable encore.

« Mais lorsqu'on quitte ces lieux éblouissants de magnificence et de richesses, pour pénétrer dans la vaste enceinte qui renferme les machines, et qui n'offre presque partout que du fer, encore du fer, toujours du fer, l'illusion s'évanouit, la vérité se fait jour, et l'esprit éclairé est tout à coup saisi de la grandeur des effets que ces instruments muets, silencieux, pourraient produire s'ils venaient à s'animer et se mouvoir. C'est que le fer est l'agent de la force ; c'est que la puissance des nations pourrait se mesurer jusqu'à un certain point par la quantité de fer qu'elles consomment.

« Dans cette enceinte si sévère et si bien ordonnée se trouvent :

« Des outils qui permettent de forer le sol jusqu'à plus de 500 mètres de profondeur, et d'en faire sortir des eaux en jets puissants, qui s'élancent dans les airs à une grande hauteur;

« Des instruments de précision qui attestent l'habileté et la sagesse de nos astistes;

« Des instruments aratoires qui proviennent de toutes les parties de la France, et qui prouvent que partout on fait des recherches agricoles dignes d'éloges;

« Un marteau, du poids de 9,000 kilogrammes, qui fonctionne avec la régularité d'une machine de précision, et dont les effets excitent l'étonnement ;

« Un métier propre à tisser deux châles à la fois, qu'une ingénieuse machine sépare ensuite en coupant le fil qui les réunit;

« Un barrage mobile dont les faciles manœuvres assurent en tout temps la navigation des rivières, même dans les eaux les plus basses ;

« Un sifflet flotteur qui signale le trop peu d'eau que contiendrait une chaudière à vapeur et les dangers qui en seraient la suite ;

« Une presse monétaire qui, mue par la vapeur, frappe et cordonne tout à la fois les monnaies d'une manière constante et précise ;

« Une machine qui taille les engrenages dans le bois et les métaux avec une perfection qu'on ne saurait trop louer ;

« Une autre machine destinée à la construction des chaudières, et dont le travail est si parfait, que la main de l'homme ne pourrait l'égaler.

« Vient ensuite un système complet d'outillage, sans lequel rien de parfait, rien de grand, ne saurait être fait dans les usines.

« Ici, ce sont des tours de dimension variable ; là, des machines à diviser ; ailleurs, des machines à raboter ; plus loin, des machines à buriner ; plus loin encore, des machines à aléser, à percer, à faire des écrous : toutes d'une rare perfection, toutes utiles, toutes nécessaires, surtout pour la construction des grands mécanismes.

« Enfin apparaissent ces moteurs de forces diverses, d'une puissance quelquefois gigantesque, qui sont la merveille des temps modernes : moteurs que la France produit maintenant à l'égal de l'Angleterre, et dont la destinée sera peut-être un jour de changer la face du monde en opérant, dans les mœurs publiques, la révolution la plus grande et la plus heureuse.

« N'est-il pas probable, en effet, que la rapidité avec laquelle les distances seront franchies établira entre les peuples des relations fréquentes, des liens de confraternité, que resserreront encore les intérêts mieux compris ; et n'est-il pas permis d'espérer que la guerre, qui n'est honorable qu'autant qu'elle a pour objet la défense de la patrie ou de l'honneur national, fera place à la paix qui devrait toujours régner, du moins entre les nations civilisées ?

« Telle est, Sire, l'esquisse rapide des principaux progrès qui font, de l'exposition nouvelle, la plus belle, la plus mémorable dont la France ait à se glorifier.

« Aussi quel empressement, quelle foule pour la voir et l'admirer ! C'était un spectacle extraordinaire, inouï, qui avait quelque chose de prophétique, que d'observer tant de citoyens français, étrangers, mêlés et confondus, dont les figures diverses, dont les traits mobiles, dont les attitudes variées peignaient tour à tour la surprise, l'étonnement, le plaisir, l'admiration, et que de les entendre ensuite, unis en un concert de louanges, exprimer à l'envi, dans leurs langues natales, tous les sentiments qui les animaient.

« Nous sommes heureux, Sire, nous sommes fiers d'avoir cet éclatant hommage à rendre à l'industrie.

« Placée si haut dans l'opinion publique, guidée par les sciences, avec lesquelles elle a fait une intime alliance, secondée plus que jamais par les sociétés savantes, surtout par la Société d'encouragement qui, depuis plus de quarante ans, rend de si éminents services aux arts, l'industrie, loin de descendre du rang élevé qu'elle a conquis, voudra grandir encore: déjà elle égale ou surpasse souvent les industries rivales ; elle voudra désormais leur servir de modèle.

« Mais pour accomplir cette noble tâche, il ne faut pas seulement qu'elle continue son essor rapide ; elle doit s'efforcer encore de reconquérir cette antique renommée de loyauté qu'elle avait jadis méritée : renommée si grande et si pure, que ses colis expédiés de France étaient toujours acceptés sans être ouverts.

« Cette confiance si honorable n'est plus aujourd'hui ce qu'elle était autrefois. Les événements qui se sont succédé, trop souvent même des falsifications réelles, l'ont altérée profondément dans l'esprit des peuples. Nos relations commerciales en ont été troublées ; elles en souffriront longtemps. Le soupçon s'éveille facilement et ne se détruit qu'avec peine. Mais rien ne doit être impossible, quand il s'agit de l'honneur du nom français. Que les hommes honnêtes se liguent, et le triomphe de ceux qui manquent à la foi promise ne sera pas de longue durée ; leurs coupables manœuvres seront bientôt déjouées.

« Notre industrie, Sire, doit donc avoir foi dans le brillant avenir qu'elle s'est préparé. Depuis longtemps elle est un des plus fermes appuis de la France ; elle en deviendra bientôt une des principales gloires.

« Vous-même, Sire, dans ces visites multipliées, où votre présence et celle de votre auguste famille causaient des émotions si douces et provoquaient des acclamations si spontanées, vous-même, et, à votre exemple, S. A. R. le duc de Nemours, vous avez encouragé tous ses efforts, vous avez applaudi à tous ses succès : et pour lui prouver en quelle haute estime vous la teniez, vous avez convié ses plus dignes représentants à une fête toute royale, dans ce palais si riche en souvenirs et tout plein encore de la grandeur de Louis XIV; c'est là, c'est dans ces lieux consacrés aujourd'hui par vos soins à toutes les gloires nationales, que vous avez voulu recevoir tant d'honorables citoyens qui, dévoués tout entiers à l'avancement des arts utiles, ont acquis des droits sacrés à la reconnaissance publique : leur montrant au milieu de ce musée, votre ouvrage, de ce monument unique dans les annales du monde, les noms, les effigies de leurs plus illustres devanciers, et proclamant ainsi qu'eux-mêmes un jour par leurs services pourraient aspirer à cet insigne honneur.

« C'est à vous, Sire, que l'industrie reconnaissante doit rendre hommage de tout ce qu'elle a fait d'utile, de durable, de grand. C'est vous qui l'avez sauvée des mauvais jours dont elle était menacée. La guerre lui eût été mortelle : vous avez su lui conserver la paix au milieu de tant d'orages qui devaient la troubler. Par vous, les factions ont été vaincues au dedans, nos institutions respectées au dehors. Depuis quatorze ans, vous régnez par les lois et par la sagesse. La divine Providence qui a veillé sur vos jours, tant de fois attaqués, nous les conservera longtemps encore. Vous vivrez avec une reine, modèle de toutes les vertus, que, dans sa bonté, le ciel vous a donnée pour adoucir et partager vos peines.

« Vous formerez votre petit-fils pour le trône, comme vous aviez formé le prince que nous avons tant pleuré ; nous lui porterons le même amour ; il grandira sous l'égide tutélaire de sa mère bien-aimée, à l'ombre de la mémoire de son père à jamais révéré, et deux fois ainsi vous aurez sauvé la France qui, dans sa reconnaissance profonde, gardera l'éternel souvenir de votre règne et de vos bienfaits. »

Le roi a répondu :

« Nul n'a joui plus que moi du magnifique spectacle que l'industrie
« française vient de donner à la France et à l'Europe, par la brillante
« exposition de ses produits.

« Vous savez avez quel soin, quel zèle, quel plaisir je me suis em-
« pressé d'en étudier tous les détails, et combien j'ai regretté que le

« temps m'ait manqué pour rendre mon examen encore plus complet. « J'attendais avec impatience cette occasion de vous remercier des sentiments dont vous m'avez entouré dans mes nombreuses visites, et dont « vous avez accueilli la reine, mes fils, mon petit-fils et tous les miens. « Mon cœur en était pénétré, et c'est une nouvelle satisfaction pour ma « famille et pour moi, de vous témoigner à tous personnellement combien nous y sommes sensibles.

« J'ai suivi avec beaucoup d'intérêt le brillant tableau que le président du jury vient de retracer des produits de notre industrie nationale. Je reconnais avec lui que l'exposition de 1844 a dépassé les « autres et qu'elle a été la plus glorieuse de toutes. Cependant, elle ne « conservera ce titre que pour cinq ans; j'ai la ferme confiance que « l'exposition de 1849 l'éclipsera, comme celle-ci a éclipsé les expositions « qui l'ont précédée. C'est, en effet, un besoin pour la France que son « industrie suive une marche progressive : il faut que la rapidité de ses « progrès égale la rapidité du temps, afin d'ajouter encore à cette prospérité dont l'essor a procuré tant d'avantages à la France.

« C'est par la paix, par la tranquillité intérieure que les arts peuvent « fleurir, que l'industrie peut prospérer et que la France peut croître en « richesse, en bonheur et en gloire, en cette gloire pacifique qui ne « coûte de sacrifices ni de larmes à personne; aussi mes efforts ont-ils « eu constamment pour but de préserver mon pays du fléau de la guerre, « car j'ai toujours eu pour principe qu'on ne doit se résoudre à la guerre « que lorsqu'il y a nécessité de la faire pour défendre l'honneur, l'indépendance de la patrie et ses véritables intérêts; mais lorsque cette « nécessité impérieuse n'existe pas, il faut savoir résister à ces vaines illusions qui, sous de spécieuses apparences, entraînent trop souvent les « États et les peuples dans l'incertaine et dangereuse carrière de la guerre, « et les portent à sacrifier à des craintes ou à des espérances également chimériques les bienfaits réels de la paix : bienfaits qui sont « pour le pays la meilleure garantie de la prospérité publique, comme « ils sont pour les familles celle de leur repos et de leur bonheur intérieur.

« Heureux de me trouver au milieu de vous, j'aime à vous redire combien je jouis de la confiance que vous n'avez cessé de me témoigner.

« Cette confiance n'est pas seulement un soutien pour moi dans la grande « tâche que j'ai à remplir, elle est aussi, comme vous l'avez si bien dit « tout à l'heure, un adoucissement à toutes les amertumes que j'ai dû « supporter. S'il pouvait y avoir une véritable consolation pour les mal- « heurs de famille qui m'ont accablé, je la trouverais dans le sentiment « général dont vous venez de me renouveler l'expression d'une manière qui « m'a vivement ému. Mais croyez que rien n'ébranlera mon entier dé- « vouement à la France. Elle me trouvera toujours prêt, moi et tous les « miens, à répondre à son appel et à consacrer nos jours et nos vies à la « préserver des maux dont elle pourrait être menacée. Grâce à Dieu ! « nous avons traversé les temps de crises et d'alarmes, et nous n'avons « qu'à remercier la Providence du repos et de la prospérité dont j'ai le « bonheur de voir jouir la France. »

Ce discours, prononcé par Sa Majesté, avec chaleur et un grand accent de conviction, a profondément ému l'assemblée. Les cris redoublés de *Vive le roi ! vive la famille royale !* se sont fait entendre. Alors le président du jury ayant procédé à l'appel nominal des exposants, ils se sont approchés un à un, pour recevoir leurs récompenses des mains même du roi, qui avait voulu ainsi ajouter à ces marques de distinction un nouveau prix. Il ne rentre pas dans le cadre que nous nous sommes imposé de citer ici leurs noms ; nous devons nous borner à présenter l'ensemble des récompenses accordées dans cette journée si chère à l'industrie française. Trente et une décorations de la Légion d'honneur, cent vingt-six médailles d'or, quatre cent vingt-huit médailles d'argent, six cent quatre-vingt-neuf de bronze ont été décernées.

Et maintenant que notre tâche est terminée, et que nous avons donné à chacun la part d'éloges qu'il nous a semblé mériter, remontons un instant des effets aux causes, et portons un juste tribut de reconnaissance et de respect au pied de ce trône à l'ombre duquel la France se repose depuis quinze années. Les peuples, sous tous les régimes politiques, et surtout sous une monarchie constitutionnelle, reçoivent d'en haut les inspirations qui les poussent dans la voie qu'ils parcourent. A une époque déjà éloignée de nous, la France, lancée par le génie d'un guerrier dans la carrière des conquêtes, arriva bientôt à ses dernières limites, et nous savons quels funestes événements naquirent de tels excès. Aujourd'hui le monde, las des grandes agitations, semble vouloir laisser pour toujours dans son fourreau l'épée des combats; secondées en France par les travaux d'un monarque ami de la paix, ces tendances ont tourné au profit des beaux-arts, de l'industrie et de la civilisation. Disons-le ici, afin de clore dignement ce livre écrit avec toute la conscience que nous avons trouvée en nous : si l'exposition de 1844 a été si brillante, si tant d'efforts ont été essayés par la fabrique et la manufacture pour placer les produits nationaux au-dessus de ce qui se fait chez les autres peuples, c'est que tous ces exposants savaient d'avance quel intérêt le trône prenait à leurs travaux, et leur prévision n'a pas été trompée. Heureux le pays qui voit son souverain venir se mêler, dans les grandes fêtes de l'industrie, à la foule des travailleurs : s'enquérant de leurs besoins, parlant leur langage, comprenant leurs découvertes, avant même d'en avoir reçu l'explication, et conduisant au milieu d'eux le jeune héritier de son sceptre, pour lui apprendre par quel secret un roi se concilie l'amour de son peuple.

FIN.

TABLE ALPHABÉTIQUE

DES EXPOSANTS.

TABLE DES MATIÈRES.

FIN DE LA TABLE.

ERRATA.

N. B. Quelques erreurs s'étant glissées dans cet ouvrage, dont l'impression a été faite très-rapidement, nous avons cru devoir les signaler ici.

Page 14, ligne 20, lisez : *pourraient*, au lieu de : *pouvaient*.
— 40, — 28, lisez : *plus*, au lieu de : *plu*.
— 59, — 12, lisez : *près*, au lieu de : *pés*.
— 62, — 19, lisez : *Cahier*, au lieu de : *Caher*.
— 65, — 9, lisez : 1,800, au lieu de : 18,000.
— 71, — 14, lisez : *Titicare*, au lieu de : *Télicare*.
— 87, — 21, lisez : *se produira*, au lieu de : *se produire*.
— 91, — 24, lisez : *s'écouler*, au lieu de : *s'écrouler*.
— 94, — 14, lisez : *suivrait*, au lieu de : *suivraient*.
— 112, — 3, lisez : *Fourneyron*, au lieu de : *Funeyron*.
— 125, — 8, lisez : *servant également*, au lieu de : *servanté galement*.
— 136, — 6, lisez : *où la chaleur se concentre*, au lieu de : *où la chaleur dans se concentre*.
— » — 8, lisez : *Véfour, restaurateur*, au lieu de : *Véfourr, staurateur*.
— 142, — 3, lisez : *montées sur leurs pieds*, au lieu de : *montée sur leur pied*.
— 180, — 3, lisez : *s'interdire*, au lieu de : *interdire*.
— 206, — 14, lisez : *Demarson*, au lieu de *Demarsou*.
— 256, — , lisez : *Bidault*, au lieu de : *Bridault*.
— 257 (à la note), lisez : *n'ait été*, au lieu de : *ait été*.

Paris. — Imprimerie Schneider et Langrand, rue d'Erfurth, 1.

www.ingramcontent.com/pod-product-compliance
Lightning Source LLC
Chambersburg PA
CBHW061123220326
41599CB00024B/4149

* 9 7 8 2 3 2 9 0 2 1 0 5 8 *